山西大同大学著作出版基金资助

量子点红外探测器性能表征与评估

刘红梅 著

科学出版社
北京

内 容 简 介

本书从量子点红外探测器的应用背景、发展现状以及探测器相关基础理论入手，着重研究了量子点红外探测器在无光照情况下和有光照情况下的特性表征、评估问题，系统地分析了垂直入射模式和斜入射模式对量子点红外探测器性能的影响，给出了探测器的常见仿真设计方法。本书遵从量子点红外探测器的实际探测机理及满足的科学规律，将探测器微观载流子运动行为和探测器宏观性能参数有效结合，对量子点红外探测器的暗电流、噪声、增益、光电流、响应率、探测率等参数的评估问题有独特的见解，具有科学性、学术性、专业性和创造性。

本书在涵盖了量子点红外探测器相关知识的基础上，还给出了探测器结构参数、材料参数、工作环境参数等对量子点红外探测器性能的调控作用，可供光电探测器相关专业的研究人员和工程人员学习和阅读。

图书在版编目（CIP）数据

量子点红外探测器性能表征与评估 / 刘红梅著. — 北京：科学出版社，2018.12

ISBN 978-7-03-059335-1

Ⅰ. ①量… Ⅱ. ①刘… Ⅲ. ①量子－红外探测器－性能－研究 Ⅳ. ①TN215

中国版本图书馆 CIP 数据核字 (2018) 第 249464 号

责任编辑：王 哲 / 责任校对：张凤琴
责任印制：吴兆东 / 封面设计：迷底书装

科 学 出 版 社 出版
北京东黄城根北街 16 号
邮政编码：100717
http://www.sciencep.com

北京中石油彩色印刷有限责任公司 印刷
科学出版社发行 各地新华书店经销

*

2018 年 12 月第 一 版 开本：720×1 000 1/16
2020 年 1 月第二次印刷 印张：13
字数：252 000

定价：**119.00 元**
（如有印装质量问题，我社负责调换）

作 者 简 介

刘红梅，女，生于 1980 年 3 月，山西山阴人，中共党员，山西大同大学物理与电子科学学院副教授，太原理工大学硕士研究生导师，山西师范大学硕士研究生导师。2012 年毕业于西安电子科技大学技术物理学院光学工程专业，获得工学博士学位。

近年来一直从事光电探测器的研究，尤其是量子点红外探测器的物理建模、器件仿真、探测机理以及性能评估等方面的工作，包括研究影响不同光电探测器件及系统特性的结构、效应、机理、技术等因素，并预测、评价、估算不同应用条件下的探测器件及系统的性能。

目前已在国内外期刊发表论文 30 余篇，以第一作者发表的 10 篇论文被 SCI 收录，其中在 *IEEE Photonics Journal* 发表的论文 *Photodetection of infrared photodetector based on surrounding barriers formed by charged quantum dots* 受到同行的高度评价。申请专利 10 多项，以第一发明人申请专利 8 项。主持了国家自然基金项目（No.61307121）、山西省应用基础研究项目（No.201701D221096），并参与了多项国家级、省部委项目，如国家自然科学青年基金项目（No.11504212）、航空基金项目（No.20122481002）、山西省应用基础研究项目（No.201701D121038）等。

前　言

　　红外辐射是指波长范围介于可见光与微波之间的电磁辐射，其对应的波长为0.78~1000μm，具有与无线电波和可见光一样的本质，但人眼对其不敏感，因此人们研发了红外探测器来实现对它的观察和检测。具体来说，红外探测器是一种以红外辐射信息为理论基础的探测器，能将物体表面或物体的某一部分发射的红外辐射转变成实际所需要的、可测量的信息(如电、热等)，从而将人类的感知领域拓展到裸眼看不到的红外辐射光谱区。这种探测器具有环境适应性好、隐蔽性好、能以被动方式工作等特点，可广泛地应用到雷达系统侦察、航空航天红外遥感、成像制导跟踪、红外对抗、夜视、天文学观察、医疗成像、环境监测、农产品杀菌和保鲜等领域。

　　红外探测器综合了光学、机械学、电子学等方面的技术，并随着这些相关技术的发展而发展。1940年以前，市面上主要使用的是热探测器，如温差热电偶探测器、热释电探测器等。1940年以后人类进入了光子探测器的时代，它克服了热探测器响应较慢的缺点。首次出现的光子探测器是响应波长为 3μm 的 PbS 探测器，后续 Ge:Hg、PbSe、Ge:X、InSb、HgCdTe 红外探测器陆续研制成功。其中，HgCdTe 探测器由于可以通过调节 Cd 和 Hg 的含量来控制探测器的性能，逐渐成为探测器应用市场的主流。然而 HgCdTe 探测器也存在材料结构完整性差、均匀性差等问题，很大程度上限制了其在大面积焦平面器件中的应用。要脱离这个困境，人们必须寻求性能更优越的低维探测器来满足实际发展的需求。GaAs/AlGaAs 量子阱红外探测器能借助异质结界面的量子效应吸收红外辐射，性能比传统的体相探测器(如 HgCdTe 探测器)更优越，唯一的局限性是不能直接探测垂直入射红外光，需要借助光电耦合装置来攻破这个难题。因此，为了克服这一缺点，人们把半导体的维数进一步降低得到了量子点红外探测器。量子点红外探测器是一种采用量子点纳米结构为光敏区的新型低维探测器，能通过子带间的跃迁实现光探测，其量子效应更加明显，且性能也更加优越，不仅能直接探测垂直入射到光敏区的红外辐射光，还显示出比量子阱红外探测器更加优越的特性，如更长的弛豫时间、更大的增益、更高的探测率等。然而此类探测器在提升性能的同时，也使影响其性能的因素发生了明显的变化，而以往探测器性能评估方法没有充分考虑这些因素的影响，因此非常有必要对量子点红外探测器的性能表征、评估方法进行研究，以期适应其优化设计、总体性能评价、质量控制等的应用需求。基于这种现状，本书根据量子点红外探测器的结构特点，以红外探测器的综合性能为基础，通过分析探测器内部的物理机制、载流子运动情况等，结合探测器的材料参数、结构参数、外部环境参数等，构建了合理、恰当、有效的探测器性能模型，对量子点红外探测器的性能表征、评估问题进行了研究，实现了对探测器的性能参数(包含探测器暗电流、噪声、增益、光电流、吸收系数、响应率、探测率等)的准确预测和评价。

本书是作者在近十年从事光电探测器方面研究工作的基础上完成的，具有很强的专业性、可读性，特别强调了探测器内部载流子微观运动、结构参数、材料参数、工作环境参数等与探测器众多光电性能参数(如光电流、响应率等)之间的关联性。

全书共分为 7 章。第 1 章介绍了红外探测器的应用背景、意义，并给出了红外探测器的发展历程、现状以及本书的内容及章节安排。第 2 章给出了量子点红外探测器的基本理论，包括红外辐射理论、量子点纳米材料、量子点红外探测器的结构、探测原理、制备技术、特性参数等方面的内容。第 3 章通过考虑微米、纳米尺度电子传输构建了量子点红外探测器的暗电流模型，并对探测器 R_0A 特性的评估方法进行了拓展研究。第 4 章构建了量子点红外探测器的噪声模型，解决了探测器噪声的准确估算问题。第 5 章从电子激发和电子连续势能分布两个角度建立了量子点红外探测器的性能模型，实现了量子点红外探测器光电流、响应率、探测率的准确表征和评估。第 6 章分析比较了斜入射模式和垂直入射模式下量子点红外探测器的光电性能。第 7 章介绍了量子点红外探测器的设计及优化方法。

作者在撰写本书的过程中，得到了单位领导的大力支持、导师的悉心教诲及同事的热心帮助。在此，谨向学校领导、导师、同事以及所有关心帮助过我的人们表达最诚挚的谢意。此外，本书的写作过程中参阅了众多的国内外书籍、文章等资料，在此谨向各作者表示衷心的谢意。

此书的出版得到了国家自然科学基金项目(N 型量子点红外探测器性能评估，No.61307121)、山西省应用基础研究项目(量子点红外探测器光电性能表征研究，No.201701D221096)和山西大同大学著作出版基金的资助。

刘红梅

2018 年 8 月于山西大同大学

目　　录

前言

第1章　绪论 ··· 1

1.1　红外探测器的研究背景及意义 ····································· 1

1.2　红外探测器的发展历程 ··· 7

1.3　量子点红外探测器性能评估的研究现状 ·················· 12

   1.3.1　无光照情况下探测器的特性 ································ 13

   1.3.2　光照情况下探测器的特性 ···································· 14

   1.3.3　入射模式对探测器特性的影响 ····························· 15

1.4　本书的基本内容及结构 ··· 17

   1.4.1　基本内容 ·· 17

   1.4.2　章节安排 ·· 19

1.5　本章小结 ··· 20

   参考文献 ·· 21

第2章　量子点红外探测器的基本理论 ·························· 29

2.1　红外辐射理论 ··· 29

   2.1.1　黑体辐射定律 ·· 31

   2.1.2　斯特藩定律 ·· 32

   2.1.3　维恩位移定律 ·· 33

2.2　量子点红外探测器的结构与机理 ······························· 34

   2.2.1　量子点纳米材料 ·· 34

   2.2.2　量子点红外探测器 ·· 36

2.3　量子点红外探测器的制备材料与方法 ······················· 39

   2.3.1　分子束外延生长术 ·· 39

   2.3.2　金属有机物化学气相沉积法 ································ 40

   2.3.3　化学溶胶-凝胶法 ·· 40

2.4　量子点红外探测器的特性参数 ····································· 40

2.5　本章小结 ··· 43

   参考文献 ·· 43

第3章　量子点红外探测器的暗电流模型 ······················ 45

3.1　暗电流模型的背景及意义 ·· 45

3.2 暗电流模型 ···46
    3.2.1 暗电流基础模型 ··46
    3.2.2 基于电子漂移速度的改进模型 ································50
    3.2.3 基于 Monte Carlo 统计法的改进模型 ·······················60
3.3 零偏压下探测器电阻面积乘积 R_0A 特性 ·······················64
3.4 本章小结 ··67
参考文献 ···67

第 4 章　量子点红外探测器的噪声特性 ·······························70
4.1 噪声概述 ··70
4.2 增益特性 ··72
    4.2.1 类球形势探测器增益特性 ·····································73
    4.2.2 类透镜势探测器增益特性 ·····································77
4.3 噪声特性 ··81
    4.3.1 类球形势探测器噪声模型 ·····································81
    4.3.2 类透镜势探测器噪声模型 ·····································83
4.4 本章小结 ··88
参考文献 ···88

第 5 章　量子点红外探测器的性能模型 ·······························91
5.1 性能模型的背景及意义 ···91
5.2 基于电子激发的性能模型 ··92
    5.2.1 性能模型的基本假设 ··92
    5.2.2 性能模型 ··93
    5.2.3 性能模型的结果分析 ··98
5.3 基于连续势能分布的性能模型 ·······································109
    5.3.1 基础性能模型 ··109
    5.3.2 基于偏置电压对增益影响的改进模型 ·······················126
    5.3.3 基于入射光高斯特性的改进模型 ····························131
    5.3.4 基于电子漂移速度的改进模型 ······························135
    5.3.5 基于量子点周围势垒的改进模型 ····························144
5.4 本章小结 ··150
参考文献 ···150

第 6 章　不同入射模式下的探测器特性 ·······························154
6.1 背景及意义 ···154
6.2 垂直入射模式下的探测器特性分析 ·································155

　　　6.2.1　基本原理···155
　　　6.2.2　物理模型···156
　　　6.2.3　仿真结果分析···158
　6.3　不同入射模式下的探测器特性比较·····················163
　　　6.3.1　暗电流特性···163
　　　6.3.2　光照情况下探测器的特性······················165
　6.4　量子点红外探测器特性优势分析··························169
　　　6.4.1　垂直入射模式下的特性比较···················169
　　　6.4.2　低暗电流···171
　　　6.4.3　长载流子寿命···172
　　　6.4.4　高探测率···172
　6.5　本章小结···172
　参考文献···173

第7章　量子点红外探测器的仿真与设计······················176
　7.1　常用的仿真软件介绍··176
　　　7.1.1　基于 Comsol Multiphysics 的仿真与设计·····176
　　　7.1.2　基于 FDTD Soulations 的仿真与设计·········178
　　　7.1.3　基于 CST Microwave Studio 的仿真与设计···180
　7.2　量子点红外探测器的设计实例·····························182
　　　7.2.1　量子点红外探测器的设计······················182
　　　7.2.2　量子点红外探测器的优化······················184
　7.3　本章小结···194
　参考文献···194

第1章 绪 论

红外探测技术以独特的优势在众多军用和民用领域得到了广泛的应用，其核心器件——红外探测器是决定其广泛应用的前提和基础。本章首先介绍红外探测技术及其探测器件在军用、民用方面的应用背景及研究意义，进而给出红外探测器的发展历程，之后详细地讨论当前量子点红外探测器性能表征、评估的国内外研究现状，最后针对传统光电导探测器性能表征方法与现有量子点红外探测器结构、探测机制等之间存在的一些不一致问题，给出本书的研究内容及章节安排。

1.1 红外探测器的研究背景及意义

红外辐射又叫热辐射，是指波长范围介于可见光与微波之间的电磁辐射，如图 1.1 所示，其对应的波长为 $0.78\sim1000\mu m$，具有与无线电波和可见光一样的本质。在红外技术领域中，通常把红外辐射光谱区按波长分为近红外 $(0.78\sim3\mu m)$、中红外 $(3\sim6\mu m)$ 和远红外 $(6\sim15\mu m)$ 和极远红外 $(15\sim1000\mu m)$[1]。正是红外辐射在电磁光谱的特殊位置导致其具有光子能量小，热效强，易被物体吸收，能穿透烟、雾、尘、阴影区、树丛等特性，因而在军用和民用领域中显示出极大的实用价值和应用意义，备受广大工程师及科研人员的青睐。当然，红外辐射也有弊端，需要借助外面的设备来实现对它的观察和检测，因此人们发展了红外探测技术，为红外辐射的应用奠定了坚实的基础。

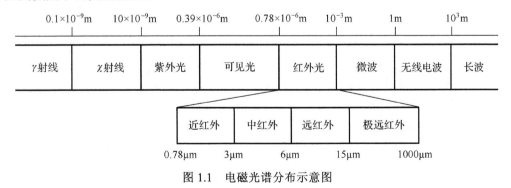

图 1.1 电磁光谱分布示意图

红外探测技术是一种以红外辐射信息为理论基础的探测技术，能根据各种物体或物体的各个部分具有不同的红外辐射特性区分其差异性，把物体表面自然发射的红外辐射分布转变成实际所需要的、可测量的信息(如电、热等)，从而将人类的感知领域拓展到裸眼看不到的红外辐射光谱区[2]。一般而言，温度在绝对零度以上的物体，都会因自身的分子运动而辐射出红外光，因而与之相应的红外探测技术具有环境适应性好、隐蔽性好、作用距离较远、能以被动方式工作、适用于夜间和恶劣天气下工作、不易被发现和干扰等特点，且相应的探测器件及系统具有体积小、重量轻、功耗低等优点，因而红外探测技术及器件能广泛应用到众多领域[3,4]。如图1.2所示，红外探测技术及器件可以广泛地应用到雷达系统侦察、航空航天侦察、航空航天红外遥感、成像制导跟踪、导弹识别、红外对抗、夜视、空间定位、体育安保监测、光谱学战场、远距离传感、天文学观察、医疗成像、红外自动化工业设备故障诊断、红外测温、环境监测、矿井有害气体探测、农产品杀菌和保鲜、医学病理检查和诊断等领域，因此其在国家安全、国民经济等的发展中具有非常重要的地位。

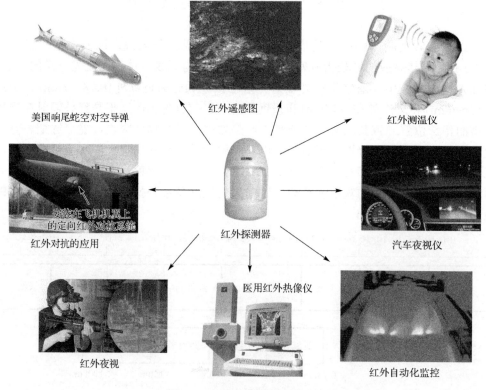

图1.2　红外探测技术的应用

　　红外探测技术几乎是一切红外辐射应用的基础，它的发展情况与红外辐射的军事应用息息相关。更确切地说，红外辐射的军事应用一直以来都是红外探测技术发展最强劲的推动力。红外探测技术在军事领域中最重要和最典型的应用体现在精确制导、侦察预警、红外对抗、红外夜视和红外隐身等方面[3,5-12]。在红外精确制导应用中，首先通过光学系统接收热目标本身的红外辐射光，经由红外探测设备将其转变为电信号，再经信号处理单元检测出目标位置偏差信息，之后通过陀螺跟踪系统控制光学系统，使其光轴向目标位置的误差方向运动，构成角跟踪回路，从而使导引系统对目标进行跟踪，直到命中为止。该导引系统能完成导弹对目标的精确定位、跟踪，尽可能地实现对目标的准确打击，提高了导弹的命中率。红外制导是空-空、空-地、地-空反坦克导弹中最常采用的工作方式。此外，它还能根据不同物体具有不同的辐射特性，识别各类诱饵，对真目标有较高的命中率。在红外对抗技术应用方面，首先导弹要根据航空目标发出的红外辐射信息来攻击航空目标，而航空目标为了保全自己必然采取反向措施对导弹的攻击进行干扰，使导弹失去控制力而不能正常工作。这样，为了更加准确有效地攻击航空目标，导弹的精确制导系统抗干扰性能必然要进一步地提高。这一航空目标和导弹之间的博弈过程就是众所周知的"红外对抗技术"。本质上来说，红外精确制导技术的不断发展必然迫使红外对抗技术不断地跟进和提高，因而出现了红外干扰、红外诱饵弹、红外侦察预警、红外假目标、红外烟幕、红外隐身等多种先进的技术手段，以达到对抗红外精确制导的目的。

在红外侦察预警应用中，基于红外探测器的红外成像系统能通过被动方式来获取目标自身发出的红外辐射信息，以达到对空间、空中和地面状况的侦察，如发现威胁，立即给出警报。一般而言，大型的或者重要的攻击性武器(像作战飞机、导弹的发动机等)通常拥有很强的热辐射源，这些热辐射源与背景之间巨大的温差必然能给红外成像系统提供有效的辐射信息来提早发现来袭危险，为给出应对措施、解除来袭危险争取了一定的预警时间。具体来说，空间侦察是通过携带红外设备的侦察卫星来获得地面目标的信息，以达到监视和熟知敌方正在进行的军事行动的目的；空中侦察是利用携带红外装置的有人或无人驾驶的侦察机对敌方的阵地、地形等情况进行监视；地面侦察是通过将红外设备隐蔽地布置在被监视区域附近来被动地发现监视目标，并给出其精确方位。在红外隐身方面的应用，目标由于自身的红外特性极易被发现，通过利用红外抑制器，低发射率涂料等技术，降低了目标的红外辐射特性，使目标因为减弱了红外辐射强度而隐身，达到不易被敌方发现的目的。红外隐身技术可以降低武器装备的目标辐射信号，不仅增强了武器自身的隐身性能，而且加大了敌方防御的难度，从而获得了较高的杀伤比，最终达到提升相关武器在战场上的自我生存能力的目的。在红外夜视方面的应用主要体现在各种作战飞机、坦克、军舰、狙击枪等的夜间导航瞄准。例如，如果在飞机的导向吊舱和瞄准吊舱中配备夜视红外设备，那么飞机在夜间飞行和攻击时，导航就能对目标进行精准搜索、跟踪和瞄准，提高了命中概率。当然类似的功能也体现在配有红外瞄准器的反坦克导弹、狙击步枪、坦克和火炮等武器在夜间对敌方目标进行精确定位、跟踪和射击。

红外探测技术在民用领域的典型应用主要有红外测温、红外成像、消防领域的火灾探测预警、设备内部缺陷检测、食品工业的检测、体育安保监测系统、农产品的检测、太阳能电池、医学诊断、汽车夜视仪以及自动测温贴膜等[13-19]。具体来说，在红外测温方面，首先通过红外探测器将物体辐射的红外功率信号转换成电信号，该信号经电子系统处理完，传至显示屏上，显示出物体的温度状态和读数。运用上述方法，可以实现对所测试对象或目标的远距离热状态测温，并进行实时监测和分析判断[20]。该测温方法不需要直接接触被测目标或对象，能实现目标的无损测温，正是这个优势使红外测温仪开始成为测温领域的主流测温器件。基于红外测温的原理，红外热像仪亦是通过光电设备来检测和测量辐射，并在辐射与表面温度之间建立相互联系的系统，主要由红外光学系统、红外探测器组件、电子信号处理系统、显示系统组成[21]。具体来说，它是通过光学系统和光机扫描系统或者焦平面技术将被测目标或者被测对象的红外辐射能量分布情况照射到红外探测器的光敏区上，由探测器组件将红外辐射能转换成电信号，经电子信号处理系统进行放大处理、转换成标准视频信号，并通过电视屏或监测器显示红外热像图。这种热像图与物体表面的热分布场是一一对应的，其上面的不同颜色代表被测物体的不同温度，也就是说，红外热像仪就是将物体发出的不可见红外能量转变为可见的热图像。通过查看热图像，可以观察到被测目标的整体温度分布状况以及研究目标的发热情况，进行下一步工作的判断和处理。红外热像仪主要的性能参数有热灵敏度、红外分辨率、视场角、空间分辨率、测温范围等，由于其具有不需要接触待测目标、快速生成热分布图像、实时响应等特点，所以可以使用户远离危险、不会侵扰或者影响目标、能比较物体不同区域的温度、利用图像可以观察整体目标、捕获高速移动物体、捕捉高频温度变化的图像等。红外热像仪可以广泛地应用在工业、农业领域，如芯片内部温度测试、元器件极限测试等方面的电子电路研发，或者太阳能电池、新能源电池、充电桩等新能源方面的研究与检测，抑或体育安保系统以及电子健身器件等方面的监测与应用[22-24]。红外探测技术及器件还可以与其他电子设备相结合构成汽车用品，如汽车夜视仪、自动测温贴膜等汽车电子产品[25]。消防领域中最典型的应用实例就是红外火灾探测器，它能通过被动方式，在火灾发生之前或之中探测火灾迹象。众所周知，当物体正常工作时整个工作环境的温度场处于平衡状态，如果某时局部物体的温度突然开始升高，必将破坏原有工作环境温度场的平衡状态，而高于环境温度的局部物体升高的温度，最终导致物体向空间辐射的红外能量发生变化。红外火灾探测器就是通过探测现场环境内红外辐射能量的变化情况实现对被保护物体的温度变化实时跟踪和探测，一旦被保护范围内的物体温度超过规定的警戒温度时，马上发出火灾报警信号，以便人们在火灾到来之前提早采取必要措施，避免火灾的发生。红外探测技术还可用于工业生产系统和设备(如钢炉、轴瓦、发电机等)故障以及内部缺陷的检测。就运行机电设备的故障检测而言,在设备不停止工作的情况下,人们根据设备的红外辐射特性,通过检测机电设备运行中辐射出来的红外能量,将其转变成电信号,经过一系列的信号处理步骤,最后将设备表面的温度变化转换成肉眼可以识别的直观的热像图,这样人们就能通过机电设备的热像图清楚地了解到设备运行时表面温度分布情况的变化,然后根据设备性质、故障程度以及热图像温度信息等,准确且快速地确定机电设备潜在故障的类型、位置和严重等级等,以便安排维修,确保设备安全运转。当然,机电设备的内部缺陷也可以通过类似的方法来进行诊断。总之,与传统的接触性诊断方法相比,这种非接触性探测技术在诊断时不需要直接接触机电设备,不仅大量节省了人力、财力,而且能快速、方便、形象直观地显示出设备的问题所在,减少了对生命安全威胁的同时,还具有高灵敏度、高效率等特点。红外探测技术也可以用在农产品的加热杀菌、干燥、收购和运输中。例如,将红外辐射技术与芹菜、荔枝等农产品的干燥过程相结合,不仅能强化这些农产品的干燥过程,提高农产品的干燥品质,而且能进一步为这些农产品收获后的保鲜、干燥和综合利用制定相应的操作工艺,并精准控制这些操作过程,为后续农产品的封装和运输技术提供了可靠的方法和途径。此外,红外探测技术在遥感方面的应用也是不可忽视的,通过应用各种探测器对远距离目标反射或者自身辐射的红外辐射信息进行收集处理并成像,从而实现对地面各种景物的探测和识别。如果用于植被探测,能确定地面物体的性质、病虫害状况、生长状态和变化规律等;当然它还能用于森林火情的检测,海洋生态环境污染的检测,地质、地矿、地热、水资源以及土壤地质构造的调查和探测等方面。地球遥感时代开始于 1972 年由美国发射的第一颗地球资源技术卫星[26]。之后在半导体技术、微电子技术等的推动下,1983 年美国喷气推进实验室(jet propulsion laboratory,JPL)成功研制了第一台成像光谱仪[27],标志着红外遥感技术进入了蓬勃发展的时代。在医疗方面,红外探测技术可以用于患者身体内早期肿瘤的诊断和辨别,而且基于红外辐射特有的热效应,有望在临床上进一步利用近红外技术对肿瘤进行热疗治疗。

综上所述,红外探测技术在军事和民用方面都有着非常重要的应用价值和意义,对国家安全、国民经济的发展起着重要的推动作用。也正是这种推动作用促使红外探测技术不断向前发展,性能不断提升。红外探测技术是一门主要以光学、机械学、电子学为基础的综合性学科,而且随着这些相关技术的发展而发展。20 世纪 70 年代起,随着微电子技术和信号处理技术的快速发展,红外系统从利用光机扫描结构和模拟信号处理技术实现二维成像的点元红外探测器或线列红外探测器,向采用时间延迟积分技术(time delay integration,TDI)的扫描型红外成像系统和凝视型红外成像系统发展,并向多光谱成像系统迈进。伴随着红外系统的这一发展进程,红外系统的核心器件——红外探测器也发生着很大的变化。从材料上看,探测器从传统的锑化铟(InSb)、硅化铂(PtSi)和碲镉汞(HgCdTe)向 III-V 族元素发展；从原理机制上看，出现了各种利用半导体异质结中的量子效应工作的新型红外探测器，例如，量子阱红外探测器、量子点红外探测器和 II 类超晶格红外探测器。人们通过使用不同禁带宽的半导体材料进行外延生长，构造出能带不连续的半导体异质结。正是通过形成这些类型不同的异质结结构，人们构造出性能差异很大的新型探测器。例如，量子阱红外探测器(quantum well infrared photodetector，QWIP)由于跃迁选择定则的限制不能直接探测垂直入射光，并且有比较窄的红外响应区，而量子点红外探测器(quantum dot infrared photodetector，QDIP)恰好能吸收垂直入射的红外光，有望克服量子阱红外探测器的这些缺点。总之，这些新型探测器以优于其他探测器的特性受到了广大研究者越来越多的重视和关注。

在红外探测器的整个发展历程中，如何将探测器件整体所涉及的各种材料特性、各种技术进行匹配设计来获取最佳的器件性能，始终是广大研究人员所要解决的关键技术问题。而要解决此关键问题，就需要将红外探测器基本结构和材料参数与探测器综合性能指标有效结合，建立探测器的性能模型，并通过与器件实验测量结果进行比较来验证器件性能模型的正确性，以作为器件优化设计的可靠依据。此外，纵观红外探测器的发展历程，红外探测器的优化设计与器件性能表征和评价是紧密联系的，而且红外探测器的优化设计也是以红外探测器的性能表征和评估为基础开展的。

红外探测器的性能表征和评估是红外探测器总体技术的重要组成部分。最常见的表征和评估探测器性能的方法有试验测试法、半实物仿真法和性能理论模型法[28]。试验测试法由于不能在复杂多变的环境下进行而受到很大的限制。半实物仿真法由于需要建立昂贵的红外场景投影系统得不到广泛的应用。此外，试验测试法和半实物仿真法都只能针对已研制定型的器件的特性进行预测和评价，对于所设想或设计中的探测器件无法开展其性能的预测评价。性能理论模型法是以红外探测器件的综合性能参数为基础，通过理论分析器件各组成部分的物理特性，结合各种材料参数、结构参数、外部环境参数等之间的关系，建立相应的数学模型，借助计算机进行模拟和仿真，对红外探测器件的性能进行预测和评价。与前面两种方法相比，这种方法不仅可避免烦琐的实验、节约研究经费，还可为红外探测器的优化设计和分析提供理论依据，缩短了相应的器件设计周期，提高了工作效率。

随着人类在探测领域的不断扩大和深入，高性能红外探测器的需求也将不断地增加。另一方面，科学的进步使新工艺、新结构和新技术不断涌现，同样也推动着人们不断地构造出高灵敏度、探测率等综合性能好的新型探测器。这必然迫使探测器的理论建模及系统性能表征和评估要不断更新，以适应不断发展的探测器设备的优化设计、总体性能评价、质量控制等的应用需求。基于上面的这些分析，本书针对影响新型量子点探测器性能的因素(包含结构参数和材料参数)，采用性能理论模

型法研究了表征、评估探测器件性能的新方法，建立了合理、恰当、有效的探测器
性能的物理模型。该方法通过将器件的结构参数、材料参数、工作环境参数等与器
件的主体性能有机结合来预测探测器件的众多特性和性能，为红外探测器设计者在
进行器件优化设计时提供可靠的参考依据和技术指导。

1.2　红外探测器的发展历程

早在 1666 年，英国物理学家牛顿发现，太阳光经过三棱镜后分裂成彩色光带——
红、橙、黄、绿、青、蓝、紫，这条彩色光带就是我们所说得"可见光"。之后，1800
年英国天文学家威赫歇尔(Herschel)在用水银温度计研究太阳光谱的热效应时，发现热
效应最明显的位置不在可见彩色光带的波长范围内，而是位于红光之外[29]。由此认定
红光之外存在一种特殊的光，它最显著的特征就是热效应。后来实验证明，这种光
与可见光类似，能发生反射、透射、折射等现象，且满足电磁波的运动规律，但人
眼看不到这种光，我们称之为红外光，或者称为"红外辐射、红外线"，自此以后红
外辐射进入了人类视野。随着对红外辐射认知的越来越深，人们逐步意识到通过分
辨和探测不同物体或者物体不同部分的红外辐射信息可以实现对目标的精确跟踪、
制导、电子对抗等。而且在时间的推移和科学技术的不断推动下，红外探测技术获
得了长足的发展，已广泛应用到众多领域。红外探测器是红外探测技术的核心器件，
其发展水平的高低直接决定着红外探测技术的应用能力和范围。第二次世界大战以
后，红外技术在军事中的巨大应用潜力不断地显现出来，人们便真正开始了努力寻
找性能优越的红外探测器的旅程。从此，红外探测器进入了飞速发展的时期，很快
地从最初的热探测器发展到了性能优良的半导体光子探测器。

图 1.3 详细地给出了探测器发展的整个历程[30]。1940 年以前，由于技术的限制，
市面上主要使用的是热探测器，如温差热电偶探测器、电阻测辐射热计、热释电探
测器等。其中热电偶探测器的工作原理为：将温差热电偶的冷端分开并与一个电表
相连，那么当光照熔接端时，吸收光能使热电偶接头温度升高，电表就有相应的电
流读数，其数值间接反映了光照能量的大小。这些热探测器都是利用材料特性对温
度的敏感性来探测红外辐射能量的，虽然它们工作时无需冷却，适合在室温下使用，
也无需偏压电源，且结构简单、实用方便，具有较宽的响应波长范围，可以实现远
紫外到远红外的波谱范围内的均匀光谱响应，但也存在着高频时探测率低、响应时
间太慢等不足之处。1940 年以后，随着半导体技术的发展，人类进入了光子探测器
的时代。光子探测器是通过光子与电子间的相互作用来实现对红外辐射能量的探测。
这类探测器克服了热探测器对入射光响应较慢的缺点，能快速对入射的红外光进行
响应，成为目前市场上使用率最高的探测器。

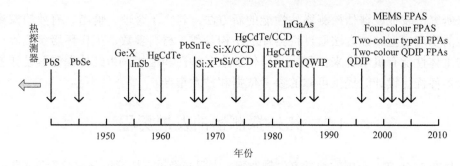

图 1.3　　红外探测器发展进程

根据 Kinch 提出的分类方法[31]，目前光子探测器主要分为多数载流子设备和少数载流子设备两大类。在此基础上，结合考虑探测器的物理机制、结构和制备材料等因素，可把红外探测器分为六类[31,32]。

(1)直接带隙半导体(少数载流子设备)。

二元合金：InSb、InAs。

三元合金：HgCdTe、InGaAs。

二类和三类超晶格：InAs/GaInSb、HgTe/CdTe。

(2)本征半导体(多数载流子设备)。

Si:As、Si:Ga、Si:Sb。

Ge:Hg、Ge:Ga。

(3)一类超晶格(多数载流子设备)。

GaAs/AlGaAs QWIPs。

(4)硅肖特基势垒(多数载流子设备)。

PtSi、IrSi。

(5)量子点(多数载流子设备)。

InAs/GaAs QDIPs。

(6)高温超导体(少数载流子设备)。

在上面提到的这些探测器中，除了量子点红外探测器和高温超导体(high temperature superconductor, HTSC)探测器没有投入使用外，其他类型的探测器都已投入到市场中，并广泛地应用在航空航天侦查、遥感、夜视、工业故障诊断等军事和民用领域。

基于上面的分类方法，图 1.3 给出了这些探测器发展的关键性、标志性时间。在热探测器广泛应用的热潮过后，光子探测器成为主体探测器，并迅速占据了整个市场。第二次世界大战之后，人们首次制作了响应波长为 3μm 的硫化铅(PbS)探测器，并将其用到了红外制导的空对空导弹。到了 50 年代中期，锗掺汞(Ge:Hg)、锑化铟(InSb)型红外探测器的研制成功，使探测器能对地面连续一行行重复扫描并成像，从而使红外探测器用于高空飞机地面侦察成为可能。

探测器多元化的需求向 Ge:Hg 探测器提出更高的要求，但由于 Ge:Hg 探测器存在敏感元太厚、不易集成等缺点，被具有潜在集成优势的硅基化合物探测器所取代。市面上最常用的硅基探测器是 PtSi、IrSi 肖特基二极管，它们极易形成超大规模集成，但 6μm 的截止响应波长也限制其不适于远红外辐射光的探测。总之，1940～1960 年间陆续出现的 PbS、PbSe、Ge:X、InSb 探测器因为某些特性不易控制而使其应用受到了限制。随后出现的 HgCdTe 探测器由于可以调节 Cd 和 Hg 的含量来控制探测器的性能，逐渐成为主体探测器，并迅速地占领了整个探测器应用市场。1959 年 Lawson 研制出第一台本征 HgCdTe 线列探测器[33]，他使用一个一级制冷机提供 HgCdTe 所需的 80K 工作温度来实现探测器对长波红外的探测。HgCdTe 探测器是使用 HgTe 和 CdTe 的固溶体 HgCdTe 材料制作而成的，能通过调节 Hg 和 Cd 的配比来调节器件响应波段，得到最优的探测性能。其具有响应波段较宽、高吸收系数、高量子效率(能超过 80%)、高探测率等优点，且与其他探测器相比，在同样的工作波段内，它的工作温度较高(大于 77K)。

HgCdTe 作为探测器领域的研究重点，为了满足实际应用的需求开始由单元器件向多元器件发展。80 年代中期，出现了 4n 扫描型的 228×4 规格和 240×4 规格的探测器阵列，之后凝视型成像方式取代了光机扫描机构，从而使整个探测系统的空间分辨率、探测灵敏度得到很大的提高。这一时期主要的焦平面阵列(focal plane array, FPA)有 two-colour FPAs、bolometer FPAs、pyroelectric FPAs。随着技术的不断进步，后来又演变出 very large FPA、MEMS(micro-electro-mechanical system)FPA、four-colour FPAs 等。这些焦平面阵列的发展必然要求性能更好的探测器与之相匹配。HgCdTe 探测器由于材料结构完整性差、均匀性差等缺点，很大程度上限制了其在大面积焦平面器件中的应用。此外，这种探测器需在液氮冷却温度下工作，也必然带来焦平面制作成本的增加。要脱离这个困境，必须寻求性能更优越的探测器来满足实际发展的需求，InGaAs 探测器恰好具有这样的优势，能弥补 HgCdTe 探测器的不足。通过分子外延生长术构造出的 GaAs/AlGaAs 材料体系，借助异质结界面的量子效应，通过子带间的跃迁来吸收红外辐射。这类探测器中最典型的产品是量子阱红外探测器和量子点红外探测器。

量子阱红外探测器是 80 年代末发展起来的新型探测器。它利用光激发载流子在量子阱子带间的跃迁原理(导带(或价带)内子带间的电子(或空穴)跃迁原理)来实现对红外光的探测。与其他探测器相比，具有响应速度快、均匀性好、探测率高和探测波长可调等优点，而且易制作大面积的探测器阵列，受到了国内外研究人员的广泛关注。就量子阱红外探测器的发展历程而言，1985 年实验上首次观测到 GaAs/AlGaAs 量子阱中的子带间吸收[34]，根据这一效应，1987 年贝尔实验室制造出第一个量子阱红外探测器(bound-states to bound-states quantum well infrared photodetector，B-BQWIP)[35]。该探测器利用束缚态到束缚态的跃迁实现对红外光的探测，要求工作在较大的外加偏置电压下。针对外加偏置电压大这一问题，Levine 等调节了探测器的量子阱结构，研制出载流子从束缚态到连续态跃迁的探测器 (bound-states to continuous-states quantum well infrared photodetector，B-CQWIP)[36]，很大程度上降低了收集光电子所需的偏置电压，且暗电流也变得比较小。为了进一步降低暗电流，1995 年 Gunapala 等设计了束缚态到准束缚态的量子阱探测器 (bound-states to quasi-bound-states quantum well infrared photodetector，B-QBQWIP)[37]，使探测器的暗电流降低了 1 个数量级，提高了探测率。后续人们通过不断改进量子阱探测器的结构来满足实际应用的需要。尽管量子阱红外探测器以其特有的优势备受青睐，然而它们也存在局限性。由于电子跃迁选择定则的限制，它们并不能直接探测垂直入射红外光，需要借助光电耦合装置来攻破这个难题。为了克服这一缺点，人们把半导体的维数进一步降低得到了量子点红外探测器，它不仅能直接探测垂直入射到光敏区的红外辐射光，还显示出比量子阱红外探测器更加优越的特性，如更长的弛豫时间、更大的增益和更高的探测率等。

人们对量子点红外探测器的研究兴趣能追溯到 1982 年 Arakawa 和 Sakaki 提出的提高半导体激光器性能的一个措施，即降低半导体激光器灵敏区的维数能提高整个设备的性能[38]。之后人们便开始尝试着构造三维尺寸都趋于载流子(电子或空穴)费米波长的半导体量子点纳米结构。在技术上，最初使用极其细微的光刻技术和湿的或者干的化学腐蚀法一起形成三维结构，但是这个方法会带来大量缺陷，很大程度上限制了量子点的性能。分子束外延生长术(molecular beam epitaxy，MBE)是一种先进的生长技术，能克服上述半导体技术的缺点。在 1993 年，Leonard 和同事正是利用分子束外延生长术制造出第一个没有缺陷的量子点纳米结构[39]，这之后人们便开始普遍采用分子束外延生长术和金属有机物化学气相沉积法(metal organic chemical vapor deposition，MOCVD)来合成实际需要的量子点纳米结构。最早在 1996 年 Ryzhii 就已经研究了量子点红外探测器的理论机理[40]，之后 1998 年 Phillips 报道了量子点红外探测器的实验制备及测量数据，自此量子点红外探测器进入了快速发展阶段[41]。目前，国外主要研究量子点红外探测器的组织有美国西北大学、美国加利福尼亚大学、美国德克萨斯大学、日本会津大学、波兰军事科技大学、加拿大佐治亚州立大学等；国内主要从事量子点红外探测器研究的单位有中国科学院上海技术物理研究所、中国科学院半导体研究所、上海交通大学、昆明物理研究所等。其中，美国西北大学在 2005 年通过分析量子点的能级特点，使用 MOCVD 方法制作了 10 个周期的 InGaAs 量子点/InGaP 势垒的量子点红外探测器，并给出了这类探测器特性的测量结果，主要包含暗电流、响应率、探测率、噪声电流[42]。同一时期，他们考虑了电子迁移率与增益之间的关系，在给出探测器众多特性的理论模型的基础上，制作出相应的实体探测器进行验证，类似的研究成果都发表在 *Physical Review B* 等期刊上[43-46]。2008 年该组织的 Movaghar 等构造了 25 个周期的量子点红外探测器和量子阱红外探测器[47]，研究了在漂移限和俘获限情况下量子点探测器和量子阱探测器增益的理论模型，并给出了相应的实验结果。美国德克萨斯大学和加利福尼亚大学的 Ye 和 Kim 等在 2001～2004 年期间一直从事探测器制备方面的研究工作，成功制作出 5 个周期不同材料和结构的量子点红外探测器，并测试了该探测器在斜入射模式下的光电流、噪声以及垂直入射模式下的特性[48-52]。林时彦等从 2000 年至今一直从事量子点纳米结构及量子点红外探测器方面的研究，他们的研究范围不仅涉及影响探测器性能的硅掺杂、势垒层、温度等因素[53-56]，而且也涉及探测器的传输特性[57,58]，为量子点红外探测器的研究做出了很大的贡献。此外，美国密歇根大学的 Bhattacharya、Su 等通过分析量子点探测器中隧穿电流机制，制造出不同结构的隧穿量子点红外探测器[59-61]。基于这些研究，Ariyawansa 等对 10 个周期结构的隧穿量子点红外探测器和 THz 辐射探测器进行了比较，分别给出了它们在 80K 和 150K 时响应率和探测率的测量值[62]。随着科学技术的发展，人们开始着手研究量子点红外探测器阵列以及多光谱量子点红外探测器。美国新墨西哥州立大学在 2004 年制造出中波、长波 320×256 规格的量子点红外探测器阵列，主要工作在 3～5μm、8～12μm 波段，噪声等效温差（noise equivalent temperature difference，NETD）分别为 55mK 和 70mK，探测率分别为 $1.46×10^9$cm Hz$^{1/2}$/W 和 $3.64×10^{10}$cm Hz$^{1/2}$/W[63,64]。美国斯坦福大学在 2004 年也制造出中波、长波量子点红外探测器，主要探测波段为 5.5μm 和 9.2μm，在 77K 温度时两个波段的探测率分别为 $4.73×10^9$cmHz$^{1/2}$/W 和 $7.23×10^8$cmHz$^{1/2}$/W[65,66]。当然，为了获得更好的探测器性能，人们从探测器材料、结构等对量子点红外探测器性能的调控作用[67,68]入手来优化提高量子点探测器的光电性能，如 2008 年 Meisner 等制备了电压调控的双波段 InAs 量子点红外探测器，并研究了其在不同 InAs 量子点层下探测器的性能[69]。2014 年，Kim 等给出了势垒层对量子点红外探测器的影响[70]。当然也有不少人尝试引入新结构来提升量子点红外探测器的性能，如光栅、表面等离子体激元结构等[71,72]来实现量子点红外探测器的优化。将这两类方法进行比较发现，基于探测器本身结构、材料的调控作用的优化方法比第二类引入新结构的方法实现起来简单，但效果不是很明显；虽然第二类引入新结构方法实现起来比较复杂，但优化效果更为明显，是目前人们普遍认可的一种方法。同时，我们也注意到，在第二类量子点红外探测器优化方法实施过程中，大多数人都倾向于采用引入"表面等离子激元结构"的优化方法。究其原因如下：首先，表面等离子体激元是一种利用特殊的金属-介质界面结构将入射光进行局域实现增强效应的现象[73]。它能突破光的衍射极限，使更多的入射光进入探测器，为量子点红外探测器实现高效光电转变奠定良好的基础。其次，从尺寸上来看，表面等离子激元结构具有纳米尺度，可实现量子点红外探测器和表面等离子体结构在纳米尺度上的完美结合。因此国内外有很多人从表面等离子体激元结构入手来实现对高性能量子点红外探测器的制备。具体来说，2009 年 Lee 等提出了在量子点红外探测器吸收区顶端集成金属光子晶体的优化方法[74]，其中光子晶体是由 3.6μm 周期的圆孔阵列金薄膜（100nm 厚）构成，吸收区是由 15 个周期的量子点吸收层构成。结果显示，该方法在 11.3μm 波长实现了峰值响应，并且探测率获得了 30 倍的增强，之后他们继续探讨了等离子体增强量子点红外探测器对入射光方向的依赖性及其在焦平面阵列的应用[75,76]。2011 年，Huang 等尝试通过引入"自组织等离子银纳米颗粒分子层"来增强量子点红外探测器的宽光谱响应[77]，最终在 100nm 厚的量子点探测器上获得了 2.4～3.3 倍的增强。2013 年，美国的 Ku 等通过分析二维金属小孔阵列对背向量子点红外探测器的作用与效果，指出亚波长圆形小孔金属阵列界面存在两种物理机理：表面等离子体激元模式和导引的法布里-珀罗模式，正是这两种模式导致了量子点红外探测器吸收情况的增加，并利用时域有限差分（finite difference time domain，FDTD）法和实验制备法对这种现象进行了验证[78]。2015 年，美国的 Gu 课题组研究了表面等离子体激元共振效应诱导近场矢量对量子点红外探测器性能增强的作用和影响[79]，之后他们还尝试研究了全波段量子点红外探测器中偶极子光学天线的等离子体增强效应。同一年，巴塞罗那光子科学研究所的 Diedenhofen 等提出了利用等离子体激元纳米聚焦透镜来优化 PbS 量子点红外探测器的方法[80]。该方法将一个扁平靶心结构等离子体激元平面透镜集成到 SiO_2/Si 基质上，实现了探测器在透射率、吸收系数、光电流、响应率等方面的增强，提高了探测器的灵敏度。2017 年，香港城市大学的 Tang 等提出了基于等离子体激元效应的非制冷、窄频带的中波量子点红外探测器的优化方法[81]。具体来说，该方法使金纳米盘阵列与胶质 HgSe 量子点薄膜相结合实现了近场的等离子体共振，在四个中心波长 4.2μm、6.4μm、7.2μm、9.0μm 处分别实现了 5.17 倍、2.88 倍、2.57 倍、2.0 倍的增加，但同时也带来在全频宽半峰值光谱响应的降低效果（降低到原来的 42.9%～59.9%）。当然，国内学者、专家也在做这方面的工作。例如，2014 年中国科学院上海技术物理研究所的 Wang 等提出一种基于金属薄膜-量子点吸收区-金属条纹结构的量子点红外探测器制备方法[82]，并利用时域有限差分法分析了相应的等离子体激元增强光耦合效应。此外，合肥工业大学的罗宝林[83]、中国科学院半导体研究所的宋国峰[84]、翟慎强[85]等也从事类似的研究。综上所述，已经有很多人从探测器制备角度研究了量子点红外探测器的特性，相关研究成果显著，不胜枚举。当然，不仅量子点红外探测器的实验制备受到了人们的广泛关注，探测器理论方面的研究也是广大工程师关注的热点和焦点问题。

1.3　量子点红外探测器性能评估的研究现状

从 1.2 节的介绍可以看到，目前已经有很多人从探测器制作角度研究了量子点红外探测器的性能，而在这些工作进行的同时，量子点红外探测器性能理论方面的研究也在如火如荼地进行着。由于量子点红外探测器采用新的低维量子点纳米结构，所以其在提升探测器性能的同时，也使影响量子点红外探测器性能的因素也发生了变化，而以往的探测器性能表征、评估方法并没有考虑到这方面的影响，所以非常有必要对量子点红外探测器的性能表征、评估方法进行研究。下面就从无光照情况下和光照情况下探测器性能以及入射模式对探测器特性的影响这三个方面来说明目前探测器特性表征、评估方面的发展情况和研究现状。

1.3.1 无光照情况下探测器的特性

在无光照情况下，量子点红外探测器的主要特性是暗电流，与它紧密相关的特性有噪声和零偏置电压情况下探测器的电阻面积乘积特性，即 R_0A 特性。具体来说，暗电流是作为评价探测器特性的一个重要参数，其大小对探测器总体性能有着直接的影响，会带来噪声和探测器灵敏度、探测率等特性的变化，因此从量子点红外探测器诞生以来，暗电流理论模型一直都是国内外研究人员追逐的研究对象和热点问题。2001 年，Ryzhii 对量子点红外探测器的暗电流进行了物理建模，建立了势垒中电势分布满足的泊松方程，通过结合边界条件，推算出确切的电子势能分布，并考虑了电子通过带电量子点形成的平面势垒中小孔的传输行为，建立了暗电流的理论模型，给出了精确估算量子点红外探测器暗电流的方法[86]。2003 年，Liu 指出量子点红外探测器与量子阱红外探测器类似，可通过统计势垒中的载流子数来估算量子点红外探测器的暗电流特性[87]，并给出了相应的暗电流模型。之后他通过考虑外加偏置电压对电子漂移速度的影响[88]，更新了原来的暗电流模型。这些暗电流模型计算过程相对简单、使用方便，能有效地估算探测器的暗电流，是计算暗电流方法中最为经典的一种方法，还能为其他探测器特性的研究奠定基础。2004 年，Stiff-Roberts 等在前人考虑热激发对暗电流影响的基础上，进一步考虑了场辅助隧穿对暗电流的影响，并通过对光电导方向的一维势垒使用 Wentzel-Kramer-Brillouin 近似法推导了场辅助隧穿激发载流子的速度[89]。该方法全面地考虑了电子激发(包括热激发和隧穿激发)对量子点红外探测器暗电流的影响。2008 年，Naser 等提出了一个使用非平衡格林函数来估算量子点红外探测器暗电流的理论模型[90]。该模型在计算量子点态密度的基础上，通过泊松方程确定平均势能和准费米能级来获取量子点的哈密顿变量。然后使用有限微分法大量求解动能方程得到了量子点的非平衡格林函数，结合量子传输方程构建了量子点红外探测器的暗电流模型。类似的把格林函数用于计算探测器特性的方法也能在文献[91]中看到。此模型的计算结果比较准确，但计算过程比较烦琐。2010 年，中国科学院上海技术物理研究所的陆卫课题组通过考虑多尺度耦合电子传输模型对暗电流的影响，利用 Arrhenius 方程提出了包含多尺度耦合电子传输机制的暗电流模型，并利用 17 个周期和 10 个周期的量子点红外探测器验证了提出的模型[92]。该模型虽然充分考虑了量子点红外探测器电子传输的特殊性，但是仅提供了一种粗略估算暗电流的方法。综上所述,这些暗电流模型虽然都能较好地估算量子点红外探测器的暗电流,但由于考虑问题的角度不同,或多或少地没有考虑到量子点纳米结构的特殊性(如纳米尺度电子传输等)对探测器特性的影响,因此为了使暗电流的计算更加符合实际探测器的工作原理和机制,需要进一步完善原有的探测器暗电流模型,当然与暗电流相关的特性(如 R_0A 特性和噪声等)也需要重新进行建模来提高计算精确度。

1.3.2　光照情况下探测器的特性

目前人们对光照情况下量子点红外探测器的特性研究,主要是通过构建探测器的性能模型来对探测器光电流、响应率、探测率等进行研究。具体来说,2001 年,Ryzhii 提出了一个量子点红外探测器的性能模型[86,93]。该模型首先从暗条件下势垒中连续势能分布角度入手,考虑了电子通过带电量子点形成的平面势垒中小孔的传输行为,并结合电子的热激发,建立了整个探测器的性能模型。该模型不仅沿用了量子阱探测器的部分特征,而且仅仅考虑了电子的热激发。2005 年,美国西北大学的相关研究人员从量子点的能级入手,根据量子点吸收系数和俘获速度的尺寸扩展效应,推导了响应率的理论计算式,并以此为基础研究了增益、噪声、暗电流以及探测率等特性[44,45]。基于前面的研究,2008 年,通过随机漫步和扩散的方法计算了光激发载流子的弛豫时间,并以此为基础,采用量子机械方式探讨了探测器的增益,更新了增益表征的理论模型[47],为探测器的性能模型做出了重大的贡献。2009 年,Martyniuk 等在 Ryzhii 提出的性能模型的基础上,结合量子点红外探测器实际结构的特点,引入了 Richardson-Dushman 关系,通过考虑电子热激发和场辅助隧穿激发改进了探测器的性能模型[94],给出探测器的光电流、响应率、探测率特性的理论模型。2010 年,Mahmoud 等通过结合电子连续势能分布和电子的热激发、隧穿激发机制确定了暗条件下的电流平衡关系,建立了暗电流、光电流、响应率、探测率等特性的物理模型[95]。2011 年,Jahromi 等指出在上面的这些模型中都没有明确给出关键物理量——量子点中平均电子数的具体计算式,他根据暗条件下的电流平衡关系详细地推导了量子点内平均电子数的理论估算式[96]。众所周知,一个探测器的性能模型不仅要从理论上解释其物理现象,而且也要求模型的模拟结果与实际情况比较,考察模拟结果的逼真程度来证明模型的合理性。通过分析上面的模型发现,这些模型大多数都沿用了量子阱红外探测器的某些特征,实际上量子点红外探测器与量子阱红外探测器在结构、物理特性上存在较大的差异,因而这些理论模型由于忽略或者漠视量子点探测器特有的结构特征等因素,使其考虑欠周全,进一步导致不太完善的模拟结果,因此非常有必要对量子点红外探测器的性能模型进行研究。

1.3.3　入射模式对探测器特性的影响

　　前面所述的探测器特性方面的理论研究只是针对斜入射模式下量子点红外探测器的特性而言的。实际上，量子点红外探测器与量子阱红外探测器不同，由于不受跃迁定则的限定，它不仅能直接吸收斜入射到光敏区的红外辐射，而且也能吸收垂直入射到光敏区的红外辐射，这样避免了使用改变入射光方向的光学耦合器，节省了制作成本。国内外研究人员对量子点红外探测器在斜入射模式下的特性研究较多，而对垂直入射情况下的特性研究相对比较少。具体来说，在斜入射模式下探测器特性的理论研究方面，除了前面介绍的那些具有代表性的工作外，还有 Kumar 和 Choi 等研究的量子点大小、分布对探测器吸收光谱、暗电流等特性的影响[97,98]；Kochman 等从量子点探测器中光的吸收、载流子寿命等入手，通过考虑这些物理量之间的关联性，给出了探测器增益的理论研究方法[99]；刘慧春等也对量子点红外探测器的光电流、噪声、光谱响应率等特性进行了详细地研究和探讨[100,101]；Ryzhii 等从量子点中电子数应满足泊松方程出发，使用 Monte Carlo 法，提出了一个简化的非平衡电子传输的准三维模型，给出了量子点红外探测器中电场分布和空间电荷分布的情况[102]。在垂直入射模式下量子点红外探测器性能方面的理论研究开始于 2002 年。Phillips 提出了量子点红外探测器的物理模型，详细且系统地对垂直入射模式下探测器的探测机制、暗电流特性、探测率特性进行了研究[103]。在这个模型中，假设量子点对光的吸收符合高斯线分布，结合电子的费米分布，给出了二维载流子密度的计算方法，从而理论上预测了垂直入射时量子点红外探测器的暗电流、探测率等特性。之后，基于垂直入射时探测器的探测机制对应着电子的热激发的理论，Martyniuk 和 Ryzhii 等从载流子的热激发行为出发，对垂直入射模式下的暗电流和探测率进行了研究[104,105]。总之，虽然这些研究给出了不同入射模式（斜入射和垂直入射）下探测器特性的相关认知和理解，但都没有对这两种模式下的探测机制以及探测器特性进行系统地比较，因此需要进一步分析不同入射模式下量子点红外探测器的探测机制，给出两种入射模式下探测器特性的差异性。

　　通过上面的分析可以看出，当前量子点红外探测器性能评估存在的问题有：没有充分考虑量子点纳米结构的特殊性、沿用量子阱红外探测器的某些特征、没有系统地比较分析不同入射模式下的探测器特性，这些问题会导致原有的量子点红外探测器评估方法与实际探测器真实的探测机制不是特别相符合，不能准确地实现量子点红外探测器的性能评估，因此我们必须要寻求新的量子点红外探测器性能评估、表征方法，来实现量子点红外探测器准确完备的性能表征和评估。针对这个问题，作者根据量子点红外探测器特有的物理机制和器件结构，从探测器暗电流特性、噪声、光电性能模型、不同入射模式下探测的性能分析等方面入手，对量子点红外探测器的性能评估方法进行了研究，实现了对量子点红外探测器暗电流、增益、噪声、电子漂移速度、R_0A 特性、光吸收系数、量子效率、光电流、响应率、探测率等特性参数的准确评价和估算。具体来说，在无光照情况下探测器暗电流相关特性方面，2012 年作者通过考虑微米、纳米尺度电子传输对激发能的影响，结合势垒中载流子的统计方法，建立了基于微米、纳米尺度电子传输的暗电流模型，实现了量子点红外探测器暗电流的准确表征[106]，并在此基础上，通过考虑偏置电压对电子漂移速度和迁移率的影响，改进了量子点红外探测器的暗电流模型[107,108]。此外，由于暗电流与电子漂移运动紧密相关，通过充分考虑电子漂移运动的随机性和统计规律，利用 Monte Carlo 方法重新计算了量子点红外探测器的暗电流[109]。之后以这个暗电流为基础，与增益的计算方法相结合，构建了量子点红外探测器的噪声模型[107,110,111]，实现了探测器噪声的准确表征，并进一步给出探测器零偏置下的电阻面积乘积 R_0A 特性的理论模型[112]。在光照情况下探测器性能评估方面，作者根据量子点红外探测器特有的物理机制和器件结构，在 2012 年通过考虑微米纳米尺度电子传输、电子激发建立暗条件下的电流平衡关系，估算出每个量子点内所包含的平均电子数，构建了基于电子激发的量子点红外探测器性能模型，实现了探测器光电流、响应率、探测率的准确表征[106]，并以探测率为例，研究了探测器材料、结构对这些特性的影响。同年，作者又通过求解电子势能分布满足的泊松方程，构建了基于电子连续势能分布的量子点红外探测器的光电性能模型，给出了探测器光电流、探测率的计算结果[67,113]。通过考虑电子漂移速度和光电导增益对探测器偏置电压的依赖性，改进了基于电子连续势能分布的量子点红外探测器性能模型，给出了探测器光电流、响应率、探测率的评估方法[68,114]。此外，我们还从带电量子点周围形成的势垒对电子俘获的影响入手，结合 Monte Carlo 法构建了量子点红外探测器的性能模型，实现了吸收系数、电子漂移、量子效率、光电导增益、光电流、响应率的准备表征，并与实验测量数据进行比较，验证了这些性能参数评估方法的正确性和有效性[115]，最后还分析了红外入射光的高斯特性对量子点红外探测器光电流的影响[116]，希望能为量子点红外探测器的优化提供可靠有效的理论支持。在不同入射模式下量子点红外探测器的特性方面，首先通过分析红外光不同入射模式下量子点红外探测器不同的探测机制，比较了不同入射模式下的探测器特性之间的差异性，如暗电流、光电流、响应率[117]等；其次通过与量子阱红外探测器相比较，分别探讨了量子点红外探测器在垂直入射模式和斜入射模式下的特性优势[118]，最后通过介绍量子点红外探测器的常用设计方法和手段，以 CST Microwave Studio 电磁仿真软件为例，给出了常规层状量子点红外探测的设计方法[119]，并通过在常规量子点红外探测器的顶端上增加金属孔阵列，利用探测器结构参数的调控作用，实现量子点红外探测器的优化设计[120]。基于上面的工作，本书主要围绕量子点红外探测器的性能表征与评估问题，以理论分析为手段，根据量子点红外探测器的结构特点，并结合探测器内部电子的俘获、激发、漂移等行为，构建了量子点红外探测器暗电流、R_0A 特性的物理模型，提出了探测器增益、噪声的评估方法；建立了量子点红外探测器的性能模型，并实现了探测器量子效率、光电流、响应率、探测率、噪声等效功率等的准确表征；通过分析量子点红外探测器在不同入射模式下的探测机制，系统地分析对比了量子点红外探测器在不同入射模式下的性能，包含暗电流、光电流等特性的差异性；最后基于常用的仿真软件，并结合探测器结构参数对探测器性能的调控作用，给出了量子点红外探测器的优化设计方法。这些关于量子点红外探测器性能评估方法的研究内容，将入射光参数、探测器结构参数、材料参数、工作环境参数等与量子点红外探测器的性能有机结合起来，不仅能为量子点红外测器实现"耦合最强化、吸收最大化、结构最优化、性能最佳化"提供可靠的理论依据、数据支持、实验指导，而且对整个探测器行业的发展也有着巨大的推动作用。

1.4　本书的基本内容及结构

本节给出了本书的基本内容，并详细地讨论了本书的结构及章节安排。

1.4.1　基本内容

本书根据量子点红外探测器的结构特征、探测机理，研究了量子点红外探测器的主要性能参数，如暗电流、噪声、增益、光电流、响应率、探测率等的表征和评估问题。

(1)分析现有量子点红外探测器暗电流模型的特点，给出了这些模型之间的差异性。以统计势垒中载流子数的暗电流模型为基础，指出在量子点红外探测器的整个电子传输过程中，不仅存在着微米尺度电子传输而且存在着纳米尺度电子传输，因此在原来仅考虑了微米尺度电子传输的基础上，加入了纳米尺度电子传输对暗电流的影响，提出了一种兼顾两种电子传输的暗电流模型，使暗电流的计算更加符合探测器的实际运行机制。

(2)基于前面提出的兼顾微米尺度和纳米尺度电子传输的暗电流模型，考虑了载流子漂移速度和探测器外加偏置电压之间的相互依赖关系，改进了原来的兼顾两种电子传输的暗电流模型，提高了暗电流的计算精度。通过与实测数据进行对比，验证了该模型的正确性和有效性，并进一步分析了探测器结构和材料对暗电流的影响。

(3)前面关于暗电流的讨论中利用陷阱俘获法来计算电子漂移速度，没有充分考虑到电子漂移运动的随机性和统计性。为了使暗电流的计算更加精确，通过充分考虑电子漂移速度的随机性及满足的统计规律，利用 Monte Carlo 法重新计算了电子漂移速度，更新了量子点红外探测器的暗电流模型。此外，还以前面的暗电流模型为基础，进一步研究了零偏置电压情况下电阻面积乘积 R_0A 特性的评估方法，并给出相关的计算结果。

(4)基于改进的暗电流模型，提出了量子点红外探测器的噪声模型。首先研究了低电场扩散限系统下载流子的产生-复合时间；其次结合量子点红外探测器的结构特点，给出了探测器光电导增益的理论模型；最后通过分析探测器噪声的特点，指出噪声主要来源于电子的产生-复合进程，构建了探测器的噪声模型，并通过仿真结果与实验结果的比较，验证了该噪声模型的正确性。此外，还进一步考虑迁移率的影响，改进了噪声模型，提高了噪声模型的精确度。

(5)基于前面提出的兼顾两种电子传输的暗电流模型，从电子激发的角度建立了量子点红外探测器的性能模型。具体来说，通过分析热激发和场辅助隧穿激发的物理机制，估算出电子热激发速度和电子场辅助隧穿激发速度，结合纳米尺度电子传输和微米尺度电子传输对暗电流的影响，得到了暗条件下的电流平衡关系，估算出每个量子点内所包含的平均电子数。在此基础上，研究了当红外光入射到光敏区时探测器的特性表征问题。根据量子效率和量子点内平均电子数之间的关系，建立了光电流、响应率、探测率、噪声等效功率的理论模型，并以探测率为例，研究了探测器材料、结构对这些特性的影响。

(6)基于前面提出的兼顾两种电子传输的暗电流模型，从电子的连续势能分布角度建立了量子点红外探测器的性能模型。通过求解电子势能分布满足的泊松方程，给出了穿过非平面小孔的电流和势能分布之间的关系，与前面提出的暗电流模型相结合建立了探测器的光电性能模型，实现了探测器光电流、探测率等的准确表征和评估。

(7)以前面提出的基于电子势能分布的探测器性能模型为基础，通过考虑电子漂移速度和光电导增益对探测器偏置电压的依赖性，改进了该量子点红外探测器性能模型，给出了探测器光电流、响应率、探测率的评估方法。此外，还从带电量子点周围形成的势垒对电子俘获的影响入手，结合 Monte Carlo 法构建了量子点红外探测器的性能模型，实现了吸收系数、电子漂移速度、量子效率、光电导增益、光电流、响应率的准确表征和评估，并与实验测量数据进行比较，验证了这些性能参数评估方法的正确性和有效性。

(8)分析了在红外光不同入射模式下量子点红外探测器的特性。首先，通过 Phillips 模型法对量子点红外探测器在垂直入射模式下的特性进行了研究，并给出了垂直入射时探测器的暗电流、探测率特性的模拟结果；其次，分析了不同入射模式下的探测机制，并比较了不同入射模式(斜入射和垂直入射)下的探测器特性之间的差异性，如暗电流、光电流、响应率等；最后，通过与量子阱红外探测器相比较，分别探讨了量子点红外探测器在垂直入射模式和斜入射模式下的特性优势。

(9)主要介绍了量子点红外探测器的常用设计方法和手段，并以 CST Microwave Studio 电磁仿真手段为例，给出了常规层状量子点红外探测的设计方法。此外，还通过在常规量子点红外探测器的顶端上增加金属孔阵列，并利用探测器结构参数的调控作用，实现了量子点红外探测器的优化设计。

1.4.2　章节安排

本书共分 7 章, 其结构安排具体如下。

第 1 章为绪论。首先介绍了量子点红外探测器的研究背景及意义, 其次详细阐述了探测器的发展历程及国内外发展现状, 最后通过分析探测器特性表征、评估存在的问题, 给出了本书的内容和章节安排。

第 2 章为量子点红外探测器的基本理论。基于红外辐射相关理论, 从量子点纳米结构的基本概念和特性入手, 介绍了量子点红外探测器采用的两种结构: 常规结构和横向结构, 并给出相应的探测原理、制备技术, 最后概述了量子点红外探测器的特性参数, 为后面章节开展的研究工作奠定了基础。

第 3 章为量子点红外探测器的暗电流模型。基于统计势垒中载流子数的暗电流模型, 通过考虑微米尺度电子传输和纳米尺度电子传输共同对激发能的影响, 结合势垒中电子三维密度, 提出了新的量子点红外探测器暗电流模型。之后, 通过分析电子漂移速度对外加偏置电压的依赖性, 改进了该暗电流模型, 提升了量子点红外探测器暗电流的计算精确度。最后, 还通过充分考虑电子漂移运动的统计性, 利用 Monte Carlo 法, 并结合微米、纳米尺度电子传输的影响重新构建了量子点红外探测器的暗电流模型, 使探测器暗电流的计算更加符合实际探测器的运行机制。此外, 还以前面给出的暗电流模型为基础, 进一步给出量子点红外探测器 R_0A 特性的评估方法。

第 4 章为量子点红外探测器的噪声特性。基于前面给出的统计势垒中载流子数的暗电流模型, 通过考虑扩散限系统中电子再复合时间, 推导了量子点红外探测器增益的理论模型。让这一增益模型与前面提出的暗电流模型相结合, 构建了量子点红外探测器的噪声模型, 并给出了相应的仿真实验结果。最后通过考虑电子迁移率对偏置电压的依赖性, 改进了量子点红外探测器的噪声模型, 并进一步给出了探测器结构参数对噪声的调控作用。

第 5 章为量子点红外探测器的性能模型。基于第 3 章提出的兼顾两种电子传输的暗电流模型, 从两个角度建立了量子点红外探测器的性能模型。一是电子激发, 二是量子点内电子的连续势能分布。基于电子激发的性能模型通过考虑电子的两种激发方式(热激发和场辅助隧穿激发)对载流子数的影响, 结合前面提出的暗电流模型, 建立了暗条件下的电流平衡关系, 估算出每个量子点内所含的平均电子数, 为进一步计算其他性能参数奠定了基础。基于这一物理模型, 考虑了当红外光入射到探测器光敏区时探测器的工作情况, 结合量子效率和量子点内所含平均电子数之间的关系, 建立了探测器的主要特性光电流、电流响应率和探测率等的模型。此外还从应用角度出发, 研究了探测器材料和结构对这些特性的影响, 以期为探测器优化设计以及性能提升提供可靠的理论指导。

　　基于电子连续势能分布的性能模型通过求解电子势能分布满足的泊松方程，得到通过平面小孔的电流的计算式，结合前面提出的暗电流模型，通过确定暗条件下电流平衡关系，建立了量子点内平均电子数、光电流、探测率等探测器性能参数模型。以此性能模型为基础，通过考虑电子漂移速度和光电导增益对探测器偏置电压的依赖性，改进了量子点红外探测器性能模型，给出了探测器光电流、响应率、探测率的准确评估方法。此外，我们还从带电量子点周围形成的势垒对电子俘获的影响入手，结合 Monte Carlo 法构建了量子点红外探测器的性能模型，实现了探测器吸收系数、电子漂移速度、量子效率、光电导增益、光电流、响应率的准确表征和评估，并与实验测量数据进行比较验证了这些性能参数评估方法的正确性和有效性。

　　第 6 章为不同入射模式下的探测器特性。本章主要对垂直入射模式和斜入射模式下量子点红外探测器的特性进行了研究。首先分析了量子点红外探测器在垂直入射模式下的探测机制，建立了红外光垂直入射时探测器的 Phillips 模型，并研究了垂直入射时探测器的暗电流、探测率特性表征问题；其次研究了不同入射(斜入射和垂直入射)模式下探测器的探测机制，并对不同入射模式下探测器的光电性能进行了比较；最后通过与量子阱红外探测器比较，给出了量子点红外探测器在不同入射模式下的特性优势。

　　第 7 章为量子点红外探测器的仿真与设计。本章主要介绍了量子点红外探测器的常用仿真、设计方法和手段，并以 CST Microwave Studio 电磁仿真手段为例，给出了常规层状量子点红外探测器的设计方法。进一步通过在常规量子点红外探测器的顶端增加金属孔阵列，利用等离子体增强效应，结合探测器结构参数的调控作用，实现了量子点红外探测器的优化设计，提升了量子点红外探测器的性能。

1.5　本章小结

　　量子点红外探测器自从诞生以来，由于其采用新型量子点纳米结构，显示出更加优越的性能，如更高的光电导增益、量子效率、光电流、响应率、探测率等，所以一直都是国内外研究人员关注的焦点和热点问题。然而量子点红外探测器在提升性能的同时，影响其性能的因素也发生了明显的变化，而以往光电导探测器性能表征、评估方法没有充分考虑到这些因素的影响，因此本书对量子点红外探测器的性能表征、评估方法进行了研究。本章主要从红外探测技术的应用入手，指出了红外探测器的重要性，并结合红外探测器的发展历程及研究现状，给出了本书的主要研究内容及结构。本书的内容不仅包含量子点红外探测器相关的基础知识，还涵盖了量子点红外探测器各种特性参数的表征评估方法以及探测器的优化方法。这些内容可以为广大从事量子点红外探测器的工作人员以及研究人员提供理论参考和技术指导。

参 考 文 献

[1]　张建奇, 方小平. 红外物理. 西安: 西安电子科技大学出版社, 2004.

[2]　何国经. 红外成像系统性能评估方法研究. 西安: 西安电子科技大学博士学位论文, 2008.

[3]　刘红梅. 量子点红外探测器性能表征方法. 西安: 西安电子科技大学博士学位论文, 2012.

[4]　白宏刚. 量子点红外探测器暗电流及噪声特性研究. 西安: 西安电子科技大学博士学位论文, 2014.

[5]　杨宜禾, 岳敏, 周维真. 红外系统. 北京: 国防工业出版社, 1995.

[6]　邱继进, 梅建庭. 烟幕对红外制导武器的干扰研究. 红外与激光工程, 2006, 35(2): 212-215.

[7]　Rogalski A. Infrared detectors: an overview. Infrared Physics & Technology, 2002, 43: 187-210.

[8]　Wei P, Luo Z Z. A design of miniature strong anti-jamming proximity sensor//Proceedings of the IEEE International Conference on Computer Science and Electronics Engineering, Hangzhou, 2012.

[9]　Wang W H, Li Z J, Liu J, et al. A real-time target detection algorithm for panorama infrared search and track system. Procedia Engineering, 2012, 29: 1201-1207.

[10]　陈胜哲, 陈彪. 红外技术在军事上的应用. 光学技术, 2006, 32: 581-583.

[11]　张义广, 杨军, 朱学平, 等. 非制冷红外成像导引头. 西安: 西北工业大学出版社, 2009.

[12]　宗靖国. 红外成像光谱数据获取及其在场景仿真中的应用. 西安: 西安电子科技大学博士学位论文, 2011.

[13]　刘德连. 遥感图像的目标检测方法研究. 西安: 西安电子科技大学博士学位论文, 2008.

[14]　Doleschel D, Mundigl O, Wessner A, et al. Targeted near-infrared imaging of the erythropoietin receptor in human lung cancer xenografts. The Journal of Nuclear Medicine, 2012, 53(2): 304-311.

[15]　Padhi J, Misra R K, Payero J O. Estimation of soil water deficit in an irrigated cotton field with infrared thermography. Field Crops Research, 2012, 126: 45-55.

[16]　Chen W, Dai P, Chen Y, et al. Multi-sensor data fusion for MEMS gyroscope of seeker. Advanced Materials Research, 2012, 479: 467-470.

[17]　姚秋霞, 李民, 莫崇典. 红外技术探测原理及其在工业消防领域的应用. 电气应用, 2006, 3(7): 40-47.

[18]　Manolakis D, Marden D, Shaw G A. Hyperspectral image processing for automatic target detection applications. Lincoln Laboratory Journal, 2003, 14(1): 79-116.

[19]　Reuter D, Richardson C, Irons J, et al. The thermal infrared sensor on the landsat data continuity mission. Infrared Physics & Technology, 2010, 52(6): 424-429.

[20]　百度百科 "红外测温仪". https://baike.baidu.com/item/%E7%BA%A2%E5%A4%96%E7%BA%BF%E6%B5%8B%E6%B8%A9%E4%BB%AA/10101036.

[21] 谢彬. 红外线测温仪在日常生产中的应用. 氯碱工业, 2016,(11): 43-45.

[22] 彭正宇, 刘红梅, 仝庆华. 基于光电传感器的体育场安保系统: 201710599330. 0. 2017.

[23] 刘红梅, 田翠锋, 杨春花, 等. 一种对称结构高散热量子点纳米光伏组件: ZL201721277861. X. 2017.

[24] 彭正宇, 刘红梅, 仝庆华. 一种多功能红外传感踏步机: ZL201621350475. 4. 2017.

[25] 刘红梅, 仝庆华, 杨春花, 等. 一种量子点纳米贴膜: ZL201621349747. 9. 2017.

[26] 戴昌达, 姜小光, 唐伶俐. 遥感图像应用处理分析. 北京: 清华大学出版社, 2004.

[27] 童庆禧, 张兵, 郑兰芬. 高光谱遥感的多科学应用. 北京: 电子工业出版社, 2006.

[28] 王晓蕊. 红外焦平面成像系统建模及 TOD 性能表征方法研究. 西安: 西安电子科技大学博士学位论文, 2005.

[29] 张健. 宽带量子阱红外探测器(QWIP)的研究. 济南: 山东大学博士学位论文, 2006.

[30] Rogalski A, Antoszewski J, Faraone L. Third-generation infrared photodetector arrays. Journal of Applied Physics, 2009, 105: 091101-1-4.

[31] Kinch M A. Fundamental physics of infrared detector materials. Journal of Electronic Materials, 2007, 29(6): 809-817.

[32] Martyniuk P, Rogalski A. Quantum-dot infrared photodetector: status and outlook. Progress in Quantum Electronics, 2008, 32: 89-120.

[33] 杨臣华, 梅遂生, 林钧挺. 激光与红外技术手册. 北京: 国防工业出版社, 1990.

[34] West L C, Eglash S J. First observation of an extremely large-dipole infrared transition within the conduction band of a GaAs quantum well. Applied Physics Letters, 1985, 46(12): 1156-1159.

[35] Levine B F, Choi K K, Bethea C G, et al. New 10 μm infrared detector using intersubband absorption in resonant tunneling GaAlAs superlattices. Applied Physics Letters, 1987, 50: 1092-1094.

[36] Levine B F, Bethea C G, Hasnain G, et al. High-detectivity D* =1.0×10^10 cm $\sqrt{Hz/W}$ GaAs/AlGaAs multiquantum well λ=8.3μm infrared detector. Applied Physics Letters, 1988, 53: 296-298.

[37] Gunapala S D, Park J S, Sarusi G, et al. 15-μm 128×128 GaAs/Al_xGa_{1-x}As quantum well infrared photodetector focal plane array camera. IEEE Transactions on Electron Devices, 1997, 44: 45-50.

[38] Arakawa Y, Sakaki H. Multidimensional quantum well laser and temperature dependence of its threshold current. Applied Physical Letter, 1982, 40: 939-941.

[39] Leonard D, Krishnamurthy M, Reaves C M, et al. Direct formation of quantum-sized dots from uniform coherent islands of InGaAs on GaAs surfaces. Applied Physics Letter, 1993, 63: 3203-3205.

[40] Ryzhii V. The theory of quantum-dot infrared phototransistors. Semiconductor Science and Technology, 1996, 11: 759-765.

[41] Phillips J, Kamath K, Bhattacharya P. Far-infrared photoconductivity in self-organized InAs

quantum dots. Applied Physics Letters, 1998, 72 (16) : 2020-2022.

[42] Tsao S, Zhang W, Lim H, et al. High performance InGaAs/InGaP quantum dot infrared photodetector achieved through doping level optimization//Proceedings of SPIE, Bellingham, 2005.

[43] Lim H, Movaghar B, Tsao S, et al. Gain and recombination dynamics of quantum-dot infrared photodetectors. Physical Review B, 2006, 74: 205321-1-8.

[44] Lim H, Zhang W, Tsao S, et al. Quantum dot infrared photodetectors: comparison of experiment and theory. Physical Review B, 2005, 72: 085332-1-15.

[45] Razeghi M, Lim H, Tsao S, et al. Transport and photodetection in self-assembled semiconductor quantum dots. Nanotechnology, 2005, 16: 219-229.

[46] Jiang J, Tsao S, Q'Sullivan T, et al. High performance InGaAs/InGaP quantum dot infrared photodetectors grown by low pressure metal organic chemical vapor deposition. Applied Physics Letters, 2004, 84 (12) : 2166-2168.

[47] Movaghar B, Tsao S, Abdollahi P S, et al. Gain and recombination dynamics in photodetectors made with quantum nanostructures: the quantum dot in a well and the quantum well. Physical Review B, 2008, 78: 115320-1-10.

[48] Kim E T, Chen Z H, Madhukar A. Tailoring detection bands of InAs quantum-dot infrared photodetectors using In_xGa_{1-x} As strain-relieving quantum wells. Applied Physics Letters, 2001, 79 (20) : 3341-3343.

[49] Ye Z, Campbell J C, Chen Z H, et al. InAs quantum dot infrared photodetectors with $In_{0.15}Ga_{0.85}$As strain-relief cap layers. Journal of Applied Physics, 2002, 92 (12) : 7462-7468.

[50] Chen Z H, Baklenov O, Kim E T, et al. InAs/Al_xGa_{1-x} As quantum dot infrared photodetectors with undoped active region. Infrared Physics & Technology, 2001, 42 (3-5) : 479-484.

[51] Chen Z H, Kim E T, Madhukar A. Intraband and interband photocurrent spectroscopy and induced dipole moments of InAs/GaAs (001) quantum dots in n-i-n photodetector structures. Journal of Vacuum Science & Technology B, 2002, 20 (3) : 1243-1246.

[52] Kim E T, Madhukar A, Ye Z M, et al. High detectivity InAs quantum dot infrared photodetectors. Applied Physics Letters, 2004, 84 (17) : 3277-3279.

[53] Lin S, Tsai Y, Lee S. Effect of silicon dopant on the performance of InAs/GaAs quantum-dot infrared photodetectors. Journal of Applied Physics, 2004, 43 (2) : 167-169.

[54] Huang C Y, Ou T M, Chou S T, et al. Temperature dependence of carrier dynamics for InAs/GaAs quantum dot infrared photodetectors. Journal of Vacuum Science & Technology B, 2005, 23 (5) : 1909-1912.

[55] Chou S T, Tsai C H, Wu M C, et al. Quantum-dot infrared photodetectors with P-Type doped GaAs barrier layers. IEEE Photonics Technology Letters, 2005, 17 (11) : 2409-2411.

[56] Chang W T, Chou S T, Huang C Y, et al. The surface morphology and optical characteristics for InAs/GaAs quantum dots with different coverage. Journal of Taiwan Vacuum Society, 2005, 18(3): 68-71.

[57] Tseng C C, Chung T H, Mai S C, et al. The transition mechanism of InAs/GaAs quantum-dot infrared photodetectors with different InAs coverages. Journal of Vacuum Science & Technology B, 2010, 28(3): 28-31.

[58] Huang C Y, Cheng S S, Chou S T, et al. Transport mechanisms and the effects of organic layer thickness on the performance of organic Schottky diodes. Journal of Vacuum Science & Technology B, 2007, 25(1): 43-46.

[59] Bhattacharya P, Su X H, Chakrabarti S, et al. Characteristics of a tunnelling quantum-dot infrared photodetector operating at room temperature. Applied Physics Letters, 2005, 86: 191106-1-3.

[60] Su X H, Yang J, Bhattacharya P, et al. Terahertz detection with tunneling quantum dot intersubband photodetector. Applied Physics Letters, 2006, 89(3): 031117-1-3.

[61] Chakrabarti S, Su X H, Ariyawansa G, et al. Room temperature operation of resonant tunneling quantum dot infrared detectors. Conference on Lasers & Electro-Optics, 2005, 2: 1076 -1078.

[62] Ariyawansa G, Matsik S G, Perera A G U, et al. Tunneling quantum dot sensors for multi-band infrared and terahertz radiation detection//IEEE Sensors 2007 Conference, Atlanta, 2007.

[63] Krishna S, Gunapala S D, Bandara S V, et al. Quantum dot based infrared focal plane arrays. Proceedings of the IEEE, 2007, 95: 1-15.

[64] Varley E, Lenz M, Lee S J, et al. Single bump, two-color quantum dot camera. Applied Physics Letters, 2007, 91: 081120-1-3.

[65] Kim S M, Harris J S. Multicolor InGaAs quantum-dot infrared photodetectors. IEEE Photonics Technology Letters, 2004, 16: 2538-2540.

[66] Kim S M and Harris J S. Multispectral operation of self-assembled InGaAs quantum-dot infrared photodetectors. Applied Physics Letters, 2004, 85: 4154-4156.

[67] Liu H M, Yang C H, Zhang J Q, et al. Detectivity dependence of quantum dot infrared photodetectors on temperature. Infrared Physics & Technology, 2013, 60: 365-370.

[68] Liu H M, Tong Q H, Liu G H, et al. Performance characteristics of quantum dot infrared photodetectors under illumination condition. Optical and Quantum Electronics, 2015, 47(3): 721-733.

[69] Meisner M J, Vaillancourt J, Lu X. Voltage-tunable dual-band InAs quantum-dot infrared photodetectors based on InAs quantum dots with different capping layers. Semiconductor Science & Technology, 2008, 23(9): 095016-1-4.

[70] Kim J O, Ku Z, Kazemi A, et al. Effect of barrier on the performance of sub-monolayer quantum dot infrared photodetectors. Optical Materials Express, 2014, 4(2): 198-205.

[71] Gao L, Chen C, Zeng K, et al. Broadband, sensitive and spectrally distinctive SnS$_2$ nanosheet/PbS colloidal quantum dot hybrid photodetector. Light: Science & Applications, 2016, 5: e16126-1-8.

[72] Chen M, Shao L, Kershaw S V, et al. Photocurrent enhancement of HgTe quantum dot photodiodes by plasmonic gold nanorod structures. ACS Nano, 2014, 8(8): 8208-8216.

[73] 陈燕坤, 韩伟华, 李小明, 等. 突破衍射极限的表面等离子体激元. 光电技术应用, 2011, 26(4): 39-44.

[74] Lee S C, Krishna S, Brueck S R J. Quantum dot infrared photodetector enhanced by surface plasma wave excitation. Optics Express, 2009, 17(25): 23160-23168.

[75] Lee S C, Krishna S, Brueck S R J. Light direction-dependent plasmonic enhancement in quantum dot infrared photodetectors. Applied Physics Letters, 2010, 97(2): 39.

[76] Lee S C, Krishna S, Brueck S R J. Plasmonic-enhanced photodetectors for focal plane arrays. IEEE Photonics Technology Letters, 2011, 23(14): 935-937.

[77] Huang L, Tu C C, Lin L Y. Colloidal quantum dot photodetectors enhanced by self-assembled plasmonic nanoparticles. Applied Physics Letters, 2011, 98: 113110-1-3.

[78] Ku Z, Jang W Y, Zhou J, et al. Analysis of subwavelength metal hole array structure for the enhancement of back-illuminated quantum dot infrared photodetectors. Optics Express, 2013, 21(4): 4709-4716.

[79] Mojaverian N, Gu G, Lu X. A plasmonic dipole optical antenna coupled quantum dot infrared photodetector. Journal of Physics D: Applied Physics, 2015, 48(47): 475102.

[80] Diedenhofen S L, Dominik K, Lasanta T, et al. Integrated colloidal quantum dot photodetectors with color-tunable plasmonic nanofocusing lenses. Light: Science & Applications, 2015, 4: e234-1-7.

[81] Tang X, Wu G F, Lai K W C. Plasmon resonance enhanced colloidal HgSe quantum dot filterless narrowband photodetectors for mid-wave infrared. Journal of Materials Chemistry C, 2017, 5: 362-369.

[82] Wang H, Jing Y L, Li M Y, et al. Optimal design of resonant enhanced quantum dot photodetector based on metal-insulator-metal microcavity//国防光电子论坛新型探测技术及其应用研讨会, 长春, 2015.

[83] 合肥工业大学研发新型高性能近红外光探测器. http://news.xinhuanet.com/politics/2016-05/17/c_128991074.htm.

[84] 韦欣, 许斌宗, 宋国峰, 等. InGaAs 红外光探测器: CN201410078922.4. 2014.

[85] 翟慎强, 王雪娇, 刘俊岐, 等. 基于两步应变补偿法的量子点量子级联红外探测器//全国分子束外延学术会议, 成都, 2015.

[86] Ryzhii V, Khmyrova I, Pipa V, et al. Device model for quantum dot infrared photodetectors and

their dark-current characteristic. Semiconductor Science and Technology, 2001, 16: 331-338.

[87] Liu H C. Quantum dot infrared photodetector. Opto-Electronics Review, 2003, 1: 1-5.

[88] Carbone A, Introzzi R, Liu H C. Photo and dark current noise in self-assembled quantum dot infrared photodetectors. Infrared Physics and Technology, 2009, 52: 257-259.

[89] Stiff-Roberts A D, Su X H, Chakrabarti S, et al. Contribution of field-assisted tunneling emission to dark current in InAs-GaAs quantum dot infrared photodetectors. IEEE Photonics Technology Letters, 2004, 16(3): 867-869.

[90] Naser M A, Deen M J, Thompson D A. Theoretical modeling of the dark current in quantum dot infrared photodetectors using nonequilibrium Green's functions. Journal of Applied Physics, 2008, 104: 014511-1-11.

[91] Naser M A, Deen M J, Thompson D A. Spectral function of InAs/InGaAs quantum dots in a well detector using Green's function. Journal of Applied Physics, 2006, 100(9): 093102-1-6.

[92] Lin L, Zhen H L, Li N, et al. Sequential coupling transport for the dark current of quantum dots-in-well infrared photodetectors. Applied Physics Letters, 2010, 97: 193511-1-3.

[93] Ryzhii V. Physical model and analysis of quantum dot infrared photodetectors with blocking layer. Journal of Applied Physics, 2001, 89: 5117-5224.

[94] Martyniuk P, Rogalski A. Insight into performance of quantum dot infrared photodetectors. Bulletin the Polish Academy of Sciences Technical Sciences, 2009, 57: 103-116.

[95] Mahmoud I I, Konber H A, Eltokhy M S. Performance improvement of quantum dot infrared photodetectors through modeling. Optics and Laser Technology, 2010, 42: 1240-1249.

[96] Jahromi H D, Sheikhi M H, Yousefi M H. Investigation of the quantum dot infrared photodetectors dark current. Optics and Laser Technology, 2011, 43: 1020-1025.

[97] Kumar S, Biswas D. Effects of a Gaussian size distribution on the absorption spectra of III-V semiconductor quantum dots. Journal of Applied Physics, 2007, 102: 084305-1-7.

[98] Choi J, Hwang S, Dong J, et al. Effect of size distribution in quantum dot infrared photodetectors//International Workshop on Photonics and Applications, 2004, 4: 265-269.

[99] Kochman B, Stiff-Roberts A D, Chakrabarti S, et al. Absorption, carrier lifetime, and gain in InAs-GaAs quantum-dot infrared photodetectors. IEEE Journal of Quantum Electronics, 2003, 39(3): 459-467.

[100] Aslan B, Song C Y, Liu H C. On the spectral response of quantum dot infrared photodetectors: postgrowth annealing and polarization behaviors. Applied Physics Letters, 2008, 92: 253118-1-3.

[101] Fafard S, Liu H C, Wasilewski Z R, et al. Quantum dot devices//International Society for Optics and Photonics, 2000.

[102] Ryzhii M, Ryzhii V, Mitin V. Electric-field and space-charge distribution in InAs/GaAs quantum-dot infrared photodetectors: ensemble Monte Carlo particle modeling. Microelectronics

Journal, 2003, 34: 411-414.

[103] Phillips J. Evaluation of the fundamental properties of quantum dot infrared detectors. Journal of Applied Physics, 2002, 91(7): 4590-4594.

[104] Martyniuk P, Krishna S, Rogalski A. Assessment of quantum dot infrared photodetectors for high temperature operation. Journal of Applied Physics, 2008, 104 : 034314-1-6.

[105] Ryzhii V, Khmyrova I, Mitin V, et al. On the detectivity of quantum-dot infrared photodetectors. Applied Physics Letters, 2001, 78(32): 3523-3525.

[106] Liu H M, Zhang J Q. Physical model for the dark current of quantum dot infrared photodetectors. Optics and Laser Technology, 2012, 44: 1536-1542.

[107] Liu H M, Zhang J Q. Dark current and noise analyses of quantum dot infrared photodetectors. Applied Optics, 2012, 51(14): 2767-2771.

[108] Liu H M, Yang C H, Shi Y L. Dark current model of quantum dot infrared photodetectors based on the influence of the drift velocity of the electrons. Applied Mechanics and Materials, 2014, 556: 2141-2144.

[109] Liu H M, Gao Z X, Kang Y Q, et al. Monte Carlo simulation of electrons transport in quantum dot infrared photodetector. Journal of Computational and Theoretical Nanoscience, 2015, 12: 3735-3738.

[110] 刘红梅, 杨春花, 刘鑫, 等. 量子点红外探测器的噪声表征. 物理学报, 2013, 62: 218501-1-6.

[111] Liu H M, Zhang X L, Meng C, et al. Optimization of quantum dot infrared photodetectors based on noise model. Applied Mechanics and Materials, 2014, 644: 4107-4111.

[112] Liu H M, Yang C, Hao Y H. Resistance-area product estimation of quantum dots infrared photodetector under different temperature. Journal of Computational and Theoretical Nanoscience, 2018, 15: 63-65.

[113] Liu H M, Zhang J Q. Performance investigations of quantum dots infrared photodetector. Infrared Physics & Technology, 2012, 55(4): 320-325.

[114] Liu H M, Wang P, Shi Y L. Photocurrent and responsivity of quantum dot infrared photodetectors. Journal of Infrared and Millimeter Waves, 2016, 35(2): 139-142.

[115] Liu H M, Zhang J Q, Gao Z X, et al. Photodetection of infrared photodetector based on surrounding barriers formed by charged quantum dots. IEEE Photonics Journal, 2015, 7(3): 6801708-1-8.

[116] Liu H M, Dong L J, Meng T H, et al. Gaussian beam response of infrared photodetector with quantum dot nanostructure. Optoelectronics and Advanced Materials-Rapid Communications, 2017, 11(3): 144-147.

[117] Liu H M, Shi Y L. Optical performance of infrared photodetector with quantum-dot nano-structure under different incidences. Journal of Computational and Theoretical Nanoscience, 2016, 4: 8460-8463.

[118] Liu H M, Zhang F F, Zhang J Q, et al. Performance analysis of quantum dots infrared photodetector//Proceedings of SPIE, Beijing, 2011.

[119] Liu H M, Tian C F, Yang C H, et al. Design of quantum dots film materials within infrared frequency band//中国微米纳米技术学会第十九届学术年会暨第八届国际会议, 大连, 2017.

[120] 刘红梅, 田翠锋, 杨春花, 等. 红外探测器的量子点有源区结构、其制作方法及红外探测器: 201711463462. 7. 2017.

第 2 章　量子点红外探测器的基本理论

半导体量子点(quantum dots，QDs)又称为半导体纳米晶体，是一种三维尺寸都趋于载流子(电子或空穴)费米波长的半导体纳米结构。这种结构可以有效地限制载流子的空间分布和运动，产生一些十分显著的量子化效应，如量子尺寸效应、量子限域效应、宏观量子隧道效应、量子干涉效应和库仑阻塞效应等，从而派生出不同于宏观体材料的物理化学特性，同时也带来了电学性能和光学性能的明显变化[1]。量子点红外探测器(QDIP)正是利用量子点这种独特的物理特性发展起来的，与量子阱红外探测器(QWIP)相比，它具有高灵敏度、低暗电流、允许垂直入射等特点，从而引起了国内外研究人员的广泛关注。目前，国内外有众多机构和组织从事量子点红外探测器方面的研究工作，如美国西北大学、美国斯坦福大学、波兰军事科技大学、加拿大佐治亚州立大学、中国科学院上海技术物理研究所、中国科学院半导体研究所、上海交通大学、昆明物理研究所等，他们不仅研制了各种类型的量子点红外探测器设备，而且发表了众多关于量子点红外探测器理论研究方面的论文，为量子点红外探测器的实验论证和理论论做出了重大贡献。从这些众多研究成果中发现，量子点红外探测器特性的理论预期值与实验测量值之间存在较大的差异[2]。当然，也正是由于这一差异的存在，限制了量子点红外探测器可能的发展和应用。导致这一差异存在的真正原因到目前为止还不是很清楚，可能是由于半导体技术不够成熟导致的，也可能是由于理论上探测器特性表征的不够完善导致的。为了弄清楚这一差异存在的真正原因，并尽量减小这一差异，人们从量子点探测器的制作工艺、结构、技术和特性表征等方面入手，不断地进行探索和研究，希望获得量子点红外探测器的最佳性能。

基于这一需求，本章主要从红外辐射理论入手，并结合量子点纳米结构的概念及特性，介绍了现有量子点红外探测器的结构和探测机理，描述了探测器的制备技术，给出了与量子点红外探测器相关的特性参数，为后面几章量子点红外探测器的暗电流、增益、噪声以及整个设备光电性能的建模表征奠定了坚实的理论基础。

2.1　红外辐射理论

1800 年，英国天文学家威赫歇尔(Herschel)在用水银温度计研究太阳光谱的热效应时，发现热效应最显著的部位不在彩色光带内，而在红光之外。因此，他认为在红光之外存在一种不可见光。后来的实验证明，这种不可见光与可见光具有相同的物理性质，遵守相同的规律，所不同的只是一个物理参数——波长。这种不可见光称为红外辐射，又称红外光、红外线。红外辐射是一种电磁波，位于可见光红光外端、电磁波谱的中央。其波长覆盖四个数量级，从 0.78~1000μm。根据红外辐射的产生方法、应用技术范围等可以将其划分为不同波段。具体而言，由于大气对红外辐射的吸收，只留下三个"窗口"可让红外辐射通过，即 1~3μm、3~5μm、8~13μm。因而在军事应用上，分别称这三个波段为近红外、中红外、远红外波段[3]。光谱学的划分波段的方法尚不统一，还可以根据红外辐射产生的机理进行划分，一般以 0.78~2.5μm 为近红外区，对应原子能级之间的跃迁和分子振动的振动光谱带；2.5~25μm 为中红外区，对应分子转动能级和振动能级之间的跃迁；25~1000μm 为远红外区，对应分子转动能级之间的跃迁。

众所周知，物质是由大量分子、原子等微粒构成，而这些微粒含有大量的能级。红外辐射的产生与可见光的产生机理类似，当这些粒子从高能级跃迁到低能级时会发射大量光子，而如果这些光子的频率恰好位于红外光频率范围内的话，发出的光就是红外辐射光。基于此机理，红外辐射光具有与可见光相似的特性，如反射、折射、干涉、衍射和偏振，而它最显著的特征是热效应，能更容易穿过薄雾。一般而言，自然界绝对零度(-273℃)以上的物体都发出红外辐射，而且这种红外辐射包含物体的特征，然而人眼对红外辐射不敏感，必须借用红外探测器才能探测到红外辐射[4]，因此人们发展了红外探测技术去探测、识别物体。

实际中，为了更好地实现红外辐射的探测，需要更为细致地了解红外辐射满足的规律。描述红外辐射的相关理论称为红外辐射度学。红外辐射度学方面的术语比较复杂，必须区别辐射的发出和接收两个方面，标明扩展源的方向性。常见的相关计算参数有：红外辐射的辐射度、辐射出射度、辐射强度、辐射功率等，其中，红外辐射的辐射度定义为在与表面法线成一定角的方向上单位投影面积向单位立体角内发射的辐射功率；辐射出射度定义为单位面积内向上半球发射的全部辐射功率；辐射强度是指发射体的整个表面射入某一方向的单位立体角内的辐射功率；辐射功率与辐射能通量的含义相同，但用法略有区别。在讨论表面发射的或接收的辐射时宜用辐射功率，而在描述空间某一假想平面内的辐射时则宜用辐射能通量。

基于前面关于红外辐射度参数的讨论，为了进一步弄清红外辐射满足的分布规律，在理论研究中必须选择合适的模型。早在 60 年代，就有天文学家发现宇宙间充满着一类长波红外辐射，其波长分布完全与普朗克公式相符。因此，红外辐射模型就采用普朗克提出的腔体辐射量子化振子模型，根据此模型导出了普朗克黑体辐射定律，即以波长表示的黑体光谱辐射度，这是一切红外辐射理论的出发点，故称黑体辐射定律。

2.1.1　黑体辐射定律

顾名思义，黑体辐射是指黑体发出的电磁辐射，是 19 世纪末研究得最多的物理学问题之一。黑体是一种理想化的辐射体，黑体不仅仅能全部吸收外来的电磁辐射，没有能量的反射和透过，且其散射电磁辐射的能力比同温度下的任何其他物体都强，表面的发射率为 1。一般而言，黑体并不难得，如可以在空腔壁上开一个很小的孔，孔的面积远远小于腔壁的面积，则从小孔发射出来的辐射能很小，不足以影响腔内的热平衡。从外面射入小孔的辐射，经腔壁多次反射，总是全部被吸收掉，不再从小孔反射出来，因而其吸收比等于 1。带有小孔的空腔就是黑体，从小孔发射出来的辐射就是黑体辐射。通过对黑体的研究，人们发现了自然现象中的量子效应，并进一步研究空腔发射出来的辐射，证明黑体辐射的辐射功率按波长或频率的分布是稳定的，仅与腔壁温度有关，与制造腔体的材料无关[5]。具体来说，普朗克假设在一个等温空腔内，电磁波的每一模式的能量是不连续的，只能取 $E_n = nh\nu (n = 1, 2, 3, \cdots\cdots)$ 中的任意一个值[3]。而空腔内电磁波的模式与光子态相对应，即每一光子态的能量也不能取任意值，而只能取一系列不连续值。

根据普朗克的这一假设，每个模式的平均能量为

$$\overline{E} = \frac{\sum\limits_{n=0}^{\infty} nh\nu e^{-nh\nu/k_B T}}{\sum\limits_{n=0}^{\infty} e^{-nh\nu/k_B T}} = \frac{\sum\limits_{n=0}^{\infty} nh\nu e^{-nx}}{\sum\limits_{n=0}^{\infty} e^{-nx}} \tag{2-1}$$

式中，T 为空腔的绝对温度；k_B 为玻尔兹曼常数，其值为 $1.38 \times 10^{-23} (\text{J/K})$；$x$ 可以写为 $x = h\nu / (k_B T)$。

在式 (2-1) 中，因为 $\sum\limits_{n=0}^{\infty} e^{-nx} = 1/(1 - e^{-x})$，所以式 (2-1) 可写为

$$\begin{aligned} \overline{E} &= h\nu(1 - e^{-x}) \sum_{n=0}^{\infty} n e^{-nx} \\ &= h\nu(1 - e^{-x}) \frac{\mathrm{d}}{\mathrm{d}x} \left(\frac{1}{1 - e^{-x}} \right) \\ &= \frac{h\nu}{e^{h\nu/(k_B T)} - 1} \end{aligned} \tag{2-2}$$

处于频率 ν 到 $\nu + \Delta\nu$ 内的模式数为

$$g_{d\nu} = \frac{8\pi \nu^2 V d\nu}{c^3} \tag{2-3}$$

那么处于 ν 到 $\nu + \Delta\nu$ 这个频率范围内的总能量为

$$E_{dv} = \frac{8\pi h v^3}{c^3} V \frac{1}{e^{hv/(k_B T)} - 1} dv \qquad (2\text{-}4)$$

将上式除以 V，可得单位体积和 dv 范围内的能量为

$$\rho_v dv = \frac{8\pi h v^3}{c^3} \cdot \frac{1}{e^{hv/(k_B T)} - 1} dv \qquad (2\text{-}5)$$

式中，ρ_v 为单位体积和单位频率间隔内的辐射能量，即为辐射场的光谱能量密度，其单位为 $J/(m^3 \cdot Hz)$。

式(2-5)就是著名的黑体辐射定律，又称为普朗克黑体辐射定律，下面对其极限情况[6]进行讨论。

(1)当频率为非常大即短波段时，由于 $\exp(hv/k_B T) - 1 \approx \exp(hv/k_B T)$，所以普朗克黑体辐射定律变得与维恩公式一致，即可写为

$$\rho_v dv = \frac{8\pi h v^3}{c^3} \cdot e^{-hv/(k_B T)} dv \qquad (2\text{-}6)$$

(2)当频率为非常小即长波段时，因为 $\exp(hv/k_B T) - 1 \approx 1 + hv/(k_B T) - 1 = hv/(k_B T)$，所以普朗克黑体辐射定律就变得与瑞利-金斯公式一致，即可写为

$$\rho_v dv = \frac{8\pi h v^3}{c^3} \cdot \frac{k_B T}{hv} dv = \frac{8\pi}{c^3} v^2 k_B T dv \qquad (2\text{-}7)$$

由此可知，普朗克黑体辐射定律将维恩公式的高频特性和瑞利-金斯公式的低频特性结合起来，实现了在整个频率范围黑体辐射功率的描述。此外，从式(2-5)还可以看出，黑体辐射与频率密切相关，根据频率与波长的关系，那么可以求出单位体积和单位波长间隔的辐射能量为

$$\rho_\lambda = \frac{8\pi hc}{\lambda^5} \cdot \frac{1}{e^{hc/(\lambda k_B T)} - 1} \qquad (2\text{-}8)$$

总之，由普朗克黑体辐射定律计算出的黑体辐射精度很高。一般而言，黑体作为现代红外辐射测量的标准，这些计算出来的黑体辐射数据表已成为广大红外工程设计人员的手册。

2.1.2　斯特藩定律

基尔霍夫辐射定律指出，黑体辐射的总能量只是温度的函数。1879 年，斯特藩对物质的辐射问题进行研究，由实验得出结论：黑体辐射的总能量与波长无关，仅与绝对温度的四次方成正比。1884 年，玻尔兹曼把热力学和麦克斯韦电磁理论综合起来，从理论上证明了斯特藩的结论是正确的，并指出这一定律只适用于绝对黑体，从而建立了斯特藩-玻尔兹曼辐射定律，即著名的全辐射能量的普遍方程式，简称斯特藩定律或四次方定律[3,5]，即黑体的辐射出射度(包括各种波长在内的总辐射功率)可写为

$$M = \sigma T^4 \tag{2-9}$$

式中，M 为黑体的辐射功率密度；T 为绝对温度，T^4 的关系是玻尔兹曼用热力学方法推导出来的；σ 为斯特藩-玻尔兹曼常数，其值为 $(5.67032 \pm 0.00071) \times 10^{-12} \mathrm{W/(cm^2 K^4)}$。

在某些情况下，黑体辐射功率还可以写为

$$M = \varepsilon_0 \left(\frac{T}{100} \right)^4 \tag{2-10}$$

式中，ε_0 为黑体的发射率。根据这个定律，只要知道物体的发射率和温度就可以确定物体的辐射功率了。

2.1.3　维恩位移定律

根据普朗克黑体辐射定律，可得出黑体在不同温度下的辐射能量与波长的关系曲线。黑体在任何温度辐射时都有辐射峰值，且当黑体辐射温度升高时其辐射能谱就向短波方向移动。然而这里并没有明确温度与峰值波长之间的量化关系。直到 1894 年，德国物理学家维恩理论上确定了这个关系，这就是重要的辐射定律——维恩位移定律[3,5]，该定律可以写为

$$\lambda_{\mathrm{m}} T = a \tag{2-11}$$

式中，λ_{m} 为辐射功率峰值对应的波长；T 为绝对温度；a 为常数，其值为 2897.8 ± 0.4。式 (2-11) 表明，黑体辐射的峰值波长与其绝对温度成反比。

如果将式 (2-11) 代入黑体辐射定律中，那么就可得到黑体单色辐射功率密度的极大值，可写为

$$M_{\lambda_{\mathrm{m}}} = b T^5 \tag{2-12}$$

该式为维恩位移定律的另一形式。式中，b 的取值为 $1.2862 \times 10^{-15} \mathrm{W/(cm^2 \mu m K^5)}$。

式 (2-12) 表明，黑体单色辐射功率密度的极大值与其绝对温度的五次方成正比。因此，当黑体的绝对温度升高 1 倍时，其单色辐射强度的极大值就增加 25 倍。此外，通过将基于光子数的黑体辐射定律求微分处理后，则可证明得到，与黑体光谱辐射光子密度极大值相对应的峰值波长 λ_{m}' 应满足

$$\lambda_{\mathrm{m}}' T = 3669.73 \tag{2-13}$$

式 (2-13) 给出了黑体光谱辐射光子密度的峰值波长随温度变化的定量关系，可以看成反映黑体光子辐射特性的维恩位移定律。根据式 (2-13) 可知，单色辐射功率密度与光谱辐射光子密度有着不同的与之相对应的峰值波长。

总之，根据上面关于红外辐射理论的讨论，可以确定红外辐射的特点及其满足的规律，为后续量子点红外探测器的研究奠定基础。

2.2　量子点红外探测器的结构与机理

本节首先介绍量子点纳米材料的定义及特性，并以此为基础，给出量子点红外探测器常见的两种结构及相应的探测机制。

2.2.1　量子点纳米材料

量子点纳米材料属于低维半导体纳米结构材料，是由几千个或者上百万个原子所构成的纳米材料系统，其三个维度上的尺寸都在纳米量级，具有量子尺寸效应且外观恰似一极小的点状物[7]。从材料维数受限的角度来看，当材料在不同方向上的维度尺寸小于该材料的费米波长时，材料中电子在该方向上的运动受限，导致其物理特性、光学特性发生了很大的变化。量子点就属于这种维数受限的纳米结构，其能级分布类似于原子能级分布，是离散化的。具体来说，在一般的体相半导体材料中，电子的物质波特性取决于其费米波长，当电子的波长远小于材料尺寸时，量子局限效应不明显。如图 2.1 所示，当材料的尺寸从体相缩小到小于材料的费米波长时，能构成不同的低维半导体结构[8,9]。如果将某一个维度方向的尺寸缩小到一个费米波长以下时，那么电子在该维度方向上的运动受到限制，只能在其他两个维度方向所构成的二维空间中自由运动，其能量分布在二维空间是连续的，这样的系统称为量子阱；如果再将另一个维度的尺寸缩小到一个费米波长以下，则电子的运动受到二维限制，只能在一维方向上运动，此时能量分布也仅在一维空间是连续的，称之为量子线；当三个维度的尺寸都缩小到一个费米波长以下时，电子的运动在三维空间受限，仅能在一个有限的"小盒子"里运动，其能量完全量子化，此结构就是前面提到的量子点了。这里值得注意的是，随着体相材料由三维向准零维过渡时，电子的能态密度也逐渐降低。如图 2.1 所示，体相材料的电子能态密度呈现连续的抛物线形状，而一维受限的量子阱的态密度则呈现为"阶梯"状的，随着维度的进一步降低，三维受限量子点的能量是量子化的，其态密度呈现为分立的 δ 函数。

综上所述，量子点在三个维度方向上的尺寸都小于材料的费米波长，因而材料内部电子在三个维度方向上的运动都受到限制，导致其能带分裂成离散的能级。由于量子点具有离散的能级，所以电荷的分布也是不连续的，电子在量子点结构中也是以轨道方式运动的，电子填充的规律服从洪德(Hund)定则，第一激发态存在三重态。这些特性都与真正的原子极为相似，因此量子点通常也被称为人造原子。量子点纳米结构由于尺寸限域导致的能带分裂现象会产生量子限域效应、宏观量子隧道效应、量子干涉效应和库仑阻塞效应等一系列特殊效应，使整个量子点纳米材料派生出介于宏观材料和微观材料之间的低维特性，展现出许多不同于宏观体材料的物

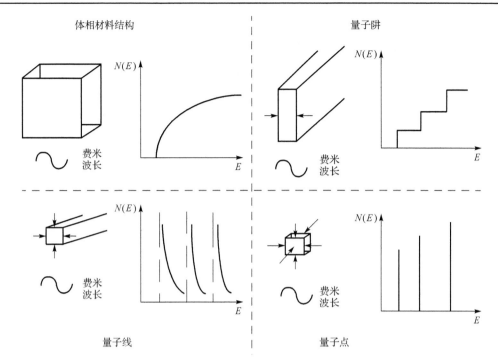

图 2.1　半导体受限维度及其对电子态密度的影响(E 是电子能量，$N(E)$ 是电子态密度)

理化学性质，其电学性能和光学性能也因此发生显著的变化，因而量子点材料可广泛用于探测器、激光器等多种光电器件中。

(1)量子尺寸效应是指由于材料的尺寸变小、维数受限而使材料产生能隙变宽等现象的效应。具体来说，量子点材料由于三维受限，费米能级附近的电子能级由准连续能级变为离散能级，使材料存在不连续的最高被占据分子轨道和最低未被占据的分子轨道能级、能隙变宽等现象[9]。这个效应与材料对光的吸收和发光特征有关。随着颗粒尺寸的减小，三维空间的量子限制效应增强，材料的带隙增加，其相应的吸收光谱和荧光光谱发生蓝移现象。一般情况下，材料的量子尺寸效应可由式 (2-14) 来量化。

$$E(r) = E^{B} + \frac{h^2 \pi^2}{2r^2}\left(\frac{1}{m_e^*} + \frac{1}{m_h^*}\right) - 1.8\frac{e^2}{\varepsilon r} \tag{2-14}$$

式中，E^{B} 为体相带隙；r 为纳米颗粒的半径；m_e^* 和 m_h^* 分别为电子和空穴的有效质量；e 为电子电荷；第二项为量子限域能；第三项为电子-空穴的库仑作用修正项。通过此方程式可以看出，当半径 r 较小时，半导体的吸收带隙将增加，量子点纳米材料对应的吸收光谱将会发生蓝移现象。

(2)表面效应强调的是原子表面能带来的影响。量子点由于尺寸小，表面能高，从而位于表面的原子数比较多。这样表面增多的原子数由于配位不足和高的表面能，具有极高的原子活性，极易和其他原子结合，不仅能引起纳米粒子表面原子输运的变化，而且能引起表面电子自旋结构和电子能谱的变化，从而导致材料特性的变化。

（3）量子隧道效应考虑的是在三维受限材料中电子的量子隧穿效应。在三维受限的量子点材料中，电子在纳米量级空间运动，物理线度与电子自由程相当，载流子的输运过程出现明显的电子波动性，在特定的小区域形成纳米导电域，实现电子从一个量子阱到另一量子阱的穿越。

半导体量子点纳米结构不仅具有以上介绍的多种效应,还具有一些像体积效应、介电限域效应、库仑阻塞效应等效应,这些效应使其显示出独特的光学、电学、物理化学等特性,显示出在众多研究领域中的应用前景。

2.2.2 量子点红外探测器

基于半导体量子点纳米材料特有的属性，人们将其用于红外探测器设备的制作中，制成了量子点红外探测器。与量子阱红外探测器类似，量子点红外探测器是通过量子点导带中界态到界态或者界态到持续态之间的光激发来实现对红外光的探测的，如图 2.2 所示。当红外光入射到探测器的光敏区上，在吸收能量足够大的光子后，量子点中的电子或空穴能从原来的不导电状态变为导电状态，使探测器的光电导发生变化，因而量子点红外探测器属于光电导型探测器。

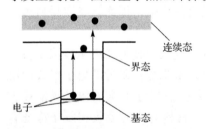

图 2.2 量子点导带电子跃迁示意图

就器件结构而言，量子点红外探测器与量子阱红外探测器类似，同样也可以采用典型的层状探测器结构，唯一不同的地方在于量子点红外探测器用量子点代替了量子阱[10]。当然，量子点红外探测器还存在着其他的结构类型。具体来说，目前量子点红外探测器主要采用两种结构[11]，一种是常规结构，也称为纵向结构，另一种是横向结构。

常规结构的探测器是通过从顶端到底端的载流子垂直传输来收集光电流的。由于其结构简单、易于控制等特点，因而广泛应用于大多数量子点红外探测器中。横向结构的量子点红外探测器的工作原理与场效应管类似，由于难形成探测器阵列等缺点而得不到广泛应用。

2.2.2.1 常规结构

图 2.3 是常规结构量子点红外探测器的示意图。从图中可看到，位于最底层的是红外探测器的衬底，其上面是缓冲层，再往上是连接层，它与顶端的连接层分别用作量子点红外探测器的接收极和发射极。从下往上，在接收连接层上面的是接触电阻，而再往上为量子点红外探测器的主体部分——多个重复的量子点复合层，它一般由空间层、湿

层、非平面量子点层和掺杂势垒层组成。位于多个量子点复合层上面的是接触电阻和顶端连接层，与下面的多层半导体材料一起构成了常规结构的量子点红外探测器[12]。

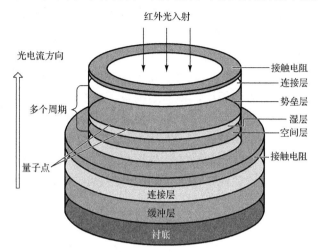

图 2.3　常规结构量子点红外探测器的示意图

　　基于上面介绍的常规量子点红外探测器结构，如图 2.4 所示，假设量子点的导带只有两个能级，一个能级对应着电子的基态，另一个能级对应着电子的激发态。当红外光入射到量子点红外探测器的光敏区时，处于基态的电子通过热激发或场辅助隧穿激发从基态跃迁到激发态，而这些处于激发态的电子在探测器外加偏置电压的作用下，从探测器的发射极(顶端)向接收极(底端)定向运动，从而形成了由探测器底端到顶端的光电流，完成了对红外光的探测。此类结构的探测器具有结构简单、易于控制、易于构成探测器阵列等特点，备受人们青睐，因而广泛地应用于多数量子点红外探测器的制作中。

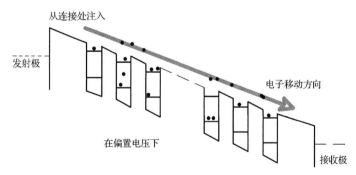

图 2.4　常规结构量子点红外探测器的能带及光响应机制示意图

2.2.2.2　横向结构

图 2.5 是横向结构量子点红外探测器的示意图。在该图中，处于左右两侧的欧

姆连接处之间的是探测器的光敏区，在光敏区下面的是由多个量子点复合层构成的高速移动通道。这里，量子点复合层同样是由空间层、湿层、非平面量子点层和掺杂势垒层组成的。如图 2.6 所示，当红外光入射到探测器光敏区时，激发的电子恰恰是通过两个顶端连接处之间的这个高速移动通道进行传输来完成对红外光的探测，探测器的物理机制类似于场效应晶体管[13]。值得一提的是，这种探测器中势垒的作用不是阻止暗电流的产生，而是用于量子点的掺杂调制和提供高速移动通道。与常规结构量子点红外探测器相比，横向结构量子点红外探测器显示出更低的暗电流和更高的操作温度，这个差异存在的原因是横向结构红外探测器的暗电流主要来源于量子点内的隧穿和导带间的跃迁。当然，横向结构量子点红外探测器也有很大的不足，它很难和硅读出电路一起构成红外探测器阵列。也正是因为这个原因，人们把努力的方向放在了能与现在市面上常用的 IC 读出电路兼容的常规结构量子点红外探测器性能的提高上。

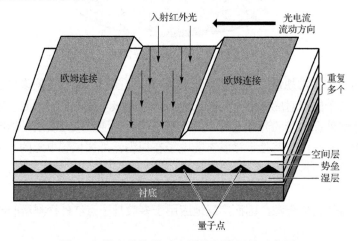

图 2.5　横向结构量子点红外探测器的示意图

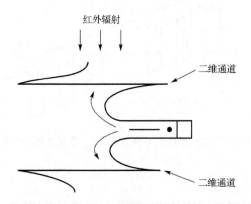

图 2.6　横向结构量子点红外探测器导带及光响应机制示意图

2.3　量子点红外探测器的制备材料与方法

目前用来制作量子点的半导体材料众多,主要集中在 II-VI 族和 III-V 族材料上面。其中,II-VI 族量子点主要由 CdS、CdSe、CdTe、ZnSe、ZnS 等半导体材料合成,III-V 族量子点主要由无镉量子点如 InP、InAs 等半导体材料构成。近年来还出现了由两种或两种以上的半导体材料构成核/壳结构(如常见的 CdSe/ZnS 核/壳结构量子点等)。基于这些量子点材料的制备,可以将其做成薄膜并两端加电极来构成量子红外探测器。大多数量子点红外探测器选用 InAs 材料制作量子点和 AlGaAs、GaAs 或 InP 等材料制作势垒层、空间层、接触层等结构层。不管采用何种半导体制备技术来完成探测器不同层材料的生长,整个量子点红外探测器设备的制备核心始终在于半导体量子点的制备。目前,人们主要采用自组织生长方式来制备量子点,使用的相关技术主要包含分子束外延生长术(MBE)、金属有机物化学气相沉积法(MOCVD)、化学溶胶-凝胶法。这些技术利用晶格不匹配原理,使量子点在特定基材表面自聚生长,可大量生产排列规则的量子点,是目前最常用的制备量子点的方法[14]。此外,还有蚀刻法、分门法也能用于量子点的制备[15]。蚀刻法强调的是以光束或者电子束直接在基材上蚀刻制作出所要的图案,由于相当费时因而无法大量生产。分门法主要是以外加电压的方式在二维量子阱平面上产生二维局限,可通过控制门级来改变量子点的大小和形状,它和蚀刻法一样不易大量生产。下面就量子点红外探测器中最常用的生长技术进行较详细的介绍。

2.3.1　分子束外延生长术

分子束外延生长术作为一种单晶薄膜生长技术,是从 50 年代用真空蒸发技术制备半导体薄膜材料的方法发展而来的[16]。通过分子束外延生长术构造半导体纳米结构时,首先将半导体衬底放置在超高真空腔体中,将需要生长的单晶物质放在喷射炉中(也在腔体内),而后通过加热使各元素喷射出分子射束,将生长物质输运到衬底表面,从而在衬底上生长出极薄的单晶体和几种物质交替的超晶格结构。一般而言,分子束外延生长术主要用于不同结构、材料的生长。与其他外延术相比,它在生长速度、生长温度等方面有众多优势。具体来说,分子束外延生长的速度比较慢,一般为 0.1~1nm/s,利于控制生长材料的厚度,制备出超薄层的材料;生长温度低,能严格控制外延层的层厚、组分和掺杂浓度,提高了外延层的纯度和完整性;瞬间完成薄膜生长的开始和停止,可得到掺杂突变的多层异质结构的超晶格材料;能得到平坦且光滑的外延材料表面,而且面积较大、均匀性较好;可以利用各种表面分析技术,及时进行分析和观测薄膜的性质;利用各种元素黏附系数的差别,可制成化学配比较好的化合物半导体薄膜。总之,通过分子束外延生长术能对半导体异质结进行选择掺杂，大大扩展了掺杂半导体所能达到的性能范围，而且调制掺杂使结构设计更灵活，因而其自 1986 年问世以来就广泛用于各种化合物半导体及其合金材料的同质结和异质结的制备中，在众多光电器件的制备中发挥了重要作用。

2.3.2　金属有机物化学气相沉积法

该方法通常以有机化合物、氢化物等为生长源材料，通过热分解反应在衬底上进行气相外延，完成所需的薄层单晶材料的外延生长[17]。具体生长过程为：在常压或低压下，利用射频感应加热衬底材料，使 H_2 气体通过温度可控的液体源鼓泡携带金属有机物运输到生长区进行薄膜的生长。其具有明显的优点：适用范围广泛，能灵活地生长多种化合物及合金半导体；可以生长超薄外延层，并能获得很陡的界面过渡；生长过程易控制，能精确控制超薄型材料的组分、厚度和界面以获得高纯度的半导体材料；面积均匀性良好，易重复生长，可进行大规模生产。

2.3.3　化学溶胶-凝胶法

化学溶胶-凝胶法是一种制备胶体的方法，即通过用含高化学活性组分的化合物作前驱体，在液相下将这些原料均匀混合，并进行水解、缩合化学反应，在溶液中形成稳定的透明溶胶体系，溶胶经陈化胶粒间缓慢聚合，形成三维网络结构的凝胶，凝胶网络间充满了失去流动性的溶剂。凝胶经过干燥、烧结固化制备出分子乃至纳米结构的材料[18,19]。溶胶-凝胶法主要分为传统胶体型、无机聚合物型、络合物型这三种类型。与其他方法相比，溶胶-凝胶法易于获得分子水平的均匀性及均匀掺杂，过程易控制，而且化学反应仅需较低的合成温度、容易进行，通过选择合适的条件可以制备各种新型纳米材料。当然，该方法也存在一些问题，如原料价格比较昂贵、整个溶胶过程时间较长，常需几天甚至几周等。总之，溶胶-凝胶法作为一种易于在低温条件下合成化合物材料的重要方法，在纳米粒子复合材料、高性能粒子探测器、声阻抗耦合材料、电介质材料、有机-无机杂化材料、金属陶瓷涂层耐蚀材料、纳米级氧化物薄膜材料等方面的制备获得广泛的应用。

2.4　量子点红外探测器的特性参数

众所周知，人们通常会通过一些特性参数来评价和估计光电探测器性能的优劣，而且这些特性参数与探测器本身的光电转换材料、器件结构、工作环境等紧密相关。当然，量子点红外探测器也不例外，与其他光电探测器一样，同样可以通过响应率、探测率等特性参数来衡量器件探测性能的优劣和工作状态的好坏[20]。一般来说，表征量子点红外探测器的基本特性参数很多，主要包括量子效率、暗电流、光电流、光电导增益、响应率、探测率、噪声等效功率等参数。

（1）量子效率。量子效率又称量子产额，是光电探测器考虑的首要指标之一，描述的是探测器对入射光的吸收转变能力。它定义为收集到光生载流子数与入射光子数的比值。对于内光电效应的探测器而言，它不仅与入射光光子能量有关，还与材料内电子的扩散长度有关；而对于外光电效应探测器而言，它与光电材料的表面逸出功有关[21]。其表达式为

$$\eta = \frac{I_{\text{photo}}/e}{P/(hv)} = \frac{I_{\text{photo}}hv}{eP} \tag{2-15}$$

式中，P 为入射到探测器上的光功率；I_{photo} 为入射光产生的平均光电流；$P/(hv)$ 为单位时间内入射到探测器光敏区的光子平均数；I_{photo}/e 为单位时间产生的光电子平均数；e 为电子电荷。

理想光探测器应有 $\eta=1$，实际光探测器一般有 $\eta<1$。显然，光探测器的量子效率越高越好。对于光电倍增管、雪崩光电二极管等有内部增益机制的光探测器，η 可大于 1。此外，探测器效率也与吸收系数紧密相关[22]，可写成

$$\eta = 1 - \exp(-\alpha_0 W) \tag{2-16}$$

式中，α_0 为探测器光敏区材料的吸收系数；W 为吸收层厚度。

（2）暗电流描述的是没有入射光和背景辐射时流过量子点红外探测器的电流。它的存在会带来噪声，并导致探测器探测率、灵敏度的降低。

（3）光电流是指在红外光入射情况下探测器的工作电流，是量子点红外探测器对入射光响应的输出信号。根据量子点红外探测器的光电导探测机制，该光电流主要依赖于量子效率和光电导增益。

（4）光电导增益定义为量子点红外探测器载流子寿命与载流子渡越整个探测器所用时间的比值，或者是量子点红外探测器收集到的载流子总数与全部激发的载流子（包含热激发载流子和隧穿激发载流子）总数之比。

（5）响应率定义为探测器输出电压或者电流与入射到探测器光敏区上的辐射功率之比，描述的是探测器对入射红外光的响应能力，一般用 R_v 和 R_i 来表示，即

$$R_v = \frac{V_{\text{photo}}}{P} \tag{2-17}$$

$$R_i = \frac{I_{\text{photo}}}{P} \tag{2-18}$$

式中，V_{photo} 为探测器的输出电压；I_{photo} 为探测器的输出电流；P 为入射到探测器光敏区的红外辐射功率。

(6)噪声等效功率(noise equivalent power，NEP)定义为探测器输出信号功率与探测器本身的噪声功率相等时入射到探测器上的辐射功率，它表征的是探测器所能探测到的最小辐射功率的能力。一般来说，探测器的噪声等效功率值越小，探测器的探测性能越好。此外，人们还发现噪声等效功率与探测器的面积 A_d 的平方根成正比，与放大器频带宽 Δf 的平方根成正比。那么 $NEP/\sqrt{A_d \Delta f}$ 的取值就会与面积 A_d 和带宽 Δf 无关。

设入射辐射功率为 P ，测得的输出电流为 I_{photo} ，测得探测器的噪声电流为 I_n ，则按比例计算， $I_n = I_{photo}$ 时的入射光功率，即噪声等效功率为

$$NEP = \frac{P}{I_{photo}/I_n} = \frac{I_n}{R_i} \tag{2-19}$$

式中， R_i 为探测器的响应率。

(7)探测率描述的是探测器对入射光的探测能力，定义为单位噪声等效功率的倒数。探测率越大，表明探测器的探测性能越好。实际中，为了消除光敏面积 A_d 和测量带宽 Δf 对探测率的影响，一般采用归一化探测率(或称为比探测率) D^* 来描述探测器的探测能力。

$$D^* = \frac{R_i}{I_n}\sqrt{A_d \Delta f} \tag{2-20}$$

这里探测率 D^* 和噪声等效功率 NEP 类似，它们都是波长的函数。进一步而言，由于噪声通常和信号调制频率有关，故它们是调制频率的函数。

(8)噪声是指探测器中由于载流子或者带电微粒等的无规则起伏对探测器的性能带来的干扰作用，它表征的是探测器内部器件或外部辐射环境对探测器探测红外辐射的干扰作用。一般来说，噪声越小，表明探测器性能越好。

(9)光谱响应率的含义是单位功率的各单色辐射入射到探测器上所产生的信号电压与辐射波长的关系，通常用单色响应度 R_r 或光谱比辐射 D_λ^* 随波长的变化情况来表示[20,21]。

如图 2.7 所示，由于许多光探测器是基于光电效应而工作的(即光子探测器)，因而存在一个最低频率 ν_0 。只有入射光频率大于 ν_0 才能有响应信号输出，相应地存在一个探测波长极限 λ_c 。在 $\lambda < \lambda_c$ 时，探测器对于某一波长光的响应与探测器对该波长光子的吸收速率(即单位时间内入射的光子数密度)成正比，因而 $\lambda < \lambda_c$ 时，其响应随着波长的增加而呈线性上升。而当 $\lambda > \lambda_c$ 时，光谱响应曲线迅速下降到零。而热探测器则没有这种现象，它们对各种波长的光响应程度基本上是一样的。

此外，光谱响应中还有一个重要参数，称为响应峰值波长，它指的是相对光谱响应曲线中对应于最高响应率的辐射波长。

(10)频率响应 $R(f)$ 是描述探测器响应率在入射光波长不变时，随入射光调制频

率变化的特性参数。它是探测器对加在光载波上的电调制信号的响应能力的反映，是表征探测器频率特性的重要参数。

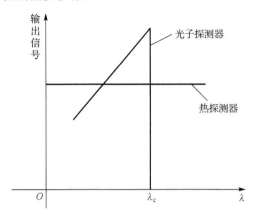

图 2.7　光子探测器与热探测器的光谱响应曲线

(11) R_0A 特性定义为零偏置电压下探测器的电阻和面积乘积，它与暗电流紧密相关。

除了上面提到的特性参数外，还有一些描述探测器特性的参数，主要有工作温度、光敏面积、响应时间等。具体来说，对于非冷却型探测器工作温度是指环境温度，而对于冷却型探测器而言，工作温度是指冷却源标称温度；响应时间是指探测器将入射辐射转变为信号电压或电流的弛豫时间；光敏面积是指探测器光敏区的几何面积。基于这些描述探测器工作状态的参数，本书着重研究了量子点红外探测器特性的表征、评估问题，结合量子点纳米结构的特殊性，提出了新的暗电流模型，并对量子点红外探测器的光电导增益、噪声、光电流、响应率、探测率等主要性能进行了研究。

2.5　本章小结

本章主要给出了量子点红外探测器的相关基础知识。具体来说，首先介绍了红外辐射的相关理论及满足的规律，其次给出了量子点纳米材料的概念及相应的量子点红外探测器的结构、探测机理，而后描述了量子点红外探测器的常见制备材料及方法，最后给出了量子点红外探测器的主要特性参数。基于量子点红外探测器的这些相关知识及特性参数，结合量子点红外探测器独特的结构特点，在后面的几章中通过理论模型法对量子点红外探测器众多性能的表征、评估进行了研究和探讨。

参 考 文 献

[1]　唐建顺. 量子点光学性质及其在量子信息中的应用的实验研究. 合肥: 中国科学技术大学博士学位论文, 2011.

[2] 刘红梅. 量子点红外探测器性能表征方法. 西安: 西安电子科技大学博士学位论文, 2012.

[3] 张建奇, 方小平. 红外物理. 西安: 西安电子科技大学出版社, 2004.

[4] 百度百科"红外辐射". https://baike. baidu. com/item/%E7%BA%A2%E5%A4%96%E8%BE%90%E5%B0%84/817920?fr=aladdin.

[5] 百度文库"电磁波谱与红外辐射以及红外辐射的基本理论". https://wenku. baidu.com/view/94e1339aa1116c175f0e7cd184254b35eefd1a03. html.

[6] 百度文库"普朗克黑体辐射公式推导-SC12002067". https://wenku.baidu.com/view/99355b87d4d8d15abe234e3b.html?rec_flag=default&sxts=1532049618268.

[7] 陈乾旺. 纳米科技基础. 北京: 高等教育出版社, 2008.

[8] 张辉朝. 掺杂胶体量子点的合成和荧光特性的研究. 南京: 东南大学硕士学位论文, 2010.

[9] 李芳芳. CdSe 量子点及 Fe_3O_4/CdSe 复相量子点的制备与性能表征. 杭州: 浙江大学硕士学位论文, 2010.

[10] Rogalski A. Infrared Detectors. 2nd ed. New York: Taylor and Francis Group, 2010.

[11] Liu H M, Zhang F F, Zhang J Q, et al. Performance analysis of quantum dots infrared photodetector// Proceedings of SPIE, Beijing, 2011.

[12] Martyniuk P, Rogalski A. Quantum-dot infrared photodetectors: status and outlook. Progress in Quantum Electronics, 2008, 32: 89-120.

[13] Rogalski A. New material systems for third generation infrared photodetectors. Opto-Electronics Review, 2008, 16(4): 458-482.

[14] 卢金军, 童菊芳. 半导体量子点的制备、性质和应用. 孝感学院学报, 2007, 6: 144-148.

[15] 刘红梅, 刘亚楠, 尉国栋. 一种氮掺杂锐钛矿相二氧化钛纳米球的制备方法: 201710463457. X. 2017.

[16] 百度百科"分子外延法". http://baike. baidu. com/view/656914. htm.

[17] 百度百科"MOCVD". http://baike. baidu. com/view/997070. htm.

[18] 王瑞莉, 沈诚, 李戎, 等. 新型抗静电整理剂 ITO(掺锡氧化铟). 印染, 2010, 16: 49-53.

[19] 百度百科"溶胶凝胶法". https://baike.baidu.com/item/%E6%BA%B6%E8%83%B6%E5%87%9D%E8%83%B6%E6%B3%95/2051374?fr=aladdin.

[20] 向世明, 倪国强. 光电子成像器件. 北京: 国防工业出版社, 1999.

[21] 朱京平. 光电子技术基础. 北京: 科学出版社, 2018.

[22] 武阳. 双波段量子阱红外探测器的设计与研究. 西安: 西安电子科技大学硕士学位论文, 2017.

第 3 章　量子点红外探测器的暗电流模型

暗电流是衡量量子点红外探测器性能好坏的一个重要参数，一直以来都是广大研究人员关注的热点问题。本章首先考虑了纳米尺度电子传输和微米尺度电子传输对暗电流的影响，通过统计势垒中载流子数，提出了一个新的暗电流模型，实现了对探测器暗电流的预测与计算。之后通过考虑电子漂移速度、电子迁移率与探测器外加偏置电压之间的关系，改进了该暗电流模型，提高了计算精度。此外，以前面的研究为基础，还充分考虑电子漂移运动的统计性、随机性，借助 Monte Carlo 法重新估算了量子点红外探测器的暗电流，并进一步对探测器的 R_0A 特性进行了拓展研究。

3.1　暗电流模型的背景及意义

暗电流是指当器件没有入射光和背景辐射时流过探测器设备本身的电流，它的大小对探测器的总体性能有着直接的影响。如果器件的暗电流过大，当红外光入射到探测器光敏区时，器件会过早达到饱和状态，不能准确地给出探测信息，而且暗电流的存在还会带来噪声以及探测灵敏度、探测率等的降低。因此，研究暗电流是非常有意义的，有助于人们进一步提高探测器的性能[1]。进一步而言，为了满足日益增加的探测需求，人们对探测器性能提出了更高更严格的要求，而要获得好的探测性能，必须首先克服暗电流大这个难关。与其他探测器相比，量子点红外探测器由于特殊的三维受限结构使其具有更低的暗电流、更高的探测性能，因而引起了人们的广泛关注[2-7]。目前，国内外研究人员从多个方面和多个角度对量子点红外探测器的暗电流进行了研究和探讨，以期获得更加优越的探测器特性。2001 年，Ryzhii对量子点红外探测器的暗电流进行了物理建模，从暗条件下电子连续势能分布角度入手，考虑了电子通过带电量子点形成的平面势垒中小孔的传输行为，建立了由泊松方程控制的光敏区电势分布方程，结合边界条件，推算出确切的电子电势分布，从而给出精确计算暗电流的方法[8]。2004 年，Stiff-Roberts 等在前人研究载流子热激发对暗电流影响的基础上，加入了载流子场辅助隧穿激发对暗电流的影响，并通过在光电导方向的一维势垒中使用 Wentzel-Kramer-Brillouin 近似法推导了场辅助隧穿激发载流子速度的计算式[9]。该方法全面地考虑了电子激发(包括热激发和场辅助隧穿激发)对暗电流的影响。2008 年，Naser 等提出了一个使用非平衡格林函数来估算量子点红外探测器暗电流的理论模型[10]。非平衡格林函数能给人们提供一个研究非平衡量子系统中存在相互作用的电子传输的通用框架。基于这个函数，首先计算了量子点的态密度，接着通过泊松方程得到了整个设备的平均势能和电子密度的连续解，确定了探测器的平均势能和准费米能级，获得了量子点的哈密顿变量。使用有限微分法大量求解由电子间相互作用和接触层耦合导致的动能方程来得到量子点的格林函数，建立包含格林函数的量子传输方程，通过求解该方程得到了量子点红外探测器的暗电流。当然类似的把格林函数用于计算探测器特性的方法也能在文献[11]中看到。此外，刘惠春在早期的文献中指出能通过统计势垒中的移动载流子数来估算量子点红外探测器的暗电流性能[12]，之后，他通过考虑电子漂移速度受探测器外加偏置电压的影响[13]，更新了暗电流的理论模型。这些暗电流模型仅仅考虑了微米尺度电子传输对暗电流的影响，实际上探测器中还存在纳米尺度电子传输，它对暗电流同样有着很大的影响。基于上面的分析，本章在刘惠春提出的暗电流模型的基础上，通过考虑纳米尺度电子传输和微米尺度电子传输共同对暗电流的影响，提出了新的暗电流模型。还进一步通过考虑偏置电压对电子漂移速度、迁移率的影响，改进了该暗电流模型，提高了计算精度。此外还充分考虑电子漂移速度的随机性和复杂性，利用 Monte Carlo 法模拟了电子的漂移运动，更新了量子点红外探测器的暗电流模型。

3.2 暗电流模型

根据量子点红外探测器的结构，量子点红外探测器的暗电流可以从两个角度来计算，一方面从量子点层角度，另一方面可以从势垒层角度。由于从量子点层角度计算暗电流不仅涉及电子的激发、俘获等行为，同时还需要考虑量子点的间隔分布问题，因此从量子点层角度计算量子点红外探测器暗电流的方法非常复杂，而从势垒层角度计算暗电流的方法则没有这方面的顾虑。基于此原因，本节主要从探测器势垒层角度通过统计移动载流子数来研究量子点红外探测器暗电流的评估问题。

3.2.1 暗电流基础模型

本节主要从理论建模和结果分析两方面对量子点红外探测器的暗电流模型进行研究。

3.2.1.1 理论建模

由量子点红外探测器的工作原理可知，暗电流本质上依赖于量子点红外探测器的整个电子传输过程。基于这一原理，2001 年刘惠春提出了一个量子点红外探测器的暗电流模型[12]，指出能通过计算探测器势垒中移动载流子数来估算探测器的暗电流。量子点红外探测器一般采用 n-i-n 型掺杂结构，因而其载流子为电子(后续的讨论不再重复说明这一问题)。那么根据这个模型，通过统计势垒中的移动载流子数，即移动电子数，能得到暗电流密度，可写为

$$\langle j_{\text{dark}} \rangle = e v_{\text{d}} n_{\text{3D}} \tag{3-1}$$

式中，e 为电子电荷；v_{d} 为势垒中电子漂移速度；n_{3D} 为势垒中电子的三维密度。

在忽略扩散的影响下，电子三维密度能通过式(3-2)来计算，即

$$n_{\text{3D}} = 2\left(\frac{m_{\text{b}} k_{\text{B}} T}{2\pi \hbar^2} \right)^{3/2} \exp\left(-\frac{E_{\text{a}}}{kT} \right) \tag{3-2}$$

式中，m_{b} 为电子有效质量；k_{B} 为玻尔兹曼常数；T 为温度；$\hbar$ 为归一化的普朗克常数；E_{a} 为激发能，依赖于探测器的整个电子传输过程，它等于从导带边缘的顶端到费米能级之间的能量间隔。

众所周知，探测器设备中的电子传输能通过激发能来表征，那么从式(3-2)中可知，这个暗电流模型的激发能等于从导带边缘的顶端到费米能级之间的能量间隔，对应着微米尺度电子传输机制下的激发能，即这个模型仅考虑了微米尺度电子传输对暗电流的影响。实际上，在量子点红外探测器中纳米尺度电子传输也存在于电子传输的整个过程中[14-16]，那么它对暗电流的影响也应该包含在暗电流的计算中。因而，在我们的模型中加入了纳米尺度电子传输对暗电流的影响，改进了电子传输特征函数——激发能的计算，使暗电流的计算更加符合探测器实际运行情况。

在量子点红外探测器中，包含在整个传输过程中的纳米尺度电子传输和微米尺度电子传输究竟是如何对暗电流进行影响的呢？可以通过引入连续耦合模型来量化纳米尺度电子传输和微米尺度电子传输对暗电流的影响。图 3.1 给出了包含纳米尺度电子传输和微米尺度电子传输的连续耦合模型的示意图。在这个模型中，电子传输是以一种连续耦合模式进行的，主要包括三个过程[17]。

(1)越过有效势垒的热激发(对应着微米尺度电子传输)；

(2)量子点俘获电子过程；

(3)电子从量子点中逃逸的过程(对应着纳米尺度电子传输)。

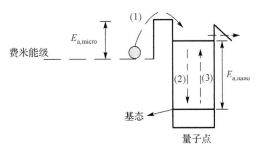

图 3.1 电子传输连续耦合模型示意图

过程(1)就是微米尺度电子传输过程,强调的是电子越过呈现为带状势垒的热激发,其对应的激发能是 $E_{\text{a,micro}}$;过程(3)对应着纳米尺度电子传输过程,对应的激发能是 $E_{\text{a,nano}}$。

基于上面的传输耦合模型,对应着量子点红外探测器整个电子传输过程的激发能为

$$E_0 = E_{\text{a,micro}} + E_{\text{a,nano}} \tag{3-3}$$

式中,$E_{\text{a,micro}}$ 为微米尺度电子传输过程的激发能,它等于费米能级与导带边缘顶部之间的能量间隔;$E_{\text{a,nano}}$ 为纳米尺度电子传输的激发能,定义为量子点的离化能。正如图 3.1 所显示的那样,微米尺度电子传输过程[18,19]是指电子以微米尺度越过有效势垒的传输行为,对应着过程(1)的越过有效势垒的电子热激发行为,而纳米尺度电子传输模式[15,16]认为整个电子传输过程只包含在量子点邻近范围内的纳米环境下的电子从量子点逃逸出来的行为,这个电子的逃逸与电子的隧穿相关。

众所周知,电子传输过程能通过激发能来表征,那么对应着微米尺度电子传输和纳米尺度电子传输的激发能 $E_{\text{a,micro}}$ 和 $E_{\text{a,nano}}$ 能分别为

$$E_{\text{a,micro}} = E_{0,\text{micro}} \exp(-E/E_0) \tag{3-4}$$

$$E_{\text{a,nano}} = E_{0,\text{nano}} - \beta E \tag{3-5}$$

式中,E 为穿过整个探测器设备的电场强度;$E_{0,\text{micro}}$ 和 $E_{0,\text{nano}}$ 分别为探测器处于零偏置电压($E=0\text{kV/cm}$)时的微米尺度、纳米尺度传输模式下的激发能;E_0 和 β 分别为微米尺度、纳米尺度电子传输下的激发能随电场强度的变化而变化的快慢程度。本质上而言,参数 E_0 描述的是越过有效势垒的电子传输对探测器外加偏置电压的依赖性,β 强调的是外加偏置电压对电子脱离量子点(与电子隧穿相关)行为的影响。这里值得一提的是,式(3-4)和式(3-5)中的负号说明了激发能的变化趋势和电场强度的变化趋势相反,即当探测器的电场强度增大时,对应着激发能会相应地变小。

把式(3-3)、式(3-4)和式(3-5)代入式(3-1),得到量子点红外探测器的暗电流密度[20],即

$$\langle j_{\text{dark}} \rangle = 2ev_{\text{d}} \left(\frac{m_{\text{b}} k_{\text{B}} T}{2\pi \hbar^2} \right)^{3/2} \exp\left(-\frac{E_{\text{a,micro}} + E_{\text{a,nano}}}{k_{\text{B}} T} \right) \tag{3-6}$$

3.2.1.2　结果分析

根据前面提出的理论模型,计算了探测器的暗电流等特性。在我们的计算中,以 InAs、GaAs、InGaAs 或 InP 量子点红外探测器设备的结构参数和材料参数为基础来进行模拟。表 3.1 给出了用于仿真和模拟的探测器参数的取值[17,21-23]。一般情况下,把 InAs 量子点看成四棱锥体,底边尺寸为 10～50nm,高为 4～10nm。此外,

为了方便验证数据，在模型的验证过程中用探测器的偏置电压除以探测器本征区域的厚度将实验数据的电压坐标转变成电场强度坐标[24]。

表 3.1　量子点红外探测器暗电流基础模型参数

参数	值
m_b/kg	$6×10^{-32}$
Σ_{QD}/cm^{-2}	$1.7×10^{10}～7×10^{10}$
L/nm	$40～62.34$
v_s/(cm/s)	$3×10^7～1.8×10^8$
$E_{0,micro}$/meV	$20～110$
$E_{0,nano}$/meV	$150～230$
E_0/(kV/cm)	$1～5$
β/(meVcm/kV)	$1～4.5$
a_{QD}/nm	$15～32$
V_t/Hz	$1×10^{10}～5×10^{13}$
h_{QD}/nm	$6～10$
μ/(cm^{2}V^{-1}s^{-1})	$1000～2000$

图 3.2 给出了不同尺度电子传输下的激发能变化情况。在此图中，本节模型由于充分考虑了纳米尺度电子传输，其计算出的激发能比原来模型计算出的激发能大很多，而且与文献[17]公布的激发能值相比，本节模型中的激发能计算值比原来模型中的激发能计算值更加符合实际的激发能值，因此本节模型的激发能计算比原来模型的激发能计算更加精确，能得到更加精确的暗电流值。当然，本节模型的激发能值与文献[17]公布的激发能值之间的一致性，也说明了把纳米尺度电子传输对暗电流的影响加入到暗电流的计算中是非常正确的。

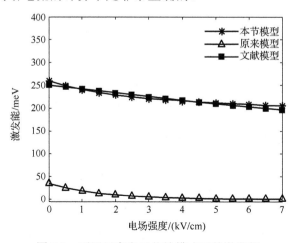

图 3.2　不同尺度电子传输模式下的激发能

　　图 3.3 显示了量子点红外探测器暗电流的计算值和测量值。将温度为 130K 时的理论计算值与实验测量值[17]进行比较，可以很明显地发现，兼顾两种传输(纳米尺度电子传输和微米尺度电子传输)的暗电流模型的理论值与测量值之间具有很好的一致性，从实验的角度直接证实了把纳米尺度电子传输对暗电流的影响考虑在暗电流的计算中是非常正确的。此外，从这两条曲线的走势上看，暗电流随着电场强度的增加而增加，而且在电场强度低于 4kV/cm 时，它增加得比较快，但是当电场强度超过 4kV/cm 时，增加得比较慢。类似的，温度为 90K 时的暗电流曲线随着电场强度的增加同样以"先快后慢"模式进行，这也从另一个侧面证实了纳米尺度电子传输和微米尺度电子传输共同作用于暗电流。开始的时候暗电流随着电场强度的增加而快速增加，主要体现了微米尺度电子传输下的激发能对电场强度的幂指数依赖性，而后来的暗电流随电场强度的增加而缓慢增加，则显示了纳米尺度电子传输对暗电流的重大贡献，在这种电子传输模式下，激发能与电场强度呈线性关系。当然，从图 3.3 中我们也能发现 0kV/cm 电场强度附近的暗电流理论值稍微有些偏离实验测量值。这个差异存在的原因到目前为止还不太清楚，可能是由于在本节模型中并没有考虑物理量 ν、ϕ_B、$\Delta\varepsilon$ 等和偏置电压之间的关系导致的。

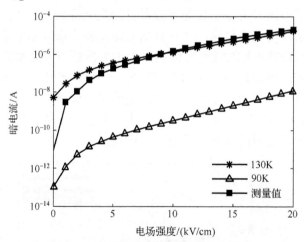

图 3.3　暗电流随电场强度的变化情况

3.2.2　基于电子漂移速度的改进模型

　　前面暗电流基础模型考虑了纳米尺度电子传输和微米尺度电子传输共同对暗电流的影响，通过统计势垒中移动载流子数，使暗电流的计算更加符合量子点红外探测器的实际运行机制。根据前面的讨论，在这个暗电流基础模型的构建过程中，电子漂移速度被看成了一个常量，与探测器的外加偏置电压无关，而且从结果图也能发现(见图 3.3)，在 0kV/cm 电场强度附近的暗电流理论值稍微有些偏离实验测量值。

这个偏离的存在可能是由于在暗电流基础模型中没有考虑像物理量 v、ϕ_B 等和偏置电压之间的关系导致的。实际上，现有调查[13,25,26]也说明电子漂移速度受探测器外加偏置电压影响很大。因此，为了解决暗电流基础模型低电场精度不高的问题，通过考虑电子漂移速度对探测器外加偏置电压的依赖性，改进了前面提出的兼顾两种电子传输的暗电流基础模型，提高了暗电流的计算精度。

量子点红外探测器是通过子带间的电子跃迁来实现对红外光的探测，这一探测过程包含电子从基态跃迁到激发态和从激发态受量子点俘获返回到基态，因而能使用诱捕过程理论来描述探测器中电子的漂移速度。

在诱捕陷阱限系统下，电子漂移速度[27]为

$$v_{\mathrm{d}} = \frac{\mu_0 E}{1 + \sum_l \dfrac{W_{\mathrm{bl}}(1-n_1)}{W_{\mathrm{lb}}}} \cdot \frac{1}{\left(1 + \left(\dfrac{\mu E}{v_{\mathrm{s}}}\right)^2\right)^{1/2}} \tag{3-7}$$

式中，E 为探测器的电场强度，它可以通过外加偏置电压除以器件本征区的厚度来近似得到[28]；μ 为俘获陷阱控制的电子迁移率；μ_0 为自由陷阱迁移率；v_{s} 为电子饱和漂移速度；W_{bl} 为从自由带状态(激发态)"b"到陷阱状态(基态)"1"的陷阱诱捕速度；而 W_{lb} 为从陷阱状态(基态)"1"到从自由带状态(激发态)"b"的逆诱捕速度；n_1 为占据诱捕状态"1"的概率。

俘获控制的电子迁移率 μ 能通过多路去陷阱诱捕(激发)速度来得到，假设 v_{t} 是俘获载流子速度，朝着能级 E_{t} 的非垂直逃逸速度为 $v_{\mathrm{e}}\mathrm{e}^{-E_{\mathrm{t}}/k_{\mathrm{B}}T}$，Fowlwer-Nordheim 隧穿逃逸速度为 $v_{\mathrm{F}}\mathrm{e}^{-sE_{\mathrm{t}}^{3/2}/E}$。假设所有的中间路径具有相同的前置因子，则得到电子迁移率[25,28]，即

$$\mu = \mu_0 \frac{\dfrac{\mathrm{e}^{-E_{\mathrm{t}}/k_{\mathrm{B}}T} - \mathrm{e}^{-\varsigma E_{\mathrm{t}}^{3/2}/eEa}\mathrm{e}^{-\varsigma E_{\mathrm{t}}^{1/2}}\mathrm{e}^{eEa/k_{\mathrm{B}}T}}{1 - \mathrm{e}^{-\varsigma E_{\mathrm{t}}^{1/2}}\mathrm{e}^{eEa/k_{\mathrm{B}}T}}}{x + \dfrac{\mathrm{e}^{-E_{\mathrm{t}}/k_{\mathrm{B}}T} - \mathrm{e}^{-\varsigma E_{\mathrm{t}}^{3/2}/eEa}\mathrm{e}^{-\varsigma E_{\mathrm{t}}^{1/2}}\mathrm{e}^{eEa/k_{\mathrm{B}}T}}{1 - \mathrm{e}^{-\varsigma E_{\mathrm{t}}^{1/2}}\mathrm{e}^{eEa/k_{\mathrm{B}}T}}} \tag{3-8}$$

式中，E_{t} 为单一有效俘获能量；μ_0 为自由俘获带迁移率；x 为俘获陷阱的体密度；a 为晶格常数；ς 为

$$\varsigma = a\left(\frac{2m_{\mathrm{b}}}{\hbar^2}\right)^{1/2} \tag{3-9}$$

式中，m_{b} 为材料中电子的有效质量；$\hbar$ 为归一化的普朗克常数。

基于上面关于电子漂移速度的分析，量子点红外探测器的暗电流模型应该分成两种情况，其一是忽略电场对迁移率影响情况下的暗电流模型，其二是考虑电场对迁移率影响情况下的暗电流模型。

3.2.2.1　忽略电场对迁移率影响的情况

在实际的量子点红外探测器中，假定电子的俘获和产生处于动态平衡状态，在忽略电场对电子迁移率影响的情况下，电子的漂移速度可通过式(3-10)来计算，即

$$v_{\mathrm{d}} = \mu E \left(1 + \left(\frac{\mu E}{v_{\mathrm{s}}} \right)^2 \right)^{-1/2} \tag{3-10}$$

把式(3-10)代入式(3-6)，并结合探测器的面积 A_{d}，得到了改进的暗电流模型[29]，即

$$I_{\mathrm{dark}} = 2e\mu E A_{\mathrm{d}} \left(1 + \left(\frac{\mu E}{v_{\mathrm{s}}} \right)^2 \right)^{-1/2} \left(\frac{m_{\mathrm{b}} k_{\mathrm{B}} T}{2\pi \hbar^2} \right)^{3/2} \exp\left(-\frac{E_{0,\mathrm{micro}} \exp(-E/E_0) + E_{0,\mathrm{nano}} - \beta E}{k_{\mathrm{B}} T} \right) \tag{3-11}$$

根据式(3-11)给出的量子点红外探测器改进的暗电流模型，以表 3.1 中的数据为基础，将改进后模型的计算结果与原来基础模型的计算结果进行了比对和分析。具体来说，从图 3.3 中可以看到，在低电场下暗电流理论值与实验测量值的一致性很差。为了解决这个差异性，我们在原来提出的含有两种电子传输共同影响的暗电流模型的基础上考虑了探测器外加偏置电压对电子漂移速度的影响，得到如图 3.4 所示的结果。在温度为 130K 时，原来暗电流基础模型的理论模拟值与改进暗电流模型的理论模拟值之间主要差别在于电场强度低于 5kV/cm 时的暗电流值不同。很明显，在低电场强度的情况下，改进暗电流模型的理论计算值明显比原来基础模型的暗电流理论计算值小很多，与图中量子点红外探测器的实验测量数据[17]相比，改进暗电流模型的模拟结果明显更加接近探测器的实测数据，从而提高了暗电流计算的精度。此外，我们还计算了这些理论值和测量值之间的均方根误差，来自于原来暗电流模型的理论值与探测器实际测量值之间的均方根误差(root mean square error，RMSE)为 5.57×10^{-6}，而改进的暗电流模型的理论值与实测数据之间的均方根误差为 4.05×10^{-6}。通过比较这两个 RMSE 值也能明显看出改进的暗电流模型的计算结果与实测数据更加符合。改进模型的暗电流值与实验测量值之间的一致性同时证明了改进的暗电流模型的正确性。这里，用于实验验证的探测器结构为顶端连接层/10 个周期量子点复合层(4.5nm InGaAs/2.2ML InAs QDs/6nm InGaAs/50nm GaAs)/底端连接层。

图 3.4 中的曲线与 3.2.1 节图 3.3 中曲线类似，都有一个显著的特征，那就是暗电流随着电场强度的增加而增加。以图 3.3 中的暗电流曲线为例，在电场强度为 6kV/cm 时，暗电流的大小为 4.75×10^{-7}A，而当电场强度增加到 12kV/cm 时，暗电流也相应地快速增加到 2.27×10^{-6}A，这个值大约是电场强度为 6kV/cm 时暗电流的 4.8 倍多。此外，从图 3.3 中也能看出温度对暗电流的影响。在电场强度为 8kV/cm

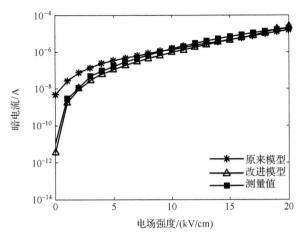

图 3.4　温度为 130K 时的暗电流值

的情况下，温度为 90K 时对应的暗电流为 1.54×10^{-10}A，而温度为 130K 时对应的暗电流则为 8.24×10^{-7}A。这种暗电流随温度增加而增加的特性在图 3.5 中能更加清晰地显示出来。以电场强度为 5kV/cm 时的暗电流曲线为例，当温度从 80K 变化到 120K 时，暗电流相应地从 4.25×10^{-11}A 增加到 4.70×10^{-7}A。同样，图 3.5 也显示出电场强度对暗电流的影响。例如，在探测器温度为 90K 的情况下，电场强度为 5kV/cm、8kV/cm、11kV/cm 时对应着的暗电流分别为 9.22×10^{-10}A、5.32×10^{-9}A、2.28×10^{-8}A。这组数据所显示的电场强度与暗电流之间的对应增加关系和前面的图 3.3 和图 3.4 所示的变化关系是一致的。从物理的角度来看，暗电流随着电场强度的增加而增加的原因如下：当电场强度增加时，能带会变得更加的弯曲，势垒也会进一步地降低，这样越来越多的电子能越过降低的势垒脱离量子点（对应着连续耦合模型中纳米尺度电子传输过程），最终导致了大的暗电流的产生。而暗电流随温度增加而增加的原因可归咎于温度的增加导致电子热激发的增加，这样必然带来从量子点逃逸出的电子数的增加，从而直接导致暗电流的增加。

图 3.6 给出了零偏置电压时微米尺度电子传输的激发能 $E_{0,\text{micro}}$ 对暗电流的影响。如图 3.6 所示，在温度为 90K 时，暗电流随着激发能 $E_{0,\text{micro}}$ 的增加而呈现下降趋势。以曲线 5kV/cm 为例，在电场强度为 5kV/cm 的情况下，当激发能 $E_{0,\text{micro}}$ 从 30meV 增加到 90meV 时，对应的暗电流也从 9.48×10^{-10}A 降低到 6.66×10^{-10}A。这种暗电流随着零偏置下微米尺度电子传输激发能的增加而降低的趋势，来源于微米尺度电子传输对量子点红外探测器外加偏置电压的依赖关系。在零偏置电压下微米尺度电子传输的激发能 $E_{0,\text{micro}}$ 的增加，意味着费米能级与导带顶端边缘的能量间隔增加，必然导致电子进行热激发时需要更大的能量，加大了电子在微米尺度下进行传输的难度，导致了形成暗电流的电子数的减少，最终导致暗电流的降低。

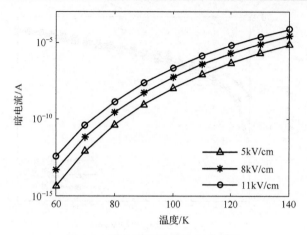

图 3.5　暗电流随温度的变化情况

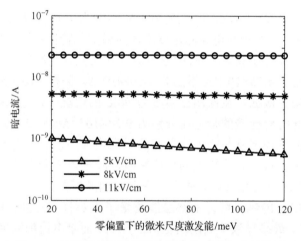

图 3.6　零偏置下的微米尺度激发能对暗电流的影响

图 3.7 描述的是温度为 90K 时零偏置电压下纳米尺度电子传输激发能 $E_{0,\text{nano}}$ 对暗电流的影响情况。从图中可以看到，激发能 $E_{0,\text{nano}}$ 越大，暗电流反而越小。在探测器电场强度为 8kV/cm 的情况下，纳米尺度电子传输的激发能 $E_{0,\text{nano}}$ 为 160meV 时的暗电流为 3.73×10^{-7}A，而当激发能 $E_{0,\text{nano}}$ 增加到 210meV 时，暗电流则减小到 5.95×10^{-10}A。同样在曲线 11kV/cm 上，当零偏置电压下的纳米尺度电子传输激发能 $E_{0,\text{nano}}$ 从 160meV 变化到 210meV 时，暗电流也相应地从 1.60×10^{-6}A 降低到 2.55×10^{-9}A。总之，从曲线 5kV/cm、曲线 8kV/cm 和曲线 11kV/cm 上均可以看到暗电流随着激发能 $E_{0,\text{nano}}$ 的增加而降低的趋势。产生这个降低趋势的原因如下：当零偏置电压下的纳米尺度电子传输激发能增加时，即电子的离化能变大，电子必须要克服更大的离化能才能脱离量子点，从而使形成暗电流的电子数减少，最终导致

暗电流的降低。当然，激发能 $E_{0,\text{nano}}$ 的增加和暗电流的降低之间的对应关系也能通过式 (3-5) 和式 (3-6) 来体现。

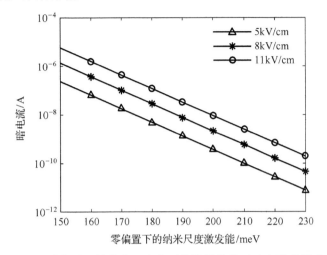

图 3.7　零偏置下的纳米尺度电子传输激发能对暗电流的影响

图 3.8 显示了微米尺度电子传输激发能的变化速度如何对暗电流进行影响的。微米尺度电子传输激发能随电场强度的变化而变化，其变化的快慢程度用参数 E_0 来表示。如图 3.8 所示，在温度为 90K 时，激发能变化速度 E_0 越大，暗电流就越小。在电场强度为 11kV/cm 的情况下，当微米尺度激发能变化速度从 1.5kV/cm 增加 5kV/cm 时，暗电流也相应地从 2.28×10^{-8}A 降低到 1.40×10^{-8}A。同样在曲线 5kV/cm 和曲线 8kV/cm 上，当激发能变化速度 E_0 从 1.5kV/cm 增加 5kV/cm 时，暗电流也分

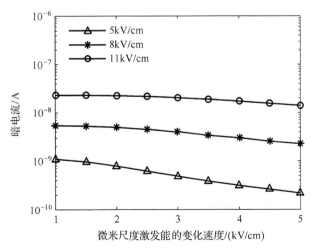

图 3.8　微米尺度电子传输激发能变化速度对暗电流的影响

别发生从 9.65×10^{-10}A 到 2.19×10^{-10}A 和从 5.38×10^{-9}A 到 2.23×10^{-9}A 的降低。这种暗电流随微米尺度电子传输激发能速度 E_0 的增加而降低的特性，本质上来源于暗电流对微米尺度电子传输的依赖性。激发能变化速度 E_0 越大，意味着在相同的电场强度增量情况下，激发能增加得越多，那么电子就需要克服更大的激发能去完成传输，从而导致电子激发数量的减少，进一步带来暗电流的降低。

图 3.9 描述了暗电流随纳米尺度电子传输激发能变化速度 β 的变化而变化的情况。从图中可以看出，纳米尺度电子传输激发能随电场强度的变化而变化的速度 β 越大，暗电流就越大。在电场强度为 5kV/cm 的情况下，纳米尺度电子传输激发能变化速度 β 为 1.5meVcm/kV 时对应的暗电流为 3.79×10^{-10}A，而当变化速度 β 增加到 4meVcm/kV 时，暗电流也相应地增加到 1.90×10^{-9}A，是 β 为 1.5meVcm/kV 时暗电流的 5.01 倍。类似的增加趋势也能从其他两条曲线上看到。纳米尺度电子传输激发能变化速度 β 对暗电流的影响来源于纳米尺度电子传输对暗电流的影响。纳米尺度电子传输激发能速度的增加，必然导致电子离化能降低速度加快，使电子更加容易从基态中激发出来，从而导致暗电流的增加。当然，图 3.9 中显示的暗电流与纳米尺度电子传输激发能变化速度 β 之间的关系也与式(3-5)和式(3-6)中显示的正幂指数关系是一致的。

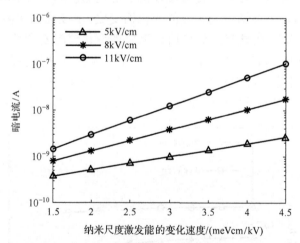

图 3.9　纳米尺度激发能变化速度对暗电流的影响

量子点红外探测器制作材料的不同，必然会导致电子在探测器外加偏置下的有效质量的不同。图 3.10 给出了电子有效质量对量子点红外探测器暗电流的影响。从图中可以看出，电子有效质量对暗电流的影响还是很大的，在电场强度为 5kV/cm、8kV/cm 和 11kV/cm 的情况下，当电子有效质量从 $0.1m_e$ 增加到 $0.4m_e$ 时，暗电流分别发生了从 2.73×10^{-11}A 到 2.16×10^{-10}A、从 1.52×10^{-10}A 到 1.20×10^{-9}A 以及从 6.30×10^{-10}A 到 4.99×10^{-9}A 的变化。从根本上来说，这种暗电流随着电子有效质量的变化而变化的特性，体现的是器件制作材料对探测器暗电流特性的影响。选择电子有效质量较低的材料来构造量子点红外探测器设备，有助于获得较低的器件暗电流，从而达到提高探测器的灵敏度的目的。

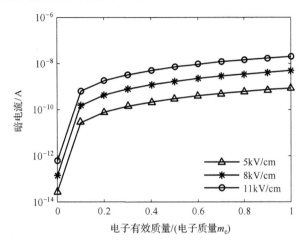

图 3.10　电子有效质量对暗电流的影响

　　综上所述，在 3.2.1 节给出的兼顾纳米尺度电子传输和微米尺度电子传输的暗电流模型的基础上，本节通过考虑外加偏置电压对电子漂移速度的影响对暗电流模型进行了改进，并分析和研究了外加偏置、工作温度、两种电子传输等对量子点红外探测器暗电流的影响。模拟结果显示，外加偏置越大，工作温度越高，探测器的暗电流就越大。就两种传输模式参数对暗电流的影响而言，零偏置下两种传输的激发能对暗电流的影响类似，而两种传输的激发能变化速度对暗电流的影响则是不同的。具体来说，零偏置下两种传输的激发能的增加同样会导致暗电流的降低，而随着微米尺度电子传输激发能速度 E_0 的增加和纳米尺度电子传输激发能速度 β 的增加，暗电流分别呈现降低和增加趋势。由于电子传输参数依赖于探测器的结构、材料以及探测器的外部环境，所以电子传输参数对暗电流的影响本质上也体现出探测器结构和材料等对暗电流特性的影响。图 3.10 给出的电子有效质量对暗电流的影响，明确地显示出探测器材料对暗电流的影响。由于不同的材料对应着不同的电子有效质量，那么选用具有较小的电子有效质量的材料来制作探测器就能获得较低的暗电流，使探测器的性能达到最佳。

3.3.2.2　考虑电场对迁移率影响的情况

　　基于 3.2.2 节的讨论，在量子点红外探测器暗电流的计算过程中，在考虑电场对电子迁移率的影响情况下，即假定电子的俘获和产生处于动态平衡状态，将式 (3-8)、式 (3-9) 代入式 (3-10) 可以得到电子漂移速度，即

$$v = \frac{\mu_0 E \left(\dfrac{e^{-E_t/k_B T} - e^{-\varsigma E_t^{3/2}/eEa}\, e^{-\varsigma E_t^{1/2}}\, e^{eEa/k_B T}}{1 - e^{-\varsigma E_t^{1/2}}\, e^{eEa/k_B T}} \right)}{\left(x + \dfrac{e^{-E_t/k_B T} - e^{-\varsigma E_t^{3/2}/eEa}\, e^{-\varsigma E_t^{1/2}}\, e^{eEa/k_B T}}{1 - e^{-\varsigma E_t^{1/2}}\, e^{eEa/k_B T}} \right)} \left[1 + \left(\dfrac{\mu_0 E \left(\dfrac{e^{-E_t/k_B T} - e^{-\varsigma E_t^{3/2}/eEa}\, e^{-\varsigma E_t^{1/2}}\, e^{eEa/k_B T}}{1 - e^{-\varsigma E_t^{1/2}}\, e^{eEa/k_B T}} \right)}{v_s \left(x + \dfrac{e^{-E_t/k_B T} - e^{-\varsigma E_t^{3/2}/eEa}\, e^{-\varsigma E_t^{1/2}}\, e^{eEa/k_B T}}{1 - e^{-\varsigma E_t^{1/2}}\, e^{eEa/k_B T}} \right)} \right)^2 \right]^{-\frac{1}{2}}$$

$$(3\text{-}12)$$

将式(3-12)代入暗电流基础模型，即式(3-6)，通过考虑探测器的面积 A_d，那么可以得到改进的暗电流模型[30]，即

$$I_{dark} = 2e\mu_0 E A_d \left(\frac{e^{-E_t/k_B T} - e^{-\varsigma E_t^{3/2}/eEa}\, e^{-\varsigma E_t^{1/2}}\, e^{eEa/k_B T}}{1 - e^{-\varsigma E_t^{1/2}}\, e^{eEa/k_B T}} \right) \Bigg/ \left(x + \frac{e^{-E_t/k_B T} - e^{-\varsigma E_t^{3/2}/eEa}\, e^{-\varsigma E_t^{1/2}}\, e^{eEa/k_B T}}{1 - e^{-\varsigma E_t^{1/2}}\, e^{eEa/k_B T}} \right)$$

$$\times \left(1 + \left(\frac{\mu_0 E}{v_s} \left(\frac{e^{-E_t/k_B T} - e^{-\varsigma E_t^{3/2}/eEa}\, e^{-\varsigma E_t^{1/2}}\, e^{eEa/k_B T}}{1 - e^{-\varsigma E_t^{1/2}}\, e^{eEa/k_B T}} \right) \Bigg/ \left(x + \frac{e^{-E_t/k_B T} - e^{-\varsigma E_t^{3/2}/eEa}\, e^{-\varsigma E_t^{1/2}}\, e^{eEa/k_B T}}{1 - e^{-\varsigma E_t^{1/2}}\, e^{eEa/k_B T}} \right) \right)^2 \right)^{-\frac{1}{2}}$$

$$\times \left(\frac{m_b k_B T}{2\pi \hbar^2} \right)^{3/2} e^{\left(\frac{E_{a,micro} + E_{a,nano}}{k_B T} \right)}$$

$$(3\text{-}13)$$

根据式(3-13)给出的暗电流改进模型，以表 3.2 给出的量子点红外探测器参数取值[21,31,32]为基础，计算了 InAs/InGaAs QDIP 的暗电流，相应结果显示在图 3.11 和图 3.12 中。

表 3.2　量子点红外探测器暗电流改进模型参数

参数	值
β /(meVcm/kV)	2.79
E_0/(kV/cm)	1.62
x	0.1
v_s /(cm/s)	5×10^7
$E_{0,micro}$/meV	34.6
$E_{0,nano}$/meV	224.7
a/nm	10.5
m_b/kg	$0.023 m_e$

图 3.11 显示了在 1~10kV/cm 电场强度范围内的量子点红外探测器的暗电流。将本节改进模型得到的温度为 78K 时暗电流的理论计算值与同温度时探测器暗电流的实验测量值[32]相比较，可以发现，这两条曲线比较接近，具有良好的一致性。这个一致性直接证明了本节提出的模型是正确的。此外，从这些暗电流曲线还可以看到，暗电流对电场强度有很大的依赖性。以本节模型计算的温度为 78K 时的暗电流数据(对应曲

线 78K) 为例来说明，当电场强度从 18kV/cm 增加到 38kV/cm 时，暗电流也相应地从 3.78×10^{-11}A 增加到 9.34×10^{-8}A，产生 2 个数量级的增加。当然，暗电流随着电场强度的增大而增加的趋势也可以在图 3.12 中看到。例如，当电场强度从 12kV/cm 增加到 28kV/cm 时，温度为 90K 的情况下的暗电流也相应地从 5.02×10^{-11}A 增加到 2.91×10^{-8}A，产生将近 3 个数量级的增加。除电场强度对暗电流有影响外，温度也对暗电流有着很大的影响。如图 3.12 所示，这些暗电流曲线具有相同的特征，那就是暗电流随着温度的升高而增加。具体来说，在电场强度为 20kV/cm 情况下，温度为 80K 时暗电流值为 7.36×10^{-11}A，当温度增加到 100K 时，相对应的暗电流增加到 1.37×10^{-8}A，它比温度为 80K 时的暗电流值高大约 2.5 个数量级。这个暗电流的增加趋势很清晰地说明温度不仅对量子点红外探测器的暗电流有影响，而且影响程度很大。基于电场强度和温度对量子点红外探测器暗电流的影响，要想使量子点红外探测器工作性能优越，则要选择适宜的外部环境条件、工作温度和偏置电压。

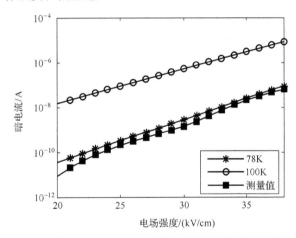

图 3.11 温度为 78K 和 100K 时量子点红外探测器的暗电流

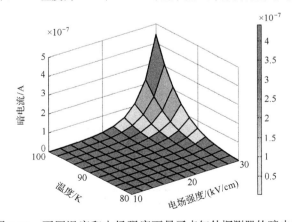

图 3.12 不同温度和电场强度下量子点红外探测器的暗电流

3.2.3　基于 Monte Carlo 统计法的改进模型

3.2.2 节给出的量子点红外探测器暗电流改进模型中电子漂移速度是利用俘获陷阱模型计算的，主要强调了电子传输对偏置电压的依赖性，没有充分考虑到电子传输的复杂性，尤其是电子传输的随机性、统计性。事实上，早在 2002 年，Satyanadh 等就指出电子传输过程是非常复杂的，其统计过程包括漂移、散射等行为，应该采用 Monte Carlo 法来研究电子漂移运动所满足的统计规律[22]。因此本节利用 Monte Carlo 法研究了量子点红外探测器的电子传输特性，相应的计算结果被用于计算量子点红外探测器的暗电流。

(1)理论模型。

量子点红外探测器主要包括势垒层、重复的量子点复合层、顶端连接层和底端连接层。当没有红外光照射到探测器的光敏区时，在偏置电压作用下，探测器电子传输主要包含漂移运动和散射。假定这种电子传输过程是一个马尔可夫过程，也就是说，在漂移运动和散射的轮换进程中，下一个散射状态与散射之前的状态无关，仅与本次散射状态有关。根据电子传输过程的马尔可夫特性，电子漂移速度可以由 Monte Carlo 法得到。在没有光照的情况下，当在探测器两端加上偏置电压时，那么在自由的飞行时间 τ 内电子的平均速度为

$$\langle v \rangle = \frac{1}{h} \frac{\Delta E_{\mathrm{k}}}{\Delta k} = \frac{1}{h} \frac{E_{\mathrm{i}} - E_{\mathrm{f}}}{\Delta k} \tag{3-14}$$

式中，h 为普朗克常数；ΔE_{k} 为自由时间 τ 内的能量增量，其等于载流子漂移运动之前的能量 E_{i} 和载流子漂移运动后能量 E_{f} 之间的差值；Δk 为在自由时间内波矢量的增量。当给量子点红外探测器两端加上偏置电压时，波矢量的变化应满足

$$\Delta k = -\frac{eE}{h} \tau \tag{3-15}$$

式中，e 为电子电荷；E 为电场强度；τ 为载流子漂移的自由时间。事实上，自由时间 τ 在数量上是不确定的，它取决于载流子的散射，即

$$\tau = -\frac{\ln r}{W} \tag{3-16}$$

式中，r 为随机数；W 为总的散射概率，是电离杂质散射、声学声子散射、自散射的散射概率之和。这里，电离杂质散射的概率和声学声子散射的概率分别为[33,34]

$$W_{\mathrm{i}} = \frac{Ne^4 \ln\left(\dfrac{12 m_{\mathrm{b}} k_{\mathrm{B}}^2 T^2 \varepsilon_0 \varepsilon}{e^2 \hbar^2 n}\right)}{16\pi (2m_{\mathrm{b}})^{1/2} (\varepsilon_0 \varepsilon)^2 E_{\mathrm{k}}^{3/2}} \tag{3-17}$$

$$W_p = \frac{(m_b)^{3/2} \varXi^2 k_B T (2E_k)^{1/2}}{\pi^2 h^4 c_1}$$ (3-18)

式中，N 为离子的掺杂浓度；m_b 为电子的有效质量；E_k 为电子的能量；k_B 为玻尔兹曼常数；T 为温度；ε 为介电常数；q_D 为德拜屏蔽长度；$\varXi$ 为形变势常数；c_1 为纵向弹性常数，可以通过密度 ρ 乘以光子速度 v_s' 来得到。

把式(3-17)、式(3-18)代入到式(3-14)中，可以得到电子漂移速度，其表达式为

$$\langle v \rangle = \frac{E_i - E_f}{eE\ln r}\left(\frac{(m_b)^{3/2} \varXi^2 k_B T (2E_k)^{1/2}}{\pi^2 h^4 c_1} + \frac{Ne^4 \ln\left(\frac{48\pi^2 m_b k_B^2 T^2 \varepsilon_0 \varepsilon}{e^2 h^2 n}\right)}{16\pi (2m_b)^{1/2} (\varepsilon_0 \varepsilon)^2 E_k^{3/2}} \right)$$ (3-19)

基于上面关于电子漂移运动的讨论，进一步研究了量子点红外探测器在非光照条件下的电流情况，即量子点红外探测器的暗电流。将式(3-19)代入暗电流基础模型，即式(3-6)，则得到基于 Monte Carlo 统计法的量子点红外探测器暗电流密度模型[35]，即

$$\langle j_{dark} \rangle = 2e\left(\frac{m_b k_B T}{2\pi \hbar^2}\right)^{3/2} \exp\left(-\frac{E_a}{k_B T}\right)\frac{E_i - E_f}{eE\ln r}\left(\frac{(m_b)^{3/2} \varXi^2 k_B T (2E_k)^{1/2}}{\pi^2 h^4 c_1} + \frac{Ne^4 \ln\left(\frac{48\pi^2 m_b k_B^2 T^2 \varepsilon_0 \varepsilon}{e^2 h^2 n}\right)}{16\pi (2m_b)^{1/2} (\varepsilon_0 \varepsilon)^2 E_k^{3/2}} \right)$$ (3-20)

(2)结果讨论与分析。

本节利用 Monte Carlo 法模拟计算了量子点红外探测器的电子漂移运动，并将结果显示在图 3.13～图 3.15 中。在该模拟计算过程中，假定载流子的能带结构满足二次函数，包括声学声子散射机制和电离杂质散射机制，而且载流子漂移时间(也就是自由飞行时间)是随机产生的。表 3.3 给出了本次模拟计算用到的量子点红外探测器的参数取值[17,21]。

表 3.3　基于 Monte Carlo 统计法的改进模型参数

参数	值
$E_0/(\text{kV/cm})$	1.62
m_b/kg	$0.222m_e$
$E_{0,\text{nano}}/\text{meV}$	224.7
N/m^3	$1\times10^{21}\sim8\times10^{21}$
τ/s	2×10^{-7}
$\varXi/\text{eV}$	9.2
$E_{0,\text{micro}}/\text{meV}$	34.6

参数	值
β /(meVcm/kV)	2.79
v_s' /(m/s)	5240
ρ /(kg/m³)	5316
ε	12.8
E_k /eV	0.027

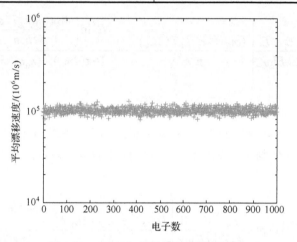

图 3.13　1000 个电子的平均漂移速度

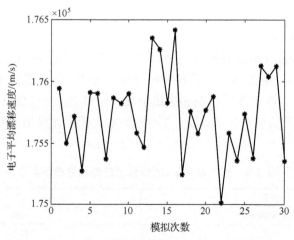

图 3.14　基于 30 次计算的 10^6 个电子的漂移速度

图 3.13 显示了 1000 个电子漂移速度的统计分布，大多数电子漂移速度围绕 0.99× 10^5m/s 这个速度值上下浮动。将这个速度值看成标准漂移速度。图中电子漂移速度的最大值是 1.18× 10^5m/s，比标准漂移速度大 0.19× 10^5m/s，最低的电子漂移速度是 0.82× 10^5m/s，

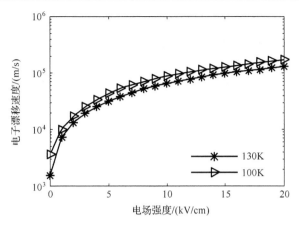

图 3.15　电子漂移速度随电场强度变化而变化的情况

比标准漂移速度小 $0.17×10^5$m/s。从上面的分析可以看出，漂移速度和标准值之间的差异非常小，大多数电子的漂移速度局限在 $0.82×10^5$～$1.2×10^5$m/s 的数值范围内，它们的平均结果趋向于确定的值。为了弄清楚这个问题，在上面 1000 个电子的漂移速度计算的基础上，我们进一步计算了 10^6 个电子的平均漂移速度。图 3.14 给出了相关计算结果，曲线给出的是 10^6 个电子的平均漂移速度的 30 次计算结果。从这条曲线的变化趋势来看，这些电子平均漂移速度几乎集中在 $1.755×10^7$m/s 附近，偶尔存在轻微的差别。究其原因，这些轻微的差别是由于电子漂移运动和电子散射的随机性导致的。

　　基于前面计算出的电子漂移速度，图 3.15 进一步给出电场对漂移速度的影响。图中给出了温度为 130K 和 100K 时的 10^6 个电子平均漂移速度的计算值，可以看出，电子漂移速度随着电场强度的增加而增加。具体来说，以温度为 100K 时电子的漂移速度为例，电场强度为 4kV/cm 时的电子漂移速度为 $3.37×10^4$m/s，当电场强度增加到 20kV/cm 时，电子漂移速度则快速增加到 $1.68×10^5$m/s，比 4kV/cm 时的电子漂移速度值大近 1 个数量级。当然，类似的增长趋势也能在文献[35]中看到。电子漂移速度的这种增加趋势产生的原因如下：当电场强度增大时，电子的漂移运动就会加速，从而导致电子的平均漂移速度增加。

　　图 3.16 显示了基于 Monte Carlo 法的量子点红外探测器的暗电流计算结果[17]。将温度为 130K 时本节模型计算的暗电流值与同温度下量子点红外探测器暗电流的测量数据[17]进行比较，可以发现，在 1～20kV/cm 的电场强度范围内，这两条曲线很接近，一致性很好。这直接证明了本节提出的基于 Monte Carlo 统计法的暗电流模型的正确性和有效性。这里，实验测量用的量子点红外探测器结构为顶端连接层/10 个周期量子点复合层(4.5nm $In_{0.45}Ga_{0.85}As$/2.2ML QDs/6nm $In_{0.45}Ga_{0.85}As$/50nm GaAs)/底端连接层。此外，从图 3.16 中还可以看出，暗电流随着电场强度的增加而增加。以

本节模型得到的温度 100K 时暗电流计算值(对应曲线 100K)为例,当电场强度从 2kV/cm 增加到 18kV/cm 时,量子点红外探测器的暗电流相应地从 1.57×10^{-11}A 增加到 8.42×10^{-8}A。导致暗电流随着电场的增加而增加的原因如下:当电场强度增加时,电子漂移运动将加速,这必将导致单位时间内形成暗电流的电子数变多,最终获得一个大的暗电流。

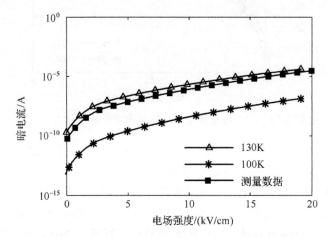

图 3.16　基于 Monte Carlo 法的量子点红外探测器的暗电流

3.3　零偏压下探测器电阻面积乘积 R_0A 特性

零偏压下探测器的电阻面积乘积 R_0A 特性也是量子点红外探测器一个非常重要的特性参数,它的大小对探测器的性能有着很重要的影响。由于零偏压下电阻-面积乘积特性对暗电流有着很强的依赖性,所以基于前面给出的暗电流模型,本节推导了量子点红外探测器的 R_0A 特性模型,实现了探测器 R_0A 特性的准确表征和评估。

(1)理论模型。

R_0A 特性作为量子点红外探测器非常重要的性能参数,其与暗电流紧密相关,可以写为

$$R_0A = \left(\frac{\partial \langle j_{\text{dark}} \rangle}{\partial V} \right)_{V_b=0}^{-1} \tag{3-21}$$

式中,$\langle j_{\text{dark}} \rangle$ 为量子点红外探测器的暗电流密度,它由暗电流除以探测器的面积来得到;V 为探测器两端的偏置电压;V_b 为零偏置电压。

将基于电子漂移速度的改进暗电流模型(即式(3-13)代入式(3-21)),并求解偏微分,可以得到 R_0A 特性的表达式[36],即

$$R_0A = \left[2e\mu_0 \left(\frac{m_b k_B T}{2\pi\hbar^2} \right)^{3/2} \exp\left(-\frac{E_{0,\text{micro}} + E_{0,\text{nano}}}{k_B T} \right) \left(\frac{e^{-E_t/k_B T}}{1 - e^{-\varsigma E_t^{1/2}}} \right) \middle/ \left((K+1)L \left(x + \frac{e^{-E_t/k_B T}}{1 - e^{-\varsigma E_t^{1/2}}} \right) \right) \right]^{-1}$$

$$(3\text{-}22)$$

(2)结果分析。

根据前面给出的量子点红外探测器 R_0A 特性理论模型，结合表 3.4[17,30,32]，分别计算量子点红外探测器的暗电流和 R_0A 特性参数，其计算结果分别显示在图 3.17 和图 3.18 中。

表 3.4　零偏压下探测器电阻面积乘积 R_0A 特性模型参数

参数	值
β /(meVcm/kV)	2.79
$E_{0,\text{micro}}$/meV	34.6
a/nm	10
$E_{0,\text{nano}}$/meV	224.7
E_0/(kV/cm)	1.62
x	0.1
v_s/(cm/s)	1×10^8
m_{GaAs}/kg	$0.067m_e$
m_{InAs}/kg	$0.023m_e$
K	10
L/nm	30
E_t/eV	0.05

图 3.17 显示了不同温度下量子点红外探测器的暗电流。将电场强度为 20kV/cm 时量子点红外探测器暗电流的理论计算值与探测器暗电流实验测量值[17,23]进行比较，结果显示在温度为 78K 和 130K 的情况下实验值与计算值具有很好的一致性，这证实了本节提出模型的正确性。关于这个暗电流算法的类似讨论见文献[30]。此外，从图 3.17 中还能看出电场强度为 20kV/cm 时探测器的暗电流值（对应曲线 20kV/cm）比电场强度为 5kV/cm 时探测器的暗电流值（对应曲线 5kV/cm）大很多。这个差异性说明了电场强度对暗电流的影响，究其原因是由于电子场辅助隧穿运动导致的。当然，温度对暗电流也有着很大的影响。以曲线 20kV/cm 为例，随着温度从 70K 增加到 130K，暗电流也相应地从 1.86×10^{-12}A 增加到 5.60×10^7A。类似的增加趋势也可以在曲线 5kV/cm 中看到。暗电流随着温度的升高而变大的原因如下：当温度升高时，电子的热激发就会加速，因而形成暗电流的电子数就会变得更多，最终导致一个大的探测器暗电流值。

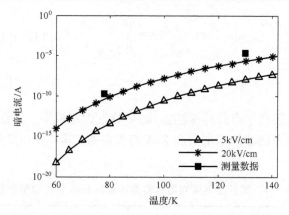

图 3.17　不同温度下量子点红外探测器的暗电流

　　基于图 3.17 给出的探测器暗电流结果，我们接着计算了量子点红外探测器的 R_0A 值，相关数据显示在图 3.18 中。图 3.18 中给出了 60～142K 温度范围内的 InAs QDIP 和 GaAs QDIP 的 R_0A 特性的理论计算值。仔细观察这些计算值，能发现这些计算值具有相同的变化趋势，即 QDIP 的 R_0A 值随着温度的升高在降低。以曲线 InAs 为例，在温度为 70K 时，量子点红外探测器的 R_0A 值为 $1.12 \times 10^6 \Omega cm^2$，当温度增加到 130K 时，$R_0A$ 值则快速降低为 $9.36 \times 10^{-4} \Omega cm^2$，比温度为 70K 时的 R_0A 值小 10 个数量级左右。类似的下降趋势也可从曲线 GaAs 中看到，当温度从 70K 变化到 130K 时，探测器的 R_0A 值也发生了从 $2.49 \times 10^5 \Omega cm^2$ 到 $1.89 \times 10^{-4} \Omega cm^2$ 的降低。这种随着温度的升高而降低的特性应该归咎于 R_0A 特性与暗电流密度偏微分之间的倒数关系。此外，量子点材料也对 R_0A 特性有影响。例如，在温度为 100K 的情况下，InAs QDIP 的 R_0A 特性的数值大小是 $1.15 \Omega cm^2$，它明显比 GaAs QDIP 的 R_0A 特性值高，这是由于 InAs 材料的有效质量比 GaAs 材料的有效质量高。当然，其他温度下的 InAs QDIP 的 R_0A 值也显示出类似的趋势，均比 GaAs QDIP 的 R_0A 乘积的数值要大一些。

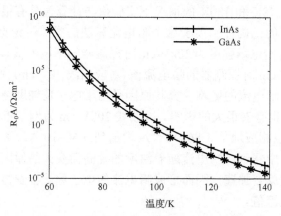

图 3.18　量子点红外探测器的 R_0A 特性

3.4　本 章 小 结

本章首先通过考虑纳米尺度电子传输和微米尺度电子传输对激发能的影响，提出了一个量子点红外探测器的暗电流模型，使探测器暗电流的计算更加符合探测器的实际运行机制，实现了量子点红外探测器暗电流的准确表征和评估。接着，通过考虑电子漂移速度、电子迁移率与探测器外加偏置电压之间的关系，改进了该暗电流模型，进一步提高了计算精度。最后，通过充分考虑电子漂移运动的统计性、随机性，借助 Monte Carlo 法重新计算了量子点红外探测器的暗电流，并进行了拓展研究，不仅探讨了探测器材料参数、结构参数以及环境参数对这些特性的影响，而且还研究了探测器 R_0A 特性的表征、评估问题。相应的模拟结果能为人们在进行探测器材料选择、结构选择等时提供很好的理论支持。

参 考 文 献

[1] 刘红梅. 量子点红外探测器特性表征方法. 西安: 西安电子科技大学博士学位论文, 2012.

[2] Chang C Y, Chang H Y, Chen C Y, et al. Wavelength selective quantum dot infrared photodetector with periodic metal hole arrays. Applied Physics Letters, 2007, 91: 163107-1-3.

[3] Fu L, Mckerracher I, Tan H H, et al. Effect of GaP strain compensation layers on rapid thermally annealed InGaAs/GaAs quantum dot infrared photodetector grown by metal-organic chemical-vapor deposition. Applied Physics Letters, 2007, 91: 073515-1-3.

[4] Lu X, Vaillancourt J, Meisner M J, et al. Long wave infrared InAs-InGaAs quantum-dot infrared photodetector with high operating temperature over 170K. Journal of Physics D: Applied Physics, 2007, 40(19): 5878.

[5] Lu X, Vaillancourt J, Meisner M J. A modulation-doped longwave infrared quantum dot photodetector with high photoresponsivity. Semiconductor Science & Technology, 2007, 22(9): 993-996.

[6] Ryzhii V, Pipa V, Khmyrova I, et al. Dark current in quantum dot infrared photodetectors. Japnanese Journal of Applied Physics, 2001, 39: 1283-1285.

[7] Lim H, Tsao S, Taguchi M, et al. InGaAs/InGaP quantum-dot infrared photodetector with a high detectivity//Proceedings of SPIE, 2006, 61270N-6.

[8] Ryzhii V, Khmyrova I, Pipa V, et al. Device model for quantum dot infrared photodetectors and their dark-current characteristic. Semiconductor Science and Technology, 2001, 16: 331-338.

[9] Stiff-Roberts A D. Contribution of field-assisted tunneling emission to dark current in InAs-GaAs quantum dot infrared photodetectors. IEEE Photonics Technology Letters, 2004, 16(3): 867-869.

[10] Naser M A, Deen M J, Thompson D A. Theoretical modeling of the dark current in quantum dot

infrared photodetectors using nonequilibrium Green's functions. Journal of Applied Physics, 2008, 104: 014511-1-11.

[11] Naser M A, Deen M J, Thompson D A. Spectral function of InAs/InGaAs quantum dots in a well detector using Green's function. Journal of Applied Physics, 2006, 100 (9): 093102-1-6.

[12] Liu H C. Quantum dot infrared photodetector. Opto-Electronics Review, 2003, 1: 1-5.

[13] Carbone A, Introzzi R, Liu H C. Photo and dark current noise in self-assembled quantum dot infrared photodetectors. Infrared Physics and Technology, 2009, 52: 257-259.

[14] Duboz J Y, Liu H C, Wasilewski Z R, et al. Tunnel current in quantum dot infrared photodetectors. Journal of Applied Physics, 2003, 93: 1320-1322.

[15] Zhao Z Y, Yi C, Lantz K R, et al. Effect of donor-complex-defect-induced dipole field on InAs/GaAs quantum dot infrared photodetector activation energy. Applied Physics Letters, 2007, 90: 233511-1-3.

[16] Ye Z M, Campell J C, Chen Z H, et al. Voltage-controllable multiwavelength InAs quantum-dot infrared photodetector for mid- and far-infrared detection. Journal of Applied Physics, 2002, 92 (7): 4141-4143.

[17] Lin L, Zhen H L, Li N, et al. Sequential coupling transport for the dark current of quantum dots-in-well infrared photodetectors. Applied Physics Letters, 2010, 97: 193511-1-3.

[18] Asano T, Madhukar A, Mahalingam K, et al. Dark current and band profiles in low defect density thick multilayered GaAs/InAs self-assembled quantum dot structures for infrared detectors. Journal of Applied Physics, 2008, 104: 13115-1-5.

[19] Lin S Y, Tsai Y J, Lee S C. Transport characteristics of InAs/GaAs quantum-dots infrared photodetectors. Applied Physics Letters, 2003, 83 (4): 752-754.

[20] Liu H M, Zhang J Q. Physical model for the dark current of quantum dot infrared photodetectors. Optics and Laser Technology, 2012, 44: 1536-1542.

[21] Martyniuk P, Rogalski A. Insight into performance of quantum dot infrared photodetectors. Bulletin the Polish Academy of Sciences Technical Sciences, 2009, 57: 103-116.

[22] Satyanadh G, Joshi R P, Abedin N, et al. Monte Carlo calculation of electron drift characteristics and avalanche noise in bulk InAs. Journal of Applied Physics, 2002, 91: 1331-1338.

[23] Lu X, Vaillancourt J J, Meisner M, Temperature-dependent photoresponsivity and high-temperature (190K) operation of a quantum dot infrared photodetector. Applied Physics Letters, 2007, 91 (5): 051115-1-3.

[24] Ye Z M, Campbell J C, Chen Z H, et al. Noise and photoconductive gain in InAs quantum-dot infrared photodetectors. Applied Physics Letters, 2003, 83 (6): 1234-1237.

[25] Lim H, Movaghar B, Tsao S, et al. Gain and recombination dynamics of quantum-dot infrared photodetectors. Physical Review B, 2006, 74 (4): 1318-1328.

[26] Su X H, Chakrabarti S, Bhattacharya P, et al. A resonant tunneling quantum dot infrared photodetector. IEEE Journal of Quantum Electronics, 2005, 41(7): 974-979.

[27] Lim H, Zhang W, Tsao S, et al. Quantum dot infrared photodetectors: comparison of experiment and theory. Physical Review B, 2005, 72: 085332-1-15.

[28] Tsao S, Zhang W, Lim H, et al. High performance InGaAs/InGaP quantum dot infrared photodetector achieved through doping level optimization. Proceedings of SPIE, 2005, 5732: 334-341.

[29] Liu H M, Zhang J Q. Dark current and noise analyses of quantum dot infrared photodetectors. Applied Optics, 2012, 51(14): 2767-2771.

[30] Liu H M, Yang C H, Shi Y L. Dark current model of quantum dot infrared photodetectors based on the influence of the drift velocity of the electrons. Applied Mechanics and Materials, 2014, 556: 2141-2144.

[31] Mahmoud I I, Konber H A, Eltokhy M S. Performance improvement of quantum dot infrared photodetectors through modeling. Optics and Laser Technology, 2012, 42: 1240-1249.

[32] Li S S, Xia J B, Yuan Z L, et al, Effective-mass theory for InAs/GaAs strained coupled quantum dots. Physical Reviews B, 1996, 54: 11575-11581.

[33] Gerlach E, Rautenberg M. Ionized impurity scattering in semiconductors. Physica Status Solidi B-basic Research, 1978, 86(2): 479-482.

[34] Stock E, Dachner M R, Warming T, et al. Acoustic and optical phonon scattering in a single In(Ga)As quantum dot. Physical Review B, 2011, 83(4): 51-58.

[35] Liu H M, Gao Z X, Kang Y Q, et al. Monte Carlo simulation of electrons transport in quantum dot infrared photodetector. Journal of Computational and Theoretical Nanoscience, 2015, 12: 3735-3738.

[36] Liu H M, Yang C, Hao Y H. Resistance-area product estimation of quantum dots infrared photodetector under different temperature. Journal of Computational and Theoretical Nanoscience, 2018, 15: 63-65.

第 4 章　量子点红外探测器的噪声特性

噪声广泛存在于各种量子点红外探测器设备中，制约着探测器性能，是表征探测器性能和可靠性的一个重要敏感参数。基于前一章关于量子点红外探测器暗电流的相关讨论，本章从探测器噪声的主要产生来源入手，结合探测器增益的理论计算式，提出了量子点红外探测器的噪声模型，并给出了相应计算结果。

4.1　噪　声　概　述

噪声作为表征探测器性能和可靠性的重要参数，对探测器性能有着很大的影响。其值越小，意味着探测器的性能越优越。目前，人们虽然可以通过改善器件结构等方法来提高红外探测器性能[1-3]，但是噪声的存在仍然是制约红外探测器性能的关键因素之一，因此研究噪声的大小，以及如何降低噪声对提高探测器灵敏度、探测率等性能有着至关重要的意义[4-7]。

目前，国内外研究人员从噪声的主要构成部分暗电流入手，对量子点红外探测器的噪声做了大量的研究工作。其中，大部分人是从量子点势阱中电子势能的分布来研究暗电流特性[8-10]，很少有人从激发能角度来研究，即使有个别人从激发能角度考虑了暗电流特性，也是仅考虑了微米尺度电子传输对暗电流的影响[11,12]，或者仅考虑了纳米尺度电子传输对暗电流的影响[13,14]。事实上，现有调查表明，微米尺度电子传输与纳米尺度电子传输同时存在于量子点红外探测器的整个电子传输过程中[15,16]，这两种尺度电子传输对暗电流的影响都应该包含在暗电流的计算中。因此，作者在第 3 章提出了兼顾微米、纳米尺度电子传输的量子点红外探测器的暗电流模型。正是基于这个暗电流模型，通过分析量子点红外探测器的噪声来源，结合增益的计算方法，本章构建了量子点红外探测器的噪声模型。该模型不仅能使噪声的计算更加符合探测器的实际运行情况，而且能为人们进行探测器优化、提高可靠性提供理论依据。

关于量子点红外探测器噪声的详细讨论，要从了解量子点红外探测的探测机制开始。众所周知，量子点红外探测器是通过子带间的跃迁来实现对红外光的探测。当有红外光入射到量子点探测器的光敏区时，探测器中电子从基态跃迁到激发态，导致探测器的电导率发生变化，即探测器光敏区发生了光电导效应。正是利用这个光电导效应，量子点红外探测器完成了对红外光的探测。在这种光电导型量子点红外探测器中，主要的噪声有 $1/f$ 噪声、产生-复合噪声和热噪声[17]。图 4.1 给出了探测器均方噪声频谱。在低频区，$1/f$ 噪声是主要的噪声源；在中频区，产生-复合噪声是主要的噪声源；在高频区，热噪声是主要的噪声源。

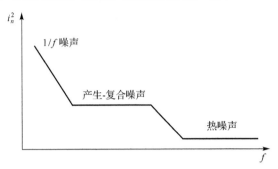

图 4.1 光电导探测器均方噪声频谱

量子点红外探测器作为一种新型的光电导型探测器，其均方噪声也满足上述规律。对应低频区的 $1/f$ 噪声的噪声电流为

$$i_f = \left(\frac{CI_0^\alpha \Delta f}{f^\beta} \right)^{1/2} \tag{4-1}$$

式中，C 为比例常数，一般取为 1；I_0 为探测器的电流；α 和 β 为经验常数，其取值为 $\alpha = 2$，$\beta = 1$；Δf 为频率带宽。

实际中，$1/f$ 噪声的大小取决于半导体材料的表面状态和电阻接触质量，因而人们可以通过探测器的制作工艺来降低 $1/f$ 噪声。

对应高频区热噪声的噪声电流为

$$i_J = \sqrt{\frac{4k_B T \Delta f}{R}} \tag{4-2}$$

式中，R 为量子点红外探测器的电阻，能通过暗电流曲线的斜率来得到。

产生-复合噪声来源于探测器中载流子的产生-复合过程。载流子不断地进行产生-复合，导致载流子的产生率和复合率的起伏，从而使平均载流子浓度发生起伏，进一步使探测器的电阻产生起伏，导致了电流的起伏，因而产生-复合噪声电流可写为

$$i_{G\text{-}R} = \sqrt{4eg_n I_{dark} \Delta f \frac{1}{1+(2\pi f\tau)^2}} \tag{4-3}$$

式中，e 为电子电荷；g_n 为探测器的噪声增益；I_{dark} 为探测器的暗电流。一般认为，在中频区通常满足 $2\pi f\tau \ll 1$，那么产生-复合噪声电流为

$$i_{G\text{-}R} = \sqrt{4eg_n I_{dark} \Delta f} \tag{4-4}$$

综上所述，量子点红外探测器的噪声电流为

$$i_n = i_f + i_J + i_{G\text{-}R} \tag{4-5}$$

在本章中，主要研究的是中频区量子点红外探测器噪声的表征、评估问题，因而根据量子点红外探测器的探测机制，此时探测器的噪声主要来源于电子的产生-复合过程，在单位频率带宽的情况下，通过考虑电流的平均效果，噪声电流可以写为

$$I_n = \sqrt{\overline{i_n^2}} = \sqrt{4eg_n I_{dark}} \tag{4-6}$$

式中，I_{dark} 为探测器的暗电流；g_n 为探测器的噪声增益。在量子点红外探测器中，假定噪声增益与探测器的光电导增益近似相等，且计算方法基本一致，故可用光电导增益来代替噪声增益。

根据式(4-6)给出的产生-复合噪声电流的估算方法，噪声电流的计算涉及暗电流和增益。其中，暗电流的计算方法在第3章已经讨论过，本章将结合噪声增益的计算，探讨量子点红外探测器的噪声特性。

4.2　增　益　特　性

如前所述，光电导型量子点红外探测器的增益定义为探测器收集的全部载流子数与探测器激发的全部载流子数的比值，一般来说，可以通过探测器中载流子寿命与载流子渡越时间的比值来得到[18]，即

$$g = \frac{\tau_{life}}{\tau_d} = \frac{\tau_{life}}{L/v_d} \tag{4-7}$$

式中，τ_d 为载流子的渡越时间，即电子传输过整个探测器设备的传输时间，它可以通过探测器厚度 L 除以电子漂移速度 v_d 得到；τ_{life} 为载流子的寿命，与载流子从扩展态返回到基态的复合时间有关。在量子点红外探测器中，电子弛豫过程是主要的载流子弛豫过程。由于电子弛豫过程本质上非常慢，所以载流子寿命变得特别长。一般而言，载流子寿命 τ_{life} 远远超过载流子渡越时间 τ_d，因而探测器光电导增益总是大于1的，尤其在InAs/GaAs量子点红外探测器中，增益的最高值可达到几千[19,20]。

如果用参数 τ_{trans} 代表电子越过量子点红外探测器中一个周期量子点复合层的时间，那么对于由 K 个周期复合层构成的量子点红外探测器而言，电子传输过整个设备所需的时间就是 $K\tau_{trans}$。在量子点红外探测器中，假定电子越过一个量子点复合层的时间 τ_{trans} 远远小于电子从一个扩展态返回到量子点基态的时间 τ_{life}，那么增益可写为[9]

$$g = \frac{\tau_{life}}{K\tau_{trans}} \tag{4-8}$$

式中，K 为量子点红外探测器中量子点复合层的层数，而 τ_{trans}/τ_{life} 为电子的俘获概率，用 P_k 来表示，那么式(4-8)也可以写为

$$g = \frac{1}{KP_k} \tag{4-9}$$

根据 Martyniuk 等的分析[9]，τ_{trans} 能通过量子点的高度除以电子的漂移速度（见式（3-10））来得到，即

$$\tau_{\text{trans}} = \frac{h_{\text{QD}}}{\mu E \left[1 + (\mu E / v_s)^2 \right]^{-1/2}} \tag{4-10}$$

在量子点红外探测器增益的估算中，载流子寿命 τ_{life} 的计算和探测器量子点势形状有关，后续将分别对类球形势和类透镜势两种情况下的探测器增益进行讨论。

4.2.1　类球形势探测器增益特性

如前所述，载流子寿命和载流子从扩展态返回到基态的复合时间有关，它能通过确定载流子复合时间来确定其值的大小。关于电子复合时间的确定，要追溯到 Ghosh、Huber 和 Grassberger 等对随机分布的俘获陷阱材料的扩散和漂移问题的研究[21-23]。他们在文献中指出，可以通过求解扩散微分方程的方法来对扩散限系统下的光激发、电子俘获行为进行量化。在俘获陷阱密度较低的扩散限材料中，光激发传输能通过扩散方程模型化，其中，归一化荧光密度 $f(t)$ 的拉普拉斯变换为

$$f(s) = \left[s + n_A \int T(\boldsymbol{r},s) \mathrm{d}\boldsymbol{r} \right]^{-1} \tag{4-11}$$

式中，n_A 为俘获陷阱的密度。函数 $T(\boldsymbol{r},s)$ 能写为积分形式，即

$$T(\boldsymbol{r},s) = v(r) - \frac{v(r)}{(2\pi)^3} \iint \frac{\mathrm{e}^{ik(r-r')}}{s + Dk^2} T(\boldsymbol{r}',s) \mathrm{d}\boldsymbol{k} \mathrm{d}\boldsymbol{r}' \tag{4-12}$$

式中，$v(r)$ 为在距离 r 的施主-陷阱转变速度；D 为施主离子扩散常数，通过简化球对称势 $v(r)$ 能求解方程式（4-12）。通过对 $f(s)$ 取逆拉普拉斯变换能得到函数 $f(t)$[21]。这样，函数 $f(t)$ 在 $t \to \infty$ 的取值由 $f(s)$ 在 $s \to 0$ 的取值来决定，基于 $f(t) \sim \exp(-C_{\text{be}}t)$，那么渐近延迟速度 C_{be} 为

$$C_{\text{be}} = n_A \int T(\boldsymbol{r},s=0) \mathrm{d}\boldsymbol{r} \tag{4-13}$$

在式（4-12）中，格林函数为

$$g(\boldsymbol{r},\boldsymbol{r}';s) = \frac{1}{(2\pi)^3} \int \frac{\mathrm{e}^{ik(r-r')}}{s + Dk^2} \mathrm{d}\boldsymbol{k} \tag{4-14}$$

它能看成单位脉冲方程式（4-15）的解，即

$$D\nabla^2 g(\boldsymbol{r},\boldsymbol{r}';s) - sg(\boldsymbol{r},\boldsymbol{r}';s) = -\delta(\boldsymbol{r} - \boldsymbol{r}') \tag{4-15}$$

根据上面的分析，函数 $T(r,s)$ 能看成包含有源项 $v(r)$ 的异值偏微分方程的解。为了得到这一异值偏微分方程，对 $T(r,s)$ 进行了傅里叶变换得到了 $\tilde{T}(\mathbf{k},s)$，即

$$\tilde{T}(\mathbf{k},s) = \int e^{-ikr}T(r,s)\mathrm{d}r \tag{4-16}$$

代入式(4-12)，得

$$T(\mathbf{r},s) = v(r) - \frac{v(r)}{(2\pi)^3}\int e^{ikr}\frac{\tilde{T}(\mathbf{k},s)}{s+Dk^2}\mathrm{d}\mathbf{k} \tag{4-17}$$

令 $Q(\mathbf{r}',s) = \tilde{T}(\mathbf{k},s)/(s+Dk^2)$，则上式能写为扩散型偏微分方程，即

$$-D\nabla^2 Q(\mathbf{r}',s) + sQ(\mathbf{r}',s) + v(r)Q(\mathbf{r}',s) = v(r) \tag{4-18}$$

通过利用球形对称转变速度 $v(r)$ 的球对称性来简化式(4-18)，令

$$Q(\mathbf{r},s) = \sum_{l=0}^{\infty}\sum_{m=-l}^{l}q_{lm}(r,s)Y_{lm}(\hat{r}) \tag{4-19}$$

式中，$\hat{r}$ 为 r 方向的单位矢量；Y_{lm} 为球形谐函数。通过结合式(4-14)和式(4-17)，利用当 $l>0$ 时，Y_{lm} 的角平均变为 0。将拉普拉斯算子作为射线半径和角半径之后，并执行一个角积分，用 $q(r,s)$ 表示 $q_{lm}(r,s)$，那么就得到了系数 $q_{lm}(r,s)$ 满足的偏微分方程，即

$$-D\frac{\partial^2}{\partial r^2}[rq(r,s)] + [s+v(r)]rq(r,s) = (4\pi)^{1/2}rv(r) \tag{4-20}$$

式(4-20)是式(4-12)的偏微分形式。通过求解该偏微分方程能得到渐近延迟速度。

在各向同性的半导体材料中，其转变速度(势能)满足

$$v(r) = \begin{cases} V_0, & r \leqslant R \\ 0, & r > R \end{cases} \tag{4-21}$$

将其代入方程式(4-20)中，得到

$$-D\frac{\partial^2}{\partial r^2}[rq(r,s)] + [s+V_0]rq(r,s) = (4\pi)^{1/2}rV_0, \quad r \leqslant R \tag{4-22}$$

$$-D\frac{\partial^2}{\partial r^2}[rq(r,s)] + srq(r,s) = 0, \quad r > R \tag{4-23}$$

结合其边界条件：当 $r=0$ 时，$q(r,s)$ 有限；当 $r \to \infty$ 时，$q(r,s)=0$，得到式(4-22)和式(4-23)的通解为

$$q(r,s) = \begin{cases} (4\pi)^{1/2}\dfrac{V_0}{V_0+s} + A_1\dfrac{\sinh(kr)}{r}, & r \leqslant R \\[3mm] A_2\dfrac{e^{-Kr}}{r}, & r > R \end{cases} \tag{4-24}$$

式中，参数 k 和 K 的取值为

$$k = [(s + V_0) / D]^{1/2} \tag{4-25}$$

$$K = (s / D)^{1/2} \tag{4-26}$$

通过 q 和 $\dfrac{\partial q}{\partial r}$ 在 $r = R$ 时的连续性条件，得到常数 A_1 和 A_2，即

$$A_1 = -(4\pi)^{1/2}(KR+1)V_0 R / \{(V_0 + s)[KR\sinh(kR) + kR\cosh(kR)]\} \tag{4-27}$$

$$A_2 = \frac{-(4\pi)^{1/2} e^{KR} V_0 R [KR\sinh(kR) + kR\cosh(kR)]}{(V_0 + s)[KR\sinh(kR) + kR\cosh(kR)]} \tag{4-28}$$

通过式(4-24)、式(4-27)和式(4-28)，得到

$$\int T(\boldsymbol{r},s)\mathrm{d}\boldsymbol{r} = \frac{4\pi}{3} R^3 \frac{V_0 s}{V_0 + s} + \frac{4\pi V_0^2 DR}{(V_0 + s)^2}(1 + KR)\left(\frac{1 - \dfrac{\tanh(kR)}{kR}}{1 + \dfrac{K}{k}\tanh(kR)} \right) \tag{4-29}$$

当 $s \to \infty$ 时，有

$$\lim_{s \to \infty}\int T(\boldsymbol{r},s)\mathrm{d}\boldsymbol{r} = \frac{4\pi}{3} R^3 V_0 \tag{4-30}$$

当 $s \to 0$ 时，有

$$\int T(\boldsymbol{r},0)\mathrm{d}\boldsymbol{r} = 4\pi D\left[1 - \left[\frac{D}{V_0 R^2} \right]^{1/2} \tanh\left[\frac{V_0 R^2}{D} \right]^{1/2} \right] \tag{4-31}$$

在量子点红外探测器中，如果假设量子点对电子的俘获是各向同性的，满足球对称，那么衰退因子，即载流子复合时间 C_{be} 为

$$C_{\mathrm{be}} = 4\pi D n_{\mathrm{A}}\left[1 - \left[\frac{D}{V_0 R^2} \right]^{1/2} \tanh\left[\frac{V_0 R^2}{D} \right]^{1/2} \right] \tag{4-32}$$

式中，D 为载流子的扩散率，其大小满足 $D = \mu k_{\mathrm{B}} T / e$。进一步地，假定量子点红外探测器中，量子点的密度为 N_{t}，量子点的有效半径为 R_{t}，那么上式又可写为

$$C_{\mathrm{be}} = N_{\mathrm{t}}(4\pi DR_{\mathrm{t}})\left\{ 1 - \left[\frac{D}{V_{\mathrm{t}} R_{\mathrm{t}}^2} \tanh\left(\frac{V_{\mathrm{t}} R_{\mathrm{t}}^2}{D} \right) \right]^{1/2} \right\} \tag{4-33}$$

基于上面的讨论，并结合前面关于电子漂移速度的讨论(见式(3-10))，将式(4-33)和式(3-10)代入式(4-7)，则得到满足球对称的量子点红外探测器的增益，即[7]

$$g = \frac{\mu E \left(1 + \left(\dfrac{\mu E}{v_s}\right)^2\right)^{-1/2}}{L N_t (4\pi R_t \mu k_B T / e) \left\{ 1 - \left[\dfrac{\mu k_B T}{e V_t R_t^2} \tanh\left(\dfrac{e V_t R_t^2}{\mu k_B T}\right) \right]^{1/2} \right\}} \tag{4-34}$$

图 4.2 给出了典型的量子点红外探测器结构示意图,它主要由发射极、接收极和 10 个周期的量子点复合层组成,其中,量子点复合层由 InAs 量子点、帽层和势垒层组成。通过分子束外延生长的自组织 InAs 量子点可近似看成圆锥体,其高度一般为 4~8nm,底面半径为 10~50nm,并且其电子有效质量为基本电荷质量的 0.023 倍[24]。基于这种典型的探测器结构,在探测器增益的模拟计算中,量子点相关参数取值与用于实验验证器件的参数数值[25,26]一样,其高度分别为 5.9nm 和 5nm,底边半径分别为 10.5nm 和 25nm。量子点红外探测器的其他相关参数的取值[24-27]如表 4.1 所示。根据前面给出的增益模型,并结合这些参数的取值,实现了探测器增益特性的模拟与计算,相应计算结果如图 4.3 所示。

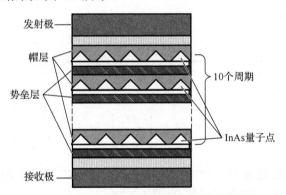

图 4.2 量子点红外探测器结构示意图

表 4.1 类球形势探测器的增益特性模型参数取值

参数	值
$E_{0,nano}$/meV	224.7
β/(meVcm/kV)	2.79
R_t/nm	6.61、11.2
μ/(cm^{2}V^{-1}s^{-1})	1000
V_t/Hz	1×10^{10}
$E_{0,micro}$/meV	34.6
L/nm	456、507
E_0/(kV/cm)	1.62
v_s/(m/s)	1×10^5、5×10^6

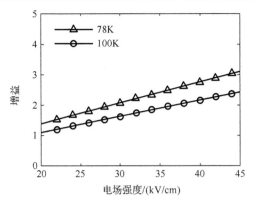

图 4.3　量子点红外探测器的光电导增益

图 4.3 给出了 20～45kV/cm 电场强度范围内探测器增益的计算结果。可以看出，在温度为 78K 和 100K 的情况下，增益随着电场强度的增加而增加。具体来说，在温度为 78K 时，随着电场强度从 20kV/cm 增加到 44kV/cm，增益也相应地从 1.38 增加到 3.03。在同样的电场强度变化范围内，曲线 100K 上的增益值也相应地从 1.08 增加到 2.70。增益显示出的这种随电场强度的增加而增加的趋势的原因如下：电场强度的增加使电子的运动加速，从而导致电子的复合概率变大、电子寿命变短，最终导致了增益的增加。此外，类似的增益增加趋势也能从文献[18]中看到。

4.2.2　类透镜势探测器增益特性

基于上面关于产生再复合时间的讨论，在三维各向同性的材料系统中，当 D 满足不同的条件时，产生再复合时间有两种极限结果[18]。当 $D/(V_t R^2) \gg 1$ 时，此时在复合时间限制下俘获时间为 $C_{be} = 4\pi R^3 V_t N_t / 3$；当 $D/(V_t R^2) \ll 1$ 时，对应着具有球形势能的扩散限系统，它的再俘获时间可写为 $C_{be} = N_t(4\pi DR)$。当然，再复合时间还有漂移限情况下的 Shockley-Read 结果，即 $C_{be} = N_t(\pi R^2 V_{th})$，其中 V_{th} 为传统的热激发速度。

假定量子点红外探测器具有三维各向同性的类透镜形状的电势，通过分析，其电势满足

$$v(r) = \begin{cases} V_t, & r \leqslant a_{QD} \\ 0, & r > a_{QD} \end{cases} \tag{4-35}$$

那么当 $D/(V_t a_{QD}^2) \gg 1$ 时，电子再复合时间可写为

$$C_{be} = \pi a_{QD}^2 h_{QD} \Sigma_{QD} V_t \tag{4-36}$$

式中，a_{QD} 为量子点的底边尺寸；h_{QD} 为量子点的高度；Σ_{QD} 为量子点层中量子点密度；V_t 为电子俘获速度。

　　基于前面的假设，载流子的寿命 τ_{life} 可写为

$$\tau_{\text{life}} = \frac{(K+1)L}{\pi a_{\text{QD}}^2 h_{\text{QD}} \Sigma_{\text{QD}} V_{\text{t}}} \tag{4-37}$$

式中，L 为量子点层间的距离。

　　把式 (4-37) 和式 (3-10) 代入式 (4-7) 中，则得到量子点红外探测器的光电导增益，可写为

$$g = \frac{(K+1)L\mu E[1+(\mu E / v_{\text{s}})^2]^{-1/2}}{K\pi a_{\text{QD}}^2 h_{\text{QD}}^2 \Sigma_{\text{QD}} V_{\text{t}}} \tag{4-38}$$

　　总之，根据量子点势形状的不同，得到了不同的量子点红外探测器光电导增益的计算方法。实际上，在量子点红外探测器中，认为噪声增益和光电导增益是近似相等的，都能通过载流子寿命与载流子渡越时间的比值来得到，因此噪声增益也能通过上面的方法来计算。该噪声增益涉及的探测器参数的取值和表 3.1 中给出的参数取值一样，这里就不再重复列举了。

　　图 4.4 给出了量子点红外探测器的外加偏置电压对探测器增益的影响。将本节量子点红外探测器增益模型得到的理论计算值与增益的实验测量值[28]进行比较，可以发现，它们之间整体相似程度较高，说明了增益的理论模拟值和实验测量值之间具有良好的一致性，证实了探测器增益模型的正确性。但也能发现，在较低的外加偏置电压下，增益的理论值与实验测量值之间的一致性存在一些差异，这是因为电子迁移率是一个与外加偏置电压相关的物理量，但在我们的计算中假定其为常数。需要注意的，用于实验验证的量子点红外探测器的结构为 GaAs 顶端连接层/10 个周期量子点复合层 (InAs QDs/47nm GaAs/3nm Al$_{0.2}$Ga$_{0.8}$As)/GaAs 底端连接层。此外，从图 4.4 中还可以看出，在温度为 77K 时，量子点红外探测器的增益也随着电场强度

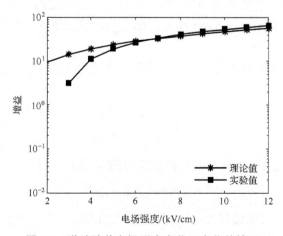

图 4.4　增益随着电场强度变化而变化的情况

的增加而增加。例如，当探测器的电场强度从 2kV/cm 增加到 8kV/cm 时，增益也相应地从 4.79 增加到 37.88。这种增益随着电场强度的增加而增加的趋势的产生原因如下：电场强度的增加使电子加速运动，从而导致电子传输过整个探测器设备的时间变短，也就是说，电子的渡越时间变短，最终导致了探测器增益的增加。根据 2009 年 Martyniuk 的讨论，这种光电导增益的计算方法和使用俘获概率计算增益的方法本质上是一样的，它们之间的关系已经在文献[9]中明确地给出。该文献还详细地研究了探测器增益的其他特性，证实了这个光电导增益模型的正确性。此外，类似的光电导增益随电场强度变化而变化的特性也能从文献[9]和[18]中看到。

图 4.5 给出了探测器结构参数对增益的影响，主要包括探测器层数、量子点底边尺寸、量子点高度、层内量子点密度等参数的影响。如图 4.5 所示，以结构参数 $K=10$、$L=50.2\text{nm}$、$a_{QD}=22\text{nm}$、$h_{QD}=6\text{nm}$、$\Sigma_{QD}=1.7\times10^{10}\text{cm}^{-2}$ 时的增益值为参考值(对应曲线 Ref)。当分别改变结构参数 K、L、a_{QD}、h_{QD}、Σ_{QD} 时，增益会相应地发生变化，分别构成了曲线 K、L、a_{QD}、h_{QD}、Σ_{QD}。具体来说，K 为 4 的增益值(对应曲线 K)明显比 K 为 10 的增益值(对应曲线 Ref)要大，这说明探测器增益随着探测器层数的增加而降低。这种增益的降低与量子点层数的增加之间的关系取决于量子点层数对载流子传输时间的影响。当量子点层数增多时，电子渡越时间增加，这样必然使单位时间内形成光电流的电子数大幅度减少，从而导致探测器增益的降低。这个现象体现的是增益与载流子渡越时间成反比的关系，与式(4-7)所显示的关系是一致的。通过曲线 L($L=40\text{nm}$)与曲线 Ref($L=50.2\text{nm}$)相比，发现量子点复合层越厚，光电导增益越大。以电场强度为 5kV/cm 时的增益值为例，量子点复合层厚度从 40nm 增加到 50.2nm 时，增益也相应地从 18.9 增加到 23.7。这种光电导增益随量子点复合层厚度的增加而增加的产生原因如下：量子点复合层越厚，电子从激发态返回到量子点基态的时间就越长，载流子寿命就越大，那么在单位时间内停留在激发态的电子数就越多，形成光电流的电子数也就越多，从而导致光电导增益的增加。图 4.5 还给出量子点底边尺寸对增益的影响。以电场强度为 4kV/cm 时光电导增益的变化情况为例，量子点的底边尺寸为 22nm 时对应的光电导增益为 19.0，而当量子点的底边尺寸增加到 32nm 时，光电导增益也相应地降低到 8.99。这种增益随量子点底边尺寸的增加而降低的趋势来源于量子点底边尺寸的增加带来载流子寿命的降低，从而导致光电导增益的降低。量子点体积的另外一个参数——量子点高度 h_{QD} 也对增益有着很大的影响。在其他参数相同的情况下，通过比较 $h_{QD}=6\text{nm}$ 时的曲线 Ref 和 $h_{QD}=10\text{nm}$ 时的曲线 h_{QD} 上的增益值，能发现光电导增益随着量子点高度的增加而降低。此外，从图 4.5 还能发现，层内量子点密度同样对增益存在很大的影响。例如，在电场强度为 6kV/cm 的情况下，层内量子点密度为 $1.7\times10^{10}\text{cm}^{-2}$ 时对应的增益为 28.5，而当层内量子点密度增加到 $7\times10^{10}\text{cm}^{-2}$ 时，增益也相应地降低到 6.92。这种增益随着层内量子点密度的增加而降低的趋势的产生原因如下：层

内量子点密度的增加会导致全部量子点激发载流子数的增多，这样，原来收集起来形成光电流的载流子相对减少，从而导致增益的降低。此外，从图 4.5 中，我们亦能看出电场强度对增益的影响。以曲线 L 和曲线 K 为例，当电场强度从 3kV/cm 增加到 8kV/cm 时，光电导增益分别发生从 11.4 到 30.2 和从 16.2 到 43.0 的增加。这种增益随电场强度的增加而增加的变化趋势和图 4.4 显示的是一致的。

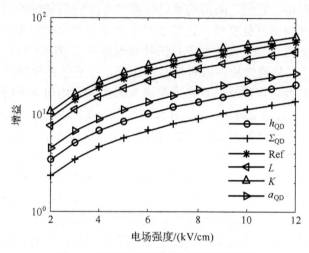

图 4.5　探测器结构参数对增益的影响

图 4.6 显示了电子漂移运动相关参数俘获速度、饱和速度、迁移率对增益的影响。具体来说，以 $v_s = 3 \times 10^7$ cm/s、$V_t = 1 \times 10^{13}$ Hz 和 $\mu = 2000$ cm^{2}V^{-1}s^{-1} 时的增益值为预定参考值。在电场强度为 5kV/cm 的情况下，当俘获速度从 1×10^{13} Hz 增加到 5×10^{13} Hz 时，对应的光电导增益发生了从 56.3（曲线 Ref）到 11.3（曲线 V_t）的降低。类似的增益随着量子点俘获速度的增加而降低的趋势，也能从曲线 Ref 和曲线 V_t 上增益的差异性看出。这种增益随着量子点俘获电子速度的增加而降低的原因如下：量子点俘获的电子越多，势必导致能形成光电流的电子数量的减少，从而导致光电导增益的降低。当电子迁移率 μ 为 2000cm^{2}V^{-1}s^{-1} 时，对应的增益值构成了参考曲线 Ref，而当电子迁移率变为 μ 为 1200cm^{2}V^{-1}s^{-1} 时，光电导增益值发生了变化，并构成了增益曲线 μ。显然曲线 μ 上的增益值比参考曲线 Ref 的值小很多，这体现出光电导增益随着电子迁移率的增加而增加。就其原因而言，光电导增益随着电子迁移率的增加而增加的趋势是由于电子迁移率的增加导致电子运动速度的加快，那么单位时间内形成光电流的电子数必然增多，从而导致光电导增益的增加。此外，图 4.6 也显示了电子饱和速度对光电导增益的影响。电子饱和速度 v_s 为 3×10^7 cm/s 时对应着增益曲线 Ref，而 v_s 为 1.5×10^8 cm/s 时对应着曲线 v_s。将这两条曲线进行比较可发现，在电场强度为 8kV/cm 的情况下，当电子饱和速度从 3×10^7 cm/s 增加到 1.5×10^8 cm/s 时，对应的光电导增益也从 83.8 增加到 94.4。电子

饱和速度对增益这种影响的产生原因如下：电子饱和速度越大，意味着电子所能达到的速度越大，那么电子穿过探测器设备的渡越时间就越少，必然导致增益的增加。

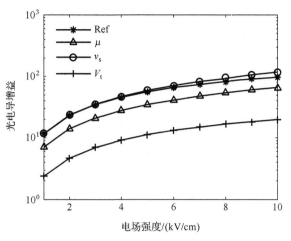

图 4.6　电子漂移参数对增益的影响

综上所述，我们不仅给出了增益的实验验证，而且讨论了量子点红外探测器的各种参数(包含结构参数、电子漂移参数)对增益的影响，所研究的结构参数主要包含探测器的层数、量子点复合层的厚度、层内量子点的密度、量子点的尺寸，电子漂移参数主要有电子迁移率、电子饱和速度、量子点俘获电子速度。

4.3　噪　声　特　性

基于噪声和增益之间的关系，根据增益在不同形状量子点势情况下计算方法不同，我们也可以得到噪声的两种计算方法。一种是类球形势探测器噪声模型，另一种是类透镜势探测器噪声模型。

4.3.1　类球形势探测器噪声模型

基于 4.2 节给出的类球形势量子点红外探测器增益算法的分析(见式(4-34))，根据暗电流和增益的计算方法，把式(3-6)和式(4-34)代入式(4-6)，得到量子点红外探测器的噪声模型，即[7]

$$
I_{\mathrm{n}}=\sqrt{\frac{8e^2\mu^2E^2\left(1+\left(\dfrac{\mu E}{v_{\mathrm{s}}}\right)^2\right)^{-1}\left(\dfrac{m_{\mathrm{b}}k_{\mathrm{B}}T}{2\pi\hbar^2}\right)^{3/2}\exp\left(-\dfrac{E_{0,\mathrm{micro}}\exp(-E/E_0)+E_{0,\mathrm{nano}}-\beta E}{k_{\mathrm{B}}T}\right)}{LN_{\mathrm{t}}(4\pi R_{\mathrm{t}}\mu k_{\mathrm{B}}T/e)\left\{1-\left[\dfrac{\mu k_{\mathrm{B}}T}{eV_{\mathrm{t}}R_{\mathrm{t}}^2}\tanh\left(\dfrac{eV_{\mathrm{t}}R_{\mathrm{t}}^2}{\mu k_{\mathrm{B}}T}\right)\right]^{1/2}\right\}}}
\tag{4-39}
$$

根据式(4-39)给出的噪声电流计算方法，以表 4.1 给出的量子点红外探测器参数取值为基础，结合 4.2 节给出的增益计算结果，本节计算了量子点红外探测器的噪声电流，相应的计算结果如图 4.7 所示。这里，不仅使某些结构参数的取值与用于验证的探测器结构参数的取值相同，而且把用于验证的量子点红外探测器实验数据的电压坐标转换为电场强度坐标。

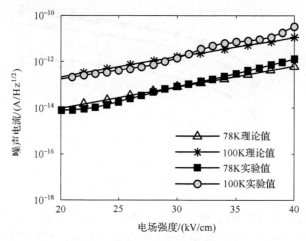

图 4.7　量子点红外探测器的噪声电流

从图 4.7 可以看出，量子点红外探测器的噪声电流随着电场强度的增加而增加。在温度为 100K 的情况下，当电场强度为 20kV/cm 时，探测器的噪声电流为 $2.10\times10^{-13}\text{A/Hz}^{1/2}$，而当电场强度变为 40kV/cm 时，噪声电流则增加到了 $1.07\times10^{-11}\text{A/Hz}^{1/2}$，比 20kV/cm 时的噪声电流大 2 个数量级左右。同样，在温度为 78K 的情况下，当电场强度从 20kV/cm 增加到 40kV/cm 时，噪声电流也相应地从 $9.15\times10^{-15}\text{A/Hz}^{1/2}$ 增加到 $6.28\times10^{-13}\text{A/Hz}^{1/2}$。事实上，噪声电流随着电场强度的增加而增加的这种特性，本质上取决于噪声电流对暗电流的依赖性。暗电流是噪声电流的主要构成部分，它随电场强度的增加而增加的特性，直接导致了噪声电流随着电场强度的增加而增加的特性。此外，图 4.7 还分别给出了温度为 78K 和 100K 时的噪声电流实验测量值，其中温度为 78K 时噪声电流的实验测量值[26]是通过测量包含 10 个周期量子点复合层(2ML InAs QDs/20ML In$_{0.15}$Ga$_{0.85}$As/130ML GaAs)的量子点红外探测器得到的，温度为 100K 时噪声电流的实验测量值则是通过测量 10 个周期量子点红外探测器(40nm InP/30nm AlInAs/5ML InAs QDs/1nm GaAs)得到的[25]，它们对应的量子点的高度分别为 5.9nm 和 5nm，底边半径分别为 10.5nm 和 25nm。从图 4.7 能很清楚地看到，温度为 78K 和 100K 时噪声电流的实验测量值与本节噪声模型的理论计算值之间都显示出很好的一致性，这直接证实了本节噪声模型是正确的。

综上所述，通过分析量子点红外探测器的物理机制，以兼顾了纳米、微米尺度电子传输的暗电流模型为基础，结合前面给出的类球形势探测器光电导增益模型，建立了量子点红外探测器的噪声模型，实现了对探测器噪声电流的模拟与计算。这些模型使噪声电流的计算更加符合探测器的实际运行情况，为探测器进行器件优化、提高可靠性提供了理论依据。

4.3.2　类透镜势探测器噪声模型

通过考虑类透镜势探测器光电导增益的计算方法，本节得到了类透镜势量子点红外探测器的噪声模型，并进一步通过考虑电子迁移率的影响改进了该噪声模型。

4.3.2.1　类透镜势探测器噪声模型

根据量子点红外探测器的光电导机制，进一步考虑极限情况下类透镜势量子点红外探测器光电导增益的影响（见 4.2.2 节），并结合第 3 章给出的暗电流模型，得到了量子点红外探测器噪声模型的另一种计算方法，即将式(3-11)和式(4-38)代入式(4-6)，得到[4,17]

$$I_n = \sqrt{\dfrac{8(K+1)e^2\mu^2E^2LA_d\left(1+\left(\dfrac{\mu E}{v_s}\right)^2\right)^{-1}\left(\dfrac{m_b k_B T}{2\pi\hbar^2}\right)^{3/2}\exp\left(-\dfrac{E_{0,\text{micro}}\exp(-E/E_0)+E_{0,\text{nano}}-\beta E}{k_B T}\right)}{K\pi a_{QD}^2 h_{QD}^2 \Sigma_{QD}V_t}}$$

$$(4\text{-}40)$$

根据式(4-40)给出的噪声模型，以表 3.1 给出的量子点红外探测器的参数值为基础，结合 3.2 节给出的暗电流以及 4.2 节给出的增益，我们计算了量子点红外探测器的噪声电流，相应的结果如图 4.8 和图 4.9 所示。

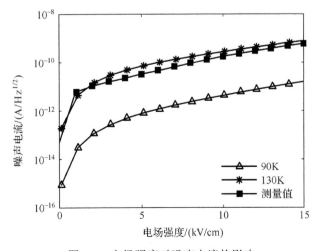

图 4.8　电场强度对噪声电流的影响

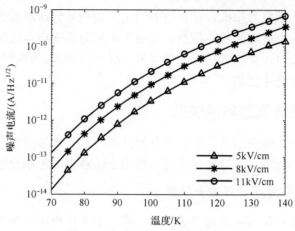

图 4.9　温度对噪声电流的影响

图 4.8 给出了在不同温度下 0～15kV/cm 范围内的噪声电流计算结果。其中，量子点红外探测器噪声电流的实验测量值[29]是在温度为 130K 时通过测量由 0.1μm GaAs 连接层/10 个周期量子点层(1nm InGaAs/2.4ML InAs QDs/30ML InGaAs/50nm GaAs)/60nm GaAs 缓冲层/20nm AlGaAs 层/0.3μm GaAs 连接层构成的量子点红外探测器得到的。这里，采用与前面类似的处理方法将实验测量值从电压坐标转换为电场强度坐标[20]。

在图 4.8 中，把温度为 130K 时本节模型得到的噪声电流理论计算值和实验测量值进行比较，能明显发现，噪声电流理论计算值与测量值之间具有很好的一致性，直接证实了本节噪声模型的正确性和有效性。从图 4.8 中还能看出，噪声电流随着电场强度的增加而增加。比如，在温度为 130K 的情况下，电场强度为 5kV/cm 时对应的探测器噪声电流为 7.29×10^{-11}A/Hz$^{1/2}$，而电场强度为 11kV/cm 时对应的噪声电流则为 3.54×10^{-10}A/Hz$^{1/2}$，明显比电场强度为 5kV/cm 时的噪声电流值大很多。噪声电流随着电场强度的增加而增加的趋势的产生原因如下：因为暗电流是探测器噪声的主要构成部分，所以暗电流随着电场强度的增加而增加必然会带来噪声电流的增加。此外，图 4.8 也显示出温度对噪声电流的影响。在电场强度为 8kV/cm 的情况下，温度为 90K 时对应的噪声电流为 2.44×10^{-11}A/Hz$^{1/2}$，当温度增加到 130K 时，噪声电流也相应地变为 1.77×10^{-10}A/Hz$^{1/2}$。这种噪声电流随温度的增加而增加的情形可以被图 4.9 更加详细且具体地显示出来。当温度从 70K 变化到 120K 时，电场强度为 5kV/cm 情况下的噪声电流也从 1.32×10^{-14}A/Hz$^{1/2}$ 增加到 4.68×10^{-11}A/Hz$^{1/2}$。同样，在电场强度为 8kV/cm 和 11kV/cm 情况下的噪声电流值也显示出类似的变化趋势。温度对噪声电流的影响本质上来源于温度对载流子热激发的影响。当温度升高时，载流子的热激发必然会增强，导致暗电流的增大，进一步带来噪声电流的增加。此外，从图 4.9 中还可以发现电场对噪声电流的影响。在量子点红外探测器的温度为

90K 的情况下，电场强度为 5kV/cm 时对应的噪声电流为 7.94×10^{-13}A/Hz$^{1/2}$，而电场强度为 8kV/cm 和 11kV/cm 时对应的噪声电流分别为 2.37×10^{-12}A/Hz$^{1/2}$ 和 5.63×10^{-12}A/Hz$^{1/2}$，明显比电场强度为 5kV/cm 时的噪声电流大很多，显示出噪声电流随着电场强度的增加而增加的趋势，这种增加趋势与图 4.8 中所显示的噪声电流变化趋势是一致的。

综上所述，量子点红外探测器噪声对电场强度与温度有着很强的依赖性。通过结合第 3 章的图 3.6～图 3.9 给出的电子传输参数 E_0、$E_{0,\text{micro}}$、$E_{0,\text{nano}}$、β 对暗电流的影响，以及图 4.5～图 4.6 给出的探测器结构参数和电子漂移相关参数对增益的限制作用，并考虑到光电导型量子点红外探测器中噪声与暗电流、增益之间的关系，能发现量子点红外探测器的噪声同样对探测器结构参数、传输参数、电子漂移参数等有着很强的依赖性。

4.3.2.2 类透镜势量子点红外探测器噪声的改进模型

基于 4.3.2.1 节给出的类透镜势量子点红外探测器噪声的讨论，如果进一步考虑迁移率对偏置电压的依赖性（见式(3-8)），即将式(3-8)代入式(4-40)，则可得到改进的噪声模型，它可以写为[30]

$$
\begin{aligned}
I_n = {} & 2\mu_0 E \left(\frac{e^{-E_t/k_B T} - e^{-\varsigma E_t^{3/2}/eEa} e^{-\varsigma E_t^{1/2}} e^{eEa/k_B T}}{1 - e^{-\varsigma E_t^{1/2}} e^{eEa/k_B T}} \right) \bigg/ \left(x + \frac{e^{-E_t/k_B T} - e^{-\varsigma E_t^{3/2}/eEa} e^{-\varsigma E_t^{1/2}} e^{eEa/k_B T}}{1 - e^{-\varsigma E_t^{1/2}} e^{eEa/k_B T}} \right) \\
& \times \sqrt{\left(\frac{m_b k_B T}{2\pi\hbar^2} \right)^{3/2} \frac{e(K+1)L}{K\pi a_{QD}^2 h_{QD}^2 \Sigma_{QD} V_t} e^{\left(\frac{E_{0,\text{micro}} \exp(-E/E_0) + E_{0,\text{nano}} - \beta E}{k_B T} \right)}} \\
& \times \sqrt{\left(1 + \left(\mu_0 \left(\frac{e^{-E_t/k_B T} - e^{-\varsigma E_t^{3/2}/eEa} e^{-\varsigma E_t^{1/2}} e^{eEa/k_B T}}{1 - e^{-\varsigma E_t^{1/2}} e^{eEa/k_B T}} \right) \bigg/ v_s \left(x + \frac{e^{-E_t/k_B T} - e^{-\varsigma E_t^{3/2}/eEa} e^{-\varsigma E_t^{1/2}} e^{eEa/k_B T}}{1 - e^{-\varsigma E_t^{1/2}} e^{eEa/k_B T}} \right) \right)^2 \right)^{-1}}
\end{aligned}
$$

$$(4\text{-}41)$$

根据上面给出的量子点红外探测器噪声模型，以表 4.2 中 GaAs 或者 InGaAs 量子点红外探测器参数的取值[4,29,31,32]为基础，计算了量子点红外探测器的噪声电流，并给出了探测器结构参数 a_{QD}、h_{QD}、Σ_{QD}、L 对噪声电流的影响，相关结果显示在图 4.10～图 4.12 中。

表 4.2 类透镜势探测器噪声改进模型参数

参数	值
L/nm	35～65
$E_{0,\text{micro}}$/meV	34.6
x	0.1
m_b/kg	6×10^{-32}
v_s/(cm/s)	1×10^8
$E_{0,\text{nano}}$/meV	224.7

续表

参数	值
$\beta/(\text{meVcm/kV})$	2.79
$\Sigma_{\text{QD}}/\text{cm}^{-2}$	$1\times10^{10}\sim5\times10^{10}$
V_t/Hz	1×10^{10}
$E_0/(\text{kV/cm})$	1.62
h_{QD}/nm	$6\sim10$
a_{QD}/nm	$5\sim25$

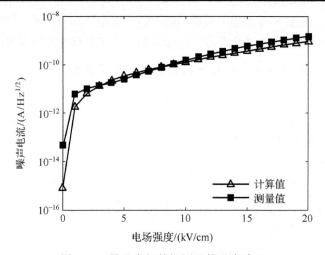

图 4.10 量子点红外探测器的噪声验证

图 4.10 给出了温度为 130K 时的量子点红外探测器的噪声电流值。将由本节类透镜势噪声改进模型得到的噪声电流理论计算值与噪声电流的实验测量值[29]进行对比,可以发现在 0~20kV/cm 电场强度范围内它们之间有很好的一致性,证明了本节噪声模型的正确性和有效性。此外,还可以看出,图 4.10 中的两条曲线具有相同的变化趋势,即随着电场强度的增加,探测器的噪声电流也在增大,其产生原因如下:电场的增加会导致电子运动加速,从而使形成暗电流的电子数增多,表现为探测器暗电流的变大,最终效果为探测器噪声电流的增加。

图 4.11 显示了量子点高度和横向尺寸对量子点红外探测器噪声电流的影响。可以看出,随着量子点横向尺寸(量子点底边半径)的增加,探测器噪声电流也相应地在降低。例如,在量子点的高度为 6nm 的情况下,当量子点的横向尺寸从 5nm 变为 20nm 时,噪声电流也相应地发生了从 $1.06\times10^{-10}\text{A/Hz}^{1/2}$ 到 $2.64\times10^{-11}\text{A/Hz}^{1/2}$ 的变化。此外,图 4.11 也体现出噪声电流对量子点高度的依赖性。例如,在量子点横向尺寸为 14nm 情况下,量子点高度为 6nm 时,对应的探测器噪声电流为 $3.77\times10^{-11}\text{A/Hz}^{1/2}$,而当量子点高度变为 10nm 时,探测器噪声电流则迅速降低到 $2.26\times10^{-11}\text{A/Hz}^{1/2}$,变

成了量子点高度为 6nm 时探测器噪声电流的 0.6 倍。这种变化趋势清楚地表明了量子点高度对探测器噪声电流的影响。

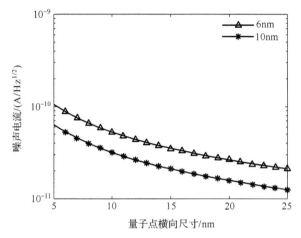

图 4.11 量子点尺度对噪声电流的影响

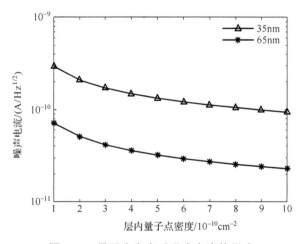

图 4.12 量子点密度对噪声电流的影响

图 4.12 显示了层内量子点密度对量子点红外探测器噪声的影响。在量子点层间距（量子点层之间的距离）为 35nm 时的探测器噪声电流与量子点层间距为 65nm 时的探测器噪声电流类似，都显示出随层内量子点密度的增加而降低的变化趋势。以量子点层间距为 35nm 时的噪声电流值（对应曲线 35nm）为例，当层内量子点密度从 $1×10^{-10}$cm 增加到 $10×10^{-10}$cm 时，探测器噪声电流也相应地从 $2.96×10^{-10}$A/Hz$^{1/2}$ 降低到 $9.37×10^{-11}$A/Hz$^{1/2}$。同样地，图 4.12 还显示了量子点层间距对噪声电流的影响。例如，在层内量子点密度为 $5×10^{-10}$cm^{-2} 的情况下，当量子点层间距从 35nm 增加到

65nm 时，噪声电流值也相应地从 $1.33×10^{-10}A/Hz^{1/2}$ 降低到 $3.22×10^{-11}A/Hz^{1/2}$。当然，其他的噪声电流值也显示了随着量子点间距的增加而降低的趋势。

　　总之，为了获得更好的量子点红外探测器性能，探测器噪声必须要更低更小。基于前面给出的探测器噪声模型以及探测器结构参数对噪声的影响，在设计量子点红外探测器的时候应使量子点尽可能大一些，同时量子点密度和层间距也尽可能的大，这样就可以获得一个比较小的器件噪声，以达到满足工程需求的目的。

4.4　本　章　小　结

　　本章是在第 3 章提出的兼顾微米、纳米尺度电子传输的量子点红外探测器暗电流模型的基础上，通过假定量子点满足类球形势和类透镜势，推导了量子点红外探测器的光电导增益算法，构建了量子点红外探测器的噪声模型，并与实验数据进行比较，验证了探测器噪声模型的正确性和有效性。结果显示，本章提出的噪声模型可以使噪声的计算更加符合量子点红外探测器的电子传输机制，提高了噪声计算的精确性，为探测器的优化结构，提高可靠性提供理论依据。

参 考 文 献

[1] Zhen H L, Li N, Xiong D Y, et al. Fabrication and investigation of an upconversion quantum-well infrared photodetector integrated with a light emitting diode. Chinese Physical Letter, 2005, 22: 1806-1808.

[2] Liu Y M, Yu Z Y, Jia B Y, et al. Strain distributions and electronic structure of three-dimensional InAs/GaAs quantum rings. Chinese Physics B, 2009, 18: 4667-4675.

[3] 霍永恒, 马文全, 张艳华, 等. 两端叠层结构的中长波量子阱红外探测器. 物理学报, 2011, 60(9): 098401-1-6.

[4] Liu H M, Zhang J Q. Dark current and noise analyses of quantum dot infrared photodetectors. Applied Optics, 2012, 51(14): 2767-2771.

[5] 刘宇安, 庄奕琪, 杜磊, 等. 氮化镓基蓝光发光二极管伽马辐照的 $1/f$ 噪声表征. 物理学报, 2013, 62(14): 140703-1-6.

[6] 安兴涛, 李玉现, 刘建军. 介观物理系统中的噪声. 物理学报, 2007, 56(7): 4105-4108.

[7] 刘红梅, 杨春花, 刘鑫, 等. 量子点红外探测器的噪声表征. 物理学报, 2013, 62(21): 218501-1-6.

[8] Liu H M, Zhang J Q. Performance investigations of quantum dots infrared photodetector. Infrared physics & Technology, 2012, 55(4): 320-325.

[9] Martyniuk P, Rogalski A. Insight into performance of quantum dot infrared photodetectors.

Bulletin the Polish Academy of Sciences Technical Sciences, 2009, 57: 103-116.

[10] Ryzhii V, Khmyrova I, Mitin V, et al. Device model for quantum dot infrared photodetectors and their dark-current characteristic. Semiconductor Science and Technology, 2001, 16: 331-338.

[11] Asano T, Madhukar A, Mahalingam K, et al. Dark current and band profiles in low defect density thick multilayered GaAs/InAs self-assembled quantum dot structures for infrared detectors. Journal of Applied Physics, 2008, 104: 13115-1-5.

[12] Lin S Y, Tsai Y J, Lee S C. Transport characteristics of InAs/GaAs quantum-dots infrared photodetectors. Applied Physics Letters, 2003, 83(4): 752-754.

[13] Ye Z M, Campell J C, Chen Z H, et al. Normal-incidence InAs self-assembled quantum-dot infrared photodetectors with a high detectivity. IEEE Journal of Quantum Electronics, 2002, 38(9): 1234-1237.

[14] Zhao Z Y, Yi C, Lantz K R, et al. Effect of donor-complex-defect-induced dipole field on InAs/GaAs quantum dot infrared photodetector activation energy. Applied Physics Letters, 2007, 90: 233511-1-3.

[15] Lin L, Zhen H L, Li N, et al. Sequential coupling transport for the dark current of quantum dots-in-well infrared photodetectors. Applied Physics Letters, 2010, 97: 193511-1-3.

[16] Liu H M, Zhang J Q. Physical model for the dark current of quantum dot infrared photodetectors. Optics and Laser Technology, 2012, 44: 1536-1542.

[17] 刘红梅. 量子点红外探测器特性表征方法研究. 西安: 西安电子科技大学博士学位论文, 2012.

[18] Lim H, Movaghar B, Tsao S, et al. Gain and recombination dynamics of quantum-dot infrared photodetectors. Physical Review B, 2006, 74: 205321.

[19] Campbell J C, Madhukar A. Quantum-dot infrared photodetectors. Proceedings of the IEEE, 2007, 95(9): 1815-1827.

[20] Ye Z M, Campbell J C, Chen Z H, et al. Noise and photoconductive gain in InAs quantum-dot infrared photodetectors. Applied Physics Letters, 2003, 83(6): 1234-1237.

[21] Ghosh K K, Zhao L H, Huber D L. Differential-equation approach to the trapping of optical excitation. Physical Review B, 1982, 25: 3851-3855.

[22] Huber D L. Fluorescence in the presence of traps. Physical Review B, 1979, 20: 2307-2314.

[23] Grassberger P, Procaccia I. Diffusion and drift in a medium with randomly distributed traps. Physical Review A, 1982, 26: 3686-3688.

[24] Kim E, Madhukar A, Ye Z M, et al. High detectivity InAs quantum dot infrared photodetectors. Applied Physics Letters, 2004, 84(17): 3277-3279.

[25] Lim H, Zhang W, Tsao S, et al. Quantum dot infrared photodetectors: comparison of experiment and theory. Physical Review B, 2005, 72: 085332-1-15.

[26]　Li S S, Xia J B, Yuan Z L, et al. Effective-mass theory for InAs/GaAs strained coupled quantum dots. Physical Review B, 1996, 54(16): 11575-11581.

[27]　Carbone A, Introzzi R, Liu H C. Photo and dark current noise in self-assembled quantum dot infrared photodetectors. Infrared Physics and Technology, 2009, 52: 260-263.

[28]　Wang S Y, Lo M C, Hsiao H Y, et al. Temperature dependent responsivity of quantum dot infrared photodetectors. Infrared Physics and Technology, 2007, 50: 155-170.

[29]　Lu X, Vaillancourt J, Meisner M. Temperature-dependent photoresponsivity and high-temperature (190K) operation of a quantum dot infrared photodetector. Applied Physics Letters, 2007, 91(5): 051115-1-3.

[30]　Liu H M, Zhang X L, Meng C, et al. Optimization of quantum dot infrared photodetectors based on noise model. Applied Mechanics and Materials, 2014, 644: 4107-4111.

[31]　Liu H M, Yang C H, Shi Y L. Dark current model of quantum dot infrared photodetectors based on the influence of the drift velocity of the electrons. Applied Mechanics and Materials, 2014, 556: 2141-2144.

[32]　Satyanadh G, Joshi R P, Abedin N, et al. Monte Carlo calculation of electron drift characteristics and avalanche noise in bulk InAs. Journal of Applied Physics, 2002, 91: 1331-1338.

第5章 量子点红外探测器的性能模型

本章主要讨论红外光入射时量子点红外探测器的光电性能表征、评估问题。首先概述了量子点红外探测器性能模型的发展现状，然后在现有模型的基础上，结合第3章暗电流理论模型的思想以及第4章的噪声模型的构建过程，从电子激发和电子连续势能分布两个角度分别提出了量子点红外探测器的性能模型，估算出量子点内所含的平均电子数，进而建立了探测器的光电流、响应率、探测率等特性的物理模型，并特别分析了探测器的结构、材料等参数对这些特性的影响。

5.1 性能模型的背景及意义

伴随着人类探测领域的不断扩大和深入，人们对探测器的性能提出了越来越高的要求。要获得优越的探测器性能，需要从探测器件的制作材料、探测器结构以及制备技术方面入手进行研究。与其他光电探测器相比，量子点红外探测器不仅选择了性能优越的宽禁带和窄禁带相结合(例如 GaAs 和 InGaAs 材料)的材料，采用了独特的三维受限的量子点纳米结构，而且选用先进的分子束外延生长技术和金属有机化合物气相外延法相结合的方式来制备，因而显示出更加优越的性能，成为了当前的研究热点[1]。众所周知，当光子探测器从最初的 PbS 探测器发展到现在的量子点红外探测器时，与各种探测器相匹配的特性分析理论和性能模型也在不断地改进。纵观现有的与各种探测器相对应的性能表征方法，前人在这方面做出了卓越的贡献[2-4]。

目前人们对探测器整体性能的研究主要采用实验方法和性能模型方法。在实验方面 Lu、Zhang 等[5-7]做出了很大的贡献，而在探测器整体性能模型方面，目前主要存在两种研究思路，一种是以美国西北大学为代表的从量子点的能级入手对探测器的整体性能进行研究，另一种是从探测器的暗电流模型入手，对探测器整体性能进行研究。美国西北大学的相关研究人员在 2005 年根据量子点吸收系数和俘获速度的尺寸扩展效应，推导了响应率的理论计算式，并以此为基础研究了增益、噪声、暗电流及探测率等特性[8,9]。2008 年，他们通过随机漫步和扩散的方法计算了光激发载流子的弛豫时间，并以此为基础，通过量子机械方式探讨了探测器的增益，更新了增益的理论估算模型[10]，为探测器的性能模型做出了重大的贡献。以暗电流为基础研究探测器整体性能的思想最早来源于 2001 年 Ryzhii 提出的模型[11]，这个模型首先从暗条件下势垒中连续势能分布角度入手，考虑了电子通过带电量子点形成的平面势垒中小孔的传输行为，建立了由泊松方程控制的光敏区电势分布方程，结合边界条件，推算出确切的势能分布，得到了精确计算暗电流的方法。之后结合电子的热激发、俘获以及电子通过带电量子点形成的平面势垒中小孔的电子传输行为，通过考虑暗条件下的电流平衡关系，即在暗条件下量子点俘获的电子数等于激发的电子数，估算出每个量子点中所含电子的平均数，进一步估算了探测器的其他特性，从而建立了探测器的整体性能模型。2004 年，Stiff-Roberts 等在光电导方向的一维势垒使用 Wentzel-Kramer-Brillouin 近似法推导了场辅助隧穿激发载流子速度的理论计算式，明确地给出电子热激发和场辅助隧穿激发对探测器暗电流的影响[12]。基于电子的两种激发方式，Martyniuk 在 2009 年通过考虑电子的热激发和场辅助隧穿激发改进了量子点红外探测器的性能模型[13]。具体来说，在原有仅考虑了热激发的暗电流估算方法基础上，加入了场辅助隧穿激发对暗电流的影响，并结合载流子连续势能分布对暗电流的影响，引入了 Richardson-Dushman 关系，给出了探测器在无光入射情况下的电流平衡条件，并以此为研究基础，估算出探测器中每个量子点中所含的平均电子数，结合量子效率的微观表达式，估算出探测器的光电流。与此同时，考虑了现有探测器光电导增益两种计算方法的对等性，建立了探测器响应率特性和探测率特性的理论模型。2010 年，Mahmoud 等也发表了类似的文章，假设量子点有两个能级，一个是基态，另一个是激发态。当有红外光入射到探测器上时，正是通过电子从基态跃迁到激发态来实现对光的探测。在能带跃迁理论的基础上推导了电子的连续势能分布，并结合热激发和隧穿激发，建立了关于探测器特性暗电流、光电流、响应率、探测率的物理模型[14]。2011 年，Jahromi 指出以上模型都没有明确给出量子点内平均电子数的具体计算式，根据暗条件下的电流平衡关系详细而具体地推导了量子点内平均电子数的理论估算式[15]。

基于这些研究成果，本章通过同时考虑纳米尺度电子传输和微米尺度电子传输对暗电流的影响，从电子激发和连续势能分布这两个角度分别建立了探测器的性能模型。通过确立暗条件下量子点俘获的电子数和激发的电子数间满足的平衡关系，估算出量子点中所含的平均电子数，进而给出光电流模型、响应率模型和探测率模型。这两个角度建立的性能模型均能有效地估算探测器的性能，使其更加符合探测器的实际运行情况，为探测器优化提供了可靠有效的理论支持。

5.2　基于电子激发的性能模型

本节从性能模型的基本假设、性能模型、结果与分析这些方面介绍了基于电子激发的量子点红外探测器性能模型。

5.2.1　性能模型的基本假设

如图 5.1 所示，量子点红外探测器一般采用 n-i-n 结构，底端和顶端是 n 型重掺杂的量子点红外探测器的连接处，一般用做接收极和发射极。夹在发射极和接收极之间的是多个量子点复合层，它是由宽禁带材料构成的势垒层隔离开量子点层构成的。从下往上，沿着生长方向，能依次看到接收层、势垒层（或者缓冲层）、一个或多个量子点复合层、势垒层和发射层。在本章模型中，假设每个量子点层是由多个周期性分布的相同量子点构成，量子点在该层的密度为 Σ_{QD}，而该层施主杂质的密度为 Σ_D。平面内量子点的底边尺寸 a_{QD} 非常大，以至于每个量子点都拥有大量的边界态，能接受更多的电子，而量子点的高度 h_{QD} 与两个量子点层间的距离 L 相比，是非常小的，以至于在该方向上量子点只能提供与纵向方向相关的两个量化能级。L_{QD} 代表着平面内量子点的横向距离，它的大小为 $\sqrt{\Sigma_{QD}}$。假定量子点红外探测器包含 K 个周期的量子点层，那么对于任意第 k 层量子点层（$1 \leq k \leq K$），参数 $\langle N_k \rangle$ 代表着第 k 层量子点层中每个量子点所含的平均电子数。

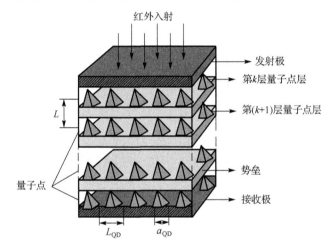

图 5.1　量子点红外探测器的结构示意图

5.2.2　性能模型

在量子点红外探测器中，暗电流密度能通过考虑势垒中的移动载流子数来计算，即

$$\langle j_{dark} \rangle = 2ev_d n_{3D} \left(\frac{m_b k_B T}{2\pi\hbar^2} \right)^{3/2} \exp\left(-\frac{E_a}{k_B T} \right) \tag{5-1}$$

式中，e 为电子电荷；v_d 为电子漂移速度；m_b 为电子有效质量；k_B 为玻尔兹曼常数；T 为温度；$\hbar$ 为归一化的普朗克常数；E_a 为激发能，依赖于探测器的整个电子传输过程。如第 3 章所述，在纳米尺度电子传输和微米尺度电子传输的共同作用下，探测器的总激发能为

$$E_a = E_{0,micro} \exp(-E/E_0) + E_{0,nano} - \beta E \tag{5-2}$$

式中，$E_{0,\text{micro}}$ 和 $E_{0,\text{nano}}$ 分别为零偏置电压情况下微米尺度电子传输和纳米尺度电子传输的激发能；E_0 和 β 分别为微米尺度电子传输和纳米尺度电子传输激发能随着电场的变化而变化的快慢程度。

将式(5-2)代入式(5-1)，得到兼顾了两种电子传输的暗电流密度计算式，即

$$\langle j_{\text{dark}} \rangle = 2ev_{\text{d}} \left(\frac{m_{\text{b}}k_{\text{B}}T}{2\pi\hbar^2} \right)^{3/2} \exp\left(-\frac{E_{\text{a,micro}} + E_{\text{a,nano}}}{k_{\text{B}}T} \right) \tag{5-3}$$

根据上面的分析，该暗电流模型主要强调的是微米尺度电子传输和纳米尺度电子传输共同对暗电流的影响。实际上，通过量子点导带示意图(图 5.2)可以看出，在量子点中电子主要采用两种激发方式从基态跃迁到形成电流的连续态，一种是热激发，另一种是场辅助隧穿激发。本质上而言，微米尺度电子传输主要考虑的是电子越过有效势垒的热激发，而纳米尺度电子传输考虑的是电子脱离量子点的热激发和隧穿激发，因此，根据暗条件下的动态平衡关系，也就是说，量子点俘获的电子和从它激发出去的电子在数量上应该是相等的，得到了暗条件下电流的平衡关系式，即

$$\frac{\langle j_{\text{dark}} \rangle}{e \sum_{\text{QD}}} P_{\text{k}} = G_{\text{th}} + G_{\text{t}} \tag{5-4}$$

式中，$\sum_{\text{QD}}$ 为量子点层内量子点的密度；P_{k} 为电子俘获概率；G_{th} 为量子点中电子热激发速度；G_{t} 为电子场辅助隧穿速度。$G_{\text{th}} + G_{\text{t}}$ 表示的是单位时间内从量子点中激发出的电子数，而 $\langle j_{\text{dark}} \rangle P_{\text{k}} / (e \sum_{\text{QD}})$ 表示的是单位时间内量子点俘获的电子数。

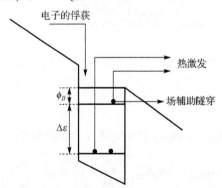

图 5.2　包含电子激发方式的量子点导带图

量子点中电子热激发速度 G_{th} 和电子俘获概率 P_{k} 能分别为[12,13]

$$G_{\text{th}} = G_0 \exp\left(-\frac{E_{\text{QD}}}{k_{\text{B}}T} \right) \exp\left(\frac{\pi\hbar^2 \langle N \rangle}{m_{\text{b}}k_{\text{B}}T a_{\text{QD}}^2} \right) \tag{5-5}$$

$$P_{\mathrm{k}} = P_{0\mathrm{k}} \frac{N_{\mathrm{QD}} - \langle N \rangle}{N_{\mathrm{QD}}} \exp\left(-\frac{e^2 \langle N \rangle}{C_{\mathrm{QD}} k_{\mathrm{B}} T}\right) \tag{5-6}$$

式中，G_0 为热激发速度常数，它依赖于量子点红外探测器的结构；E_{QD} 为基态时量子点的离化能，它在数值上等于纳米尺度电子传输的激发能；$\langle N \rangle$ 为一个量子点内所含的平均电子数。一般情况，我们近似认为每一层上的量子点内平均电子数都是相等的；m_{b} 为电子有效质量；a_{QD} 为量子点的底边横向尺寸；$P_{0\mathrm{k}}$ 为电中性的量子点的俘获概率；N_{QD} 为占据量子点的最大电子数；C_{QD} 为量子点的电容[11,13]，即

$$C_{\mathrm{QD}} = \frac{2\varepsilon a_{\mathrm{QD}}}{\pi\sqrt{\pi}} \tag{5-7}$$

式中，ε 为用于制作量子点的材料的介电常数。

场辅助隧穿速度 G_{t} 是 Stiff-Roberts 等在 2004 年通过采用 Wentzel-Kramer-Brillouin 近似法研究光电导方向上的一维势垒时推导出来的，即[12]

$$G_{\mathrm{t}} = G_{\mathrm{t}0} \exp\left(-\frac{4}{3} \frac{\sqrt{2em_{\mathrm{b}}}}{\hbar} \frac{\phi_{\mathrm{B}}^{3/2}}{E}\right) \exp\left(-\frac{\Delta\varepsilon}{k_{\mathrm{B}}T}\right) \exp\left(\frac{\pi\hbar^2 \langle N \rangle}{m_{\mathrm{b}} k_{\mathrm{B}} T a_{\mathrm{QD}}^2}\right) \tag{5-8}$$

式中，$G_{\mathrm{t}0}$ 为场辅助隧穿激发的速度常数，它本质上和温度相关；如图 5.2 所示，$\Delta\varepsilon$ 为从量子点基态到最高量子点填充能级的能量间隔；ϕ_{B} 为从量子点最高填充能级到势垒顶端的高度，即

$$\phi_{\mathrm{B}} = \frac{E_{\mathrm{a,nano}} - \Delta\varepsilon}{e} \tag{5-9}$$

式中，$E_{\mathrm{a,nano}}$ 为量子点中电子的离化能，与纳米尺度电子传输的激发能是相等的。

在式 (5-5)、式 (5-8) 中，$G_{\mathrm{k}0}$ 和 $G_{\mathrm{t}0}$ 分别是热激发速度常数和场辅助隧穿激发速度常数。在本章中，它们是拟合参数，取值来自于已公布文献的理论估计和实验数据[12,13]。图 5.3 显示了激发速度常数 $G_{\mathrm{k}0}$、$G_{\mathrm{t}0}$ 与温度的依赖关系。可以看出，场辅助速度常数 $G_{\mathrm{t}0}$ 随着温度的增加而呈现降低趋势，这一趋势暗示了在低温时场辅助隧穿电子激发对暗电流的贡献比较大；而热激发速度常数 $G_{\mathrm{k}0}$ 是一个不随着温度的改变而改变的常数，其大小为 $10^{-11}\mathrm{s}^{-1}$。

将式 (5-3) 代入式 (5-4) 中，经过整理，可得到暗条件下电子动态平衡关系[16]，即

$$2v_{\mathrm{d}} \left(\frac{m_{\mathrm{b}} k_{\mathrm{B}} T}{2\pi\hbar^2}\right)^{3/2} \exp\left(-\frac{E_{\mathrm{a,micro}} + E_{\mathrm{a,nano}}}{k_{\mathrm{B}} T}\right) = \sum_{\mathrm{QD}} \frac{G_{\mathrm{th}} + G_{\mathrm{t}}}{P_{\mathrm{k}}} \tag{5-10}$$

通过求解式 (5-10)，理论上能估算量子点内所含的平均电子数。以此为基础，进一步得到量子点红外探测器的光电流、响应率和探测率的理论模型。

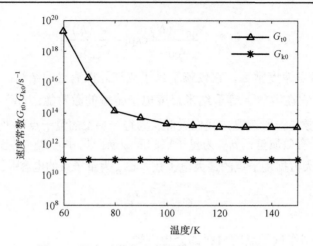

图 5.3　温度对激发速度常数 G_{t0} 和 G_{k0} 的影响

5.2.2.1　光电流

光电流是指红外光照射下探测器工作时产生的电流。基于量子点红外探测器的光电导探测机制，其光电流密度为

$$\langle j_{\text{photo}} \rangle = eg\varPhi_s\eta \tag{5-11}$$

式中，g 为光电导增益；$\varPhi_s$ 为入射到量子点红外探测器上的光辐射通量密度；η 为量子效率，其取值的大小为

$$\eta \approx \alpha t \tag{5-12}$$

式中，α 为吸收系数；t 为探测器的厚度，其大小为 KL；那么探测器的量子效率变为

$$\eta \approx \alpha KL \tag{5-13}$$

量子点探测器的吸收系数 α 和量子点内平均电子数是紧密相关[13]，估算式为

$$\alpha = \frac{K\delta\langle N\rangle \Sigma_{\text{QD}}}{KL} = \frac{\delta\langle N\rangle \Sigma_{\text{QD}}}{L} \tag{5-14}$$

式中，δ 为电子俘获截面系数，其典型值范围为 $2.5\times10^{-15} \sim 2\times10^{-9}\,\text{cm}^2$ [13,14]；K 为量子点复合层的总层数。

将式(5-14)代入式(5-13)，得到量子效率与量子点内所含平均电子数之间的量化关系，能表示为

$$\eta = \delta\langle N\rangle K \Sigma_{\text{QD}} \tag{5-15}$$

在量子点红外探测器中，假定俘获概率非常小，而且电子通过一个量子点层的传输时间 τ_{trans} 比电子从激发态返回量子点的复合时间 τ_{life}（即载流子的寿命）小很多，那么探测器的光电导增益为

$$g = \frac{1}{K} \frac{\tau_{\text{life}}}{\tau_{\text{trans}}} = \frac{1}{KP_{\text{k}}} \tag{5-16}$$

把式(5-6)、式(5-15)和式(5-16)代入式(5-11)，得到了光电流密度的理论模型，即

$$\langle j_{\text{photo}} \rangle = \frac{\delta e \langle N \rangle \Sigma_{\text{QD}} \, \varPhi_{\text{s}}}{P_{0\text{k}} \dfrac{N_{\text{QD}} - \langle N \rangle}{N_{\text{QD}}} \exp \left(-\dfrac{e^2 \langle N \rangle}{C_{\text{QD}} k_{\text{B}} T} \right)} \tag{5-17}$$

5.2.2.2　响应率

量子点红外探测器的响应率描述的是探测器输出信号与输入信号之间关系，定义为输入单位辐射功率时探测器输出的电压或电流，因而电流响应率可通过探测器的光电流与入射光的辐射功率的比值来得到，即

$$R_{\text{i}} = \frac{I_{\text{photo}}}{\varPhi_{\text{s}} A_{\text{d}} h v_0} \tag{5-18}$$

式中，v_0 为入射红外光的频率；$\varPhi_{\text{s}}$ 为入射到探测器光敏区上的光辐射通量密度；A_{d} 为探测器的面积；I_{photo} 为探测器的光电流，其大小可以通过光电流密度和探测器面积的乘积来得到。

将光电流密度表达式(5-17)代入式(5-18)，得到量子点红外探测器的电流响应率为

$$R_{\text{i}} = \frac{\delta e \langle N \rangle \Sigma_{\text{QD}}}{h v_0 P_{0\text{k}} \dfrac{N_{\text{QD}} - \langle N \rangle}{N_{\text{QD}}} \exp \left(-\dfrac{e^2 \langle N \rangle}{C_{\text{QD}} k_{\text{B}} T} \right)} \tag{5-19}$$

5.2.2.3　探测率

探测率是探测器的一个非常重要的性能指标，它描述的是探测器探测红外辐射的能力，而且探测率的值越大表明探测器探测红外光的性能越好。在量子点红外探测器中，探测率能通过单位带宽内输入单位辐射功率所能获得的信号噪声电压或电流比来得到。

根据光电导型探测器的物理机制，量子点红外探测器的探测率为

$$D^* = \frac{R_{\text{i}} \sqrt{A_{\text{d}} \Delta f}}{I_{\text{n}}} \tag{5-20}$$

式中，A_{d} 为量子点红外探测器的面积；Δf 为频率宽度，这里假设为单位频率宽度；I_{n} 为探测器的噪声电流。

如第 4 章所述，量子红外探测器的噪声主要来源于电子的产生-复合过程，因而基于电子产生-复合的物理机制，探测器的噪声电流能表示为

$$I_{\mathrm{n}} = \sqrt{4eg_{\mathrm{n}}I_{\mathrm{dark}}} \tag{5-21}$$

式中，I_{dark} 为探测器的暗电流；g_{n} 为探测器的噪声增益。在量子点红外探测器这类光电导型探测器中，认为光电导增益与噪声增益近似是相等的。

将式(5-21)代入式(5-20)，整理得

$$D^* = \frac{R_{\mathrm{i}}\sqrt{A_{\mathrm{d}}}}{\sqrt{4eg_{\mathrm{n}}I_{\mathrm{dark}}}} \tag{5-22}$$

把暗电流密度计算式(5-3)和响应率计算式(5-19)代入式(5-22)，得到探测率的表达式为

$$D^* = \frac{\delta\langle N\rangle\Sigma_{\mathrm{QD}}}{h\nu_0 P_{0\mathrm{k}}\dfrac{N_{\mathrm{QD}}-\langle N\rangle}{N_{\mathrm{QD}}}\exp\left(-\dfrac{e^2\langle N\rangle}{C_{\mathrm{QD}}k_BT}\right)\sqrt{8g_{\mathrm{n}}v_{\mathrm{d}}\left(\dfrac{m_bk_BT}{2\pi\hbar^2}\right)^{3/2}\exp\left(-\dfrac{E_{0,\mathrm{micro}}\exp(-E/E_0)+E_{0,\mathrm{nano}}-\beta E}{k_BT}\right)}} \tag{5-23}$$

5.2.2.4　噪声等效功率

噪声等效功率是表征探测器所能探测到的最小辐射功率的能力，定义为当探测器输出信号电压或电流与噪声电压或电流相等时，入射到探测器上的辐射功率，即

$$\mathrm{NEP} = \frac{P}{I_{\mathrm{photo}}/I_{\mathrm{n}}} \tag{5-24}$$

式中，P 为入射到探测器上的辐射功率；I_{photo} 和 I_{n} 分别为探测器的输出信号电流和噪声电流。

基于探测率的定义，即探测器上单位辐射功率所获得的信噪比，那么噪声等效功率与探测率之间成倒数关系，即

$$\mathrm{NEP} = \frac{\sqrt{A_{\mathrm{d}}\Delta f}}{D^*} \tag{5-25}$$

将式(5-23)代入到式(5-25)中，得

$$\mathrm{NEP} = \frac{h\nu_0 P_{0\mathrm{k}}\dfrac{N_{\mathrm{QD}}-\langle N\rangle}{N_{\mathrm{QD}}}\exp\left(-\dfrac{e^2\langle N\rangle}{C_{\mathrm{QD}}k_BT}\right)\sqrt{8g_{\mathrm{n}}v_{\mathrm{d}}\left(\dfrac{m_bk_BT}{2\pi\hbar^2}\right)^{3/2}\exp\left(-\dfrac{E_{0,\mathrm{micro}}\exp(-E/E_0)+E_{0,\mathrm{nano}}-\beta E}{k_BT}\right)}A_{\mathrm{d}}\Delta f}{\delta\langle N\rangle\Sigma_{\mathrm{QD}}} \tag{5-26}$$

5.2.3　性能模型的结果分析

基于前面所建立的探测器性能模型，对量子点内所含的平均电子数、光电流、响应率、探测率进行了模拟和仿真。在此基础上，研究了探测器的结构和材料对这些特性的影响，以期为探测器的优化提供理论支持。

5.2.3.1　计算参数的选择

表 5.1 给出了由 InAs/GaAs、InAs/InGaAs 或 InAs/InP 构成的量子点红外探测器结构参数、材料参数的典型值范围[13,16-18]，其中自组织 InAs 量子点是通过分子外延生长方法来制备的，一般呈现为金字塔形状，其高为 4～10nm，底边尺寸为10～50nm。

表 5.1　量子点红外探测器参数的典型值

参数	值
Σ_{QD} /cm^{-2}	$1\times10^{10}\sim12\times10^{10}$
β/ (meVcm/kV)	2.22～2.79
$E_{0,micro}$/meV	34.6～173
Σ_D / Σ_{QD}	0.3～0.6
a_{QD}/nm	10～50
$E_{0,nano}$/meV	138～224.7
E_0/ (kV/cm)	1.62～2.29
ε_r	12
N_{QD}	4～12
L/nm	30～100
K	5～70
h_{QD}/nm	4～8

表 5.2　基于电子激发的性能模型的参数取值

参数	值
$E_{0,micro}$/meV	34.6～90
E_0/ (kV/cm)	1.62～2.29
K	10
$E_{0,nano}$/meV	224.7～239
Σ_{QD} /cm^{-2}	$1\times10^{10}\sim4\times10^{10}$
a_{QD}/nm	15～50
m_b/kg	6×10^{-32}
N_{QD}	6～10
ε_r	12
G_0/s^{-1}	10^{11}
$\Delta\varepsilon$/eV	0.22
δ /cm^2	$1.2\times10^{-14}\sim8\times10^{-13}$
β/ (meVcm/kV)	2.22～2.79
v/ (cm/s)	$3\times10^7\sim5\times10^7$
ϕ_B /eV	0.005

在进行探测器性能模型的仿真时，采用了表 5.2 给出的探测器参数的取值。为了使验证更加精确，实际中尽量调整这些参数与用于验证的探测器结构参数一致。此外，在模型的实验验证过程中，为了方便验证，在某些情况下通过用电压除以探测器本征区的厚度来将实验数据的电压坐标转换为电场强度坐标[19]。

5.2.3.2　模拟实验结果

在本节，对量子点红外探测器的重要特性：量子点内的平均电子数、光电流、响应率和探测率进行了仿真和模拟，并与实验结果进行了比较，验证了这些理论模型的正确性。

(1) 量子点内平均电子数的结果分析。

图 5.4 给出了量子点红外探测器中每个量子点内所包含的平均电子数与电场强度之间的关系。很明显，量子点内平均电子数随着电场强度的增加而增加。以温度为 130K 的量子点内平均电子数变化曲线为例，当电场强度为 2kV/cm 时，量子点内的平均电子数为 0.28，而当电场强度增加到 7kV/cm 时，量子点内的平均电子数相应地增加到 0.48。此外，从图 5.4 中也可以看到温度对量子点内所含平均电子数的影响。在电场强度为 5kV/cm 的情况下，当温度为 100K 时，量子点内平均电子数为 0.32；而在相同的电场强度下，当温度变为 130K 时，量子点内平均电子数变为 0.47。关于量子点内电子数随着温度的增加而增加的详细情况可以从图 5.5 中看到。例如，在电场强度为 5kV/cm 的情况下，当温度从 90K 增加到 120K 时，量子点所包含的平均电子数从 0.11 增加到 0.33。从物理机制上来看，量子点内所含电子数随电场强度的增加而增加的原因如下：随着电场的增加，能带会变得更加弯曲，导致势垒降得更低，因而越来越多的电子能更加容易地越过降低的势垒被量子点俘获，最终导致量子点平均电子数的增加。此外，我们也能发现，与第 3 章的图 3.4 和图 3.5 所显示的暗电流曲线相比，随着电场强度的增加，图 5.4 中的量子点内所含平均电子数曲线显示出类似的增加趋势。具体而言，在电场强度低于 4kV/cm 附近时曲线增加得比较快，而在电场强度高于 4kV/cm 附近时曲线增加得慢。整个曲线的变化趋势恰好能显示出纳米尺度电子传输和微米尺度电子传输对量子点内平均电子数的共同影响，再一次证实了量子点内平均电子数理论模型的正确性。

(2) 光电流结果分析。

图 5.6 不仅给出了光电流的实验验证情况，而且也显示了在 0～7kV/cm 电场强度范围内光电流随电场强度的变化情况。在图 5.6 中，量子点红外探测器光电流的实验测量值[20]是通过测量结构为 500nm 顶端 GaAs 连接层/10 个周期量子点复合层（3ML InAs QDs/30nm GaAs）/1000nm 底端 GaAs 连接层的量子点红外探测器得到的。将这个实验测量值与探测器光电流的理论计算值进行比较，显然，理论计算值和测量值之间具有很好的一致性，证实了本节提出的光电流模型的正确性和有效性。通过

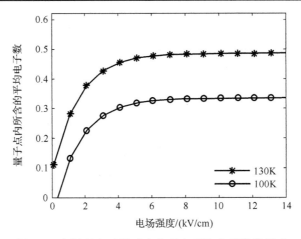

图 5.4　电场强度对量子点内所含平均电子数的影响

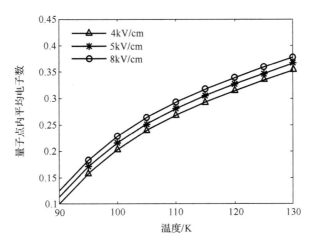

图 5.5　温度对量子点内所含平均电子数的影响

分析图 5.6 中光电流曲线的整体变化趋势，不仅能看到光电流随着电场强度的增加而增加，而且也能发现在图 5.6 中温度为 100K 和 130K 时光电流随电场强度的变化趋势与图 5.4 中量子点内平均电子数随电场强度的变化趋势类似，该相似性来源于式 (5-17) 的类正比关系。从物理机制来看，电场强度的增加导致量子点内平均电子数的增多，这样更多的电子能通过场辅助隧穿激发离开量子点形成光电流，最终导致光电流的增加。此外，通过图 5.6 也能看到温度对探测器光电流的影响。例如，在电场强度为 5kV/cm 的情况下，温度为 100K 时对应的光电流是 1.62A，而温度为 130K 时对应的光电流为 4.58A。这种光电流随着温度的增加而增加的特性能通过图 5.7 更加详细地显示出来。在图 5.7 中，在电场强度为 4kV/cm 的情况下，当温度从 90K 变化到 120K 时，光电流也相应地从 0.04A 变化到 2.31A。类似的光电流随温度的增加而增加的趋势也能在曲线 5kV/cm 和 8kV/cm 上看到。这里，值得注意的是，图 5.7 也能体现出电场强度对探测器光电流的影响，在温度为 100K 的情况下，当电场强度为 4kV/cm 时，光电流为 0.74A，而当电场强度从 5kV/cm 增加到 8kV/cm 时，光电流也相应地从 0.94A 增加到 1.18A。这种光电流随电场强度增加而增加的趋势与图 5.6 显示出的趋势是一致的。总的来说，光电流随电场强度的增加而增加的特性来源于电场强度的增加带来了场辅助隧穿电子激发的增强，而光电流随温度的增加而增加的特性则是由温度的增加带来电子热激发的增强而导致的。

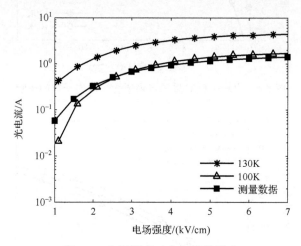

图 5.6　电场强度对光电流的影响

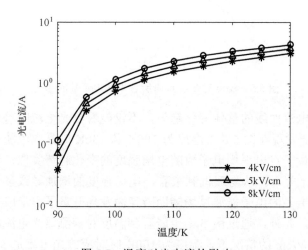

图 5.7　温度对光电流的影响

(3) 响应率结果分析。

图 5.8 和图 5.9 主要显示了电场强度和温度对电流响应率的影响。在图 5.8 中，

温度为 80K 时探测器(对应的探测器结构为 332nmGaAs 顶端连接层/10 个周期的量子点复合层(4nm AlGaAs/4nm GaAs/InAs QDs/1nm InGaAs/3nm AlGaAs/4nm InGaAs/3nm AlGaAs/40nm GaAs)/底端连接层)响应率的测量值[21]和本节提出的响应率模型的理论值之间具有很好的一致性,这直接证实了本节提出的电流响应率模型的正确性。此外,图 5.8 中的响应率曲线分别显示出与图 5.4 中的量子点内平均电子数曲线、图 5.6 中的光电流曲线相类似的变化趋势。这个类似的变化趋势也能在第 3 章的暗电流随电场强度的变化图 3.3 中看到,它们都反映了微米尺度电子传输和纳米尺度电子传输共同对量子点红外探测器性能的贡献,这也从另一个侧面说明了本节提出的模型的正确性。此外,从这些图中也能注意到,在特别低的电场强度下,理论计算值和实验值之间存在少许差异,造成这个差异性的原因目前还不是很清楚,可能是由于在模型中没考虑到参数 v、ϕ_B 和 $\Delta\varepsilon$ 等与电场强度之间的关系。

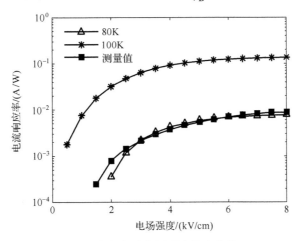

图 5.8　响应率随电场强度的变化情况

图 5.8 在给出电流响应率实验验证的基础上,还显示出电流响应率与电场强度之间的关系。例如,在温度为 100K 的情况下,当电场强度从 3kV/cm 变化到 7kV/cm 时,响应率也相应地从 0.06A/W 增加到 0.13A/W。这种响应率随着电场强度的增加而增加的趋势取决于光电流随电场强度的增加而增加。此外,通过图 5.8 也能发现温度对电流响应率也有很大的影响。例如,在探测器的电场强度为 5kV/cm 的情况下,温度为 80K 时对应的响应率为 5.84mA/W,而当温度变为 100K 时,响应率也相应地变为 111.8mA/W,它比温度为 80K 时的响应率大 20 倍左右。这种响应率对温度的依赖性能通过图 5.9 更加清楚地显示出来,在电场强度为 4kV/cm、5kV/cm、8kV/cm 的情况下,当温度从 90K 增加到 120K 时,探测器的响应率分别发生了从 2.98×10^{-2}A/W 到 1.80×10^{-1}A/W、从 3.74×10^{-2}A/W 到 2.11×10^{-1}A/W、从 4.68×10^{-2}A/W 到 2.46×10^{-1}A/W 的增加。值得注意的是,从图 5.9 中不仅能清晰地看到温度对响应率的

影响，也能发现电场强度对响应率的影响。例如，在温度为 110K 的情况下，电场强度为 4kV/cm 时对应的响应率为 $1.29×10^{-1}$A/W，而电场强度为 8kV/cm 时对应的响应率变为 $1.82×10^{-1}$A/W。这种响应率随电场强度的增加而增加的趋势与图 5.8 显示出的变化趋势是一致的。从物理机制上来看，响应率随电场强度的增加而增加来源于场辅助隧穿激发的增加，而响应率随温度的增加而增加则产生于热激发的增强。

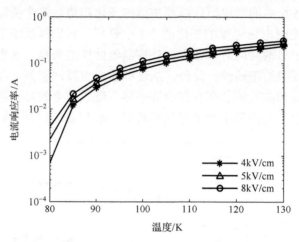

图 5.9　响应率随温度的变化情况

（4）探测率结果分析。

图 5.10 给出了探测率模型的实验验证情况。在图 5.10 中，将由本节探测率模型得到的温度为 100K 时的理论值与量子点红外探测器（对应的探测器结构为 200nm InGaAs 顶端连接层/10 个周期量子点复合层（40nm InP/1nm GaAs/InAs QDs/1nm InGaAs）/500nm InP/底端连接层）的实验数据[18]进行对比，显然，理论计算值和实验测量值之间呈现出很好的一致性，很好地证实了本节提出模型的正确性。但是，我们也注意到探测率的理论值和实验值在低电场时有较大的差异，造成这个差异的原因到目前为止还不是很清楚。如前所述，可能是由于在计算过程把某些物理量如 ν、ϕ_B 等看作常量，没有考虑电场和温度对其的影响导致的。此外，通过图 5.10 中这些曲线的变化情况可以看出，探测率随着电场强度的增加呈现出先增加后降低的趋势，这与图 3.4 中的暗电流、图 5.8 的响应率和图 5.6 的光电流这些特性参数随电场强度的增加而增加的趋势是不同的。该差异性要归咎于响应率和暗电流随着电场强度的增加而增加的趋势共同对探测率的作用，最终导致探测率先增加后降低的趋势。同理，类似的先增加后降低的趋势也能从温度为 130K 时的探测率理论值看到。例如，在电场强度为 2kV/cm 时的探测率为 $2.18×10^7$cmHz$^{1/2}$/W，在电场强度为 4kV/cm 时的探测率为 $3.33×10^7$cmHz$^{1/2}$/W，而当电场强度增加到 8kV/cm 时，探测率相应地变为 $2.53×10^7$cmHz$^{1/2}$/W。很明显，电场强度为 4kV/cm 时的探测率值比电场强度为

2kV/cm 和 8kV/cm 时的探测率值大。这说明在较低的电场强度下，探测率随着电场强度的增加而增加，而在较高的电场强度下，探测率随着电场强度的增加而降低。基于这一特性，研究了较高的电场强度下探测率对温度的依赖性。图 5.11 给出了在电场强度为 6kV/cm、9kV/cm、11kV/cm 时温度对探测率的影响。同样是由于响应率和暗电流对探测率的共同影响，探测率随着温度的变化也显示出先增加后降低的趋势。以曲线 9kV/cm 为例，当温度从 80K 经 90K 增加到 110K 时，探测率也从 $1.21\times10^{8}\text{cmHz}^{1/2}/\text{W}$ 经 $1.55\times10^{8}\text{cmHz}^{1/2}/\text{W}$ 变化到 $7.21\times10^{7}\text{cmHz}^{1/2}/\text{W}$。类似的变化趋势也能从曲线 6kV/cm 和 11kV/cm 上的探测率值看到。

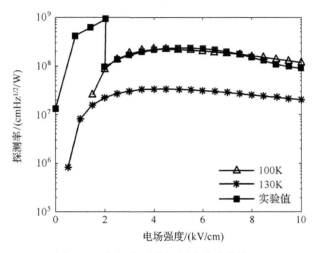

图 5.10　探测率随电场强度的变化情况

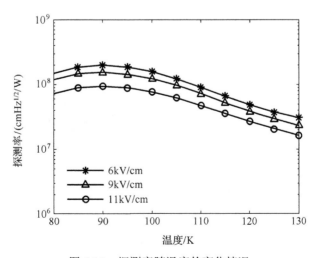

图 5.11　探测率随温度的变化情况

图 5.12 给出了电子传输四个参数对量子点红外探测器探测率的影响。图中以温度为 130K 时的探测率值作为参考探测率值，当分别改变参数 $E_{0,\text{micro}}$、$E_{0,\text{nano}}$、E_0 和 β 时，探测率的值相应地发生变化，这些变化的探测率值分别构成了曲线 $E_{0,\text{micro}}$、$E_{0,\text{nano}}$、E_0 和 β。其中，曲线 $E_{0,\text{micro}}$ 代表着 $E_{0,\text{micro}}$ 为90meV 时的探测率值，而曲线 130K 代表着 $E_{0,\text{micro}}$ 为 34.6meV 时对应的探测率值。如果将这两条曲线进行比较，曲线 130K 上的探测率值在电场强度小于 4kV/cm 时比曲线 $E_{0,\text{micro}}$ 上的探测率大得多。这些探测率值在低电场强度下存在很大差异，其原因如下：定义为零偏置下微米尺度电子传输的激发能 $E_{0,\text{micro}}$ 与暗电流成反向幂指数关系（见 3.2.1 节），因而大的激发能 $E_{0,\text{micro}}$ 直接导致在 0kV/cm 电场强度下小的暗电流，从而进一步导致在低电场强度下低的暗电流。基于暗电流与噪声的关系，大的激发能 $E_{0,\text{micro}}$ 最终导致小的探测率值。同理，与曲线 130K 上的探测率理论值相比，对应着 $E_{0,\text{nano}}$ 为239meV 的曲线 $E_{0,\text{nano}}$ 也呈现了预期的增加趋势。此外，从图 5.12 中曲线 E_0 和曲线 130K 之间以及曲线 β 和曲线 130K 之间的差异，还能发现探测率对微米尺度电子传输激发能变化速度 E_0 和纳米尺度电子传输激发能变化速度 β 的依赖性。例如，在电场强度为 2kV/cm 的情况下，当 E_0 为 2.29kV/cm 时探测器的探测率为 $1.15\times10^7\text{cmHz}^{1/2}/\text{W}$（对应曲线 E_0），而 E_0 降低为 1.62kV/cm 时，探测率增加到 $1.71\times10^7\text{cmHz}^{1/2}/\text{W}$（对应曲线 130K）。这种探测率随着 E_0 的增加而降低的趋势，本质上揭示了微米尺度电子传输对探测率的影响。同理，纳米尺度电子传输对探测率的影响也体现在 5～15kV/cm 范围内探测率随 β 的变化情况中。例如，在电场强度为 8kV/cm 的情况下，当 β 为 2.22meVcm/kV 时，探测率值为 $2.10\times10^7\text{cmHz}^{1/2}/\text{W}$（对应曲线 β），而当 β 为 2.79meVcm/kV 时，探测率已快速地降低到 $1.73\times10^7\text{cmHz}^{1/2}/\text{W}$（对应曲线 130K）。总之，正是由于微米尺度电子传输和纳米尺度电子传输下激发能的改变带来了参数 $E_{0,\text{micro}}$、$E_{0,\text{nano}}$、E_0 和 β 对探测率的影响。

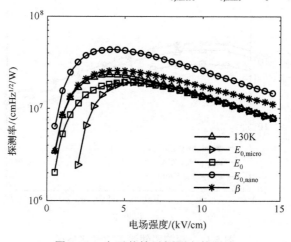

图 5.12　电子传输对探测率的影响

图 5.13 给出了量子点红外探测器结构参数对探测率的影响。在该图中，以温度为 100K 时的探测率值构成的曲线为参考曲线，它对应的结构参数取值为：$a_{QD}=15\text{nm}$、$N_{QD}=6$、$\Sigma_{QD}=4\times10^{10}\text{cm}^{-2}$。在其他参数不变的情况下，当分别改变探测器的结构参数如 a_{QD}、Σ_{QD}、N_{QD} 时，对应的探测率值发生了改变，改变的探测率值分别形成了曲线 a_{QD}、Σ_{QD} 和 N_{QD}。具体来说，曲线 100K 对应的量子点底边尺寸 a_{QD} 为 15nm，保持其他参数不变，在电场强度为 4kV/cm 的情况下，当 a_{QD} 从原来的 15nm 增加到 40nm 时，探测率值则相应地从 $1.67\times10^{8}\text{cmHz}^{1/2}/\text{W}$ 增加到 $4.87\times10^{8}\text{cmHz}^{1/2}/\text{W}$。如果将整个曲线 100K 与曲线 a_{QD} 相比，在图 5.13 中给出的电场强度范围内，曲线 a_{QD} 明显比曲线 100K 的探测率值大很多。这个探测率随量子点底边尺寸的变化而变化的趋势主要来源于光电流随量子点底边尺寸的变化而变化的趋势。在图 5.13 中，也能发现层内量子点密度对探测率的影响。与 Σ_{QD} 为 $4\times10^{10}\text{cm}^{-2}$ 时的曲线 100K 上的探测率值相比，Σ_{QD} 为 $1\times10^{10}\text{cm}^{-2}$ 时的曲线 Σ_{QD} 上的探测率值比曲线 100K 上的探测率值大很多。例如，在电场强度为 5kV/cm 的情况下，Σ_{QD} 为 $4\times10^{10}\text{cm}^{-2}$ 时的探测率为 $1.63\times10^{8}\text{cmHz}^{1/2}/\text{W}$，而 Σ_{QD} 为 $1\times10^{10}\text{cm}^{-2}$ 时的探测率则变为 $1.64\times10^{8}\text{cmHz}^{1/2}/\text{W}$。图 5.13 不仅给出层内量子点密度对探测率的影响，而且也给出了探测率随量子点内所能容纳的最大电子数的变化而变化的情况。曲线 100K 代表着 N_{QD} 为 6 时的探测率值，而曲线 N_{QD} 代表着在其他参数都不变的情况下 N_{QD} 为 8 时的探测率值。将这两条曲线上的探测率值进行比较，能发现 N_{QD} 为 8 时的探测值与 N_{QD} 为 6 时的探测率值几乎是一致的，也就是说，N_{QD} 对探测率几乎没有影响，这主要归咎于本节模型的假设条件。如前所述，在本节模型中，假设量子点中所包含的电子数足够多且都相同，那么用于光激发、俘获、传输的电子数远小于量子点内所含最大电子数，因此量子点内所含最大电子数对探测器的探测率基本上没什么

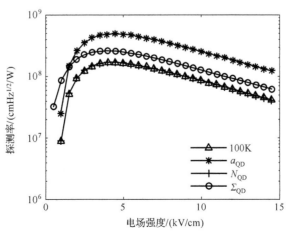

图 5.13　探测器结构参数对探测率的影响

影响。综上所述，图 5.13 通过分析各种曲线与参考曲线 100K 之间的差异性，能看到探测器结构参数对整个探测器的探测率特性的影响。这些结构参数对探测率的影响主要来源于结构参数对光电流、响应率的影响。实际中，通过调整探测率结构参数，能尽量获得我们想要的探测率特性。

通过上面的分析，可以看到探测器各种结构参数（a_{QD}、Σ_{QD}、N_{QD}）、环境参数（E、T）、电子传输参数（$E_{0,nano}$、$E_{0,micro}$、E_0、β）对探测率的影响。在较高电场强度下，a_{QD} 越大，Σ_{QD} 越大，电场强度越大，温度越高，探测器的探测率越小，实际中可以通过调整这些参数来达到优化探测器性能的目的。这些探测率的模拟结果图与前面给出的光电流结果图、响应率结果图一起验证了本节提出的性能模型的正确性，而且也提供了一个关于此性能模型的典型应用实例。

（5）噪声等效功率结果分析。

图 5.14 给出了噪声等效功率随电场强度的变化情况。当电场强度从 4kV/cm 变化到 10kV/cm 时，温度为 100K 和 130K 时的噪声等效功率也分别发生从 2.34×10^{-3}W 到 4.30×10^{-3}W 和从 1.50×10^{-2}W 到 2.5×10^{-2}W 的增加。这种在较高电场强度下，噪声等效功率随电场强度的增加而增加的特性主要来源于探测率随电场强度的增加而降低的趋势。图 5.14 不仅给出电场强度对噪声等效功率的影响，而且还显示出噪声等效功率对温度的依赖性。例如，在电场强度为 8kV/cm 的情况下，温度为 100K 时对应的噪声等效功率为 3.18×10^{-3}W，而温度为 130K 时对应的噪声等效功率则为 1.97×10^{-2}W。类似的噪声等效功率随温度的增加而增加的特性能通过图 5.15 更加清楚地显示出来。例如，同样在电场强度为 9kV/cm 的情况下，当温度从 90K 变化到 120K 时，噪声等效功率也相应地从 3.78×10^{-3}W 增加到 1.41×10^{-2}W。类似的增加趋势也能通过曲线 6kV/cm 和曲线 11kV/cm 上的噪声等效功率值看到。

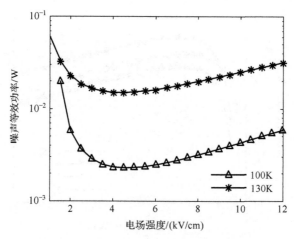

图 5.14　电场强度对噪声等效功率的影响

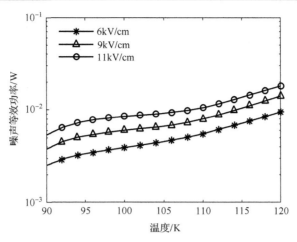

图 5.15　温度对噪声等效功率的影响

综上所述，基于电子激发的探测器性能模型，对量子点红外探测器特性量子点内平均电子数、光电流、响应率、探测率、噪声等效功率进行了模拟与仿真，主要给出了这些特性参数对探测器电场强度和温度的依赖性，并以探测率为例，研究了探测器结构和材料对这些探测器特性参数的影响。通过分析这些结果，不仅能看出本节所提出的性能模型的正确性和有效性，而且对探测器优化、探测器结构和材料的选择有一定的指导作用。

5.3　基于连续势能分布的性能模型

基于微米尺度电子传输和纳米尺度电子传输对暗电流的影响，本节从量子点红外探测器中电子连续势能分布入手，建立了探测器的性能模型，并通过考虑相关因素的影响改进了该性能模型。相应的计算结果不仅证实了该模型的正确性和有效性，而且使量子点红外探测器光电流、响应率等光电性能的评估变得更加准确。

5.3.1　基础性能模型

本节从电子连续势能分布角度入手构建了量子点红外探测器的基础性能模型，主要包含理论模型推导和结果分析等。

5.3.1.1　理论推导

前面给出的量子点红外探测器性能模型是从电子的热激发和场辅助隧穿激发的角度来研究探测器性能的，下面从电子连续势能分布的角度来研究探测器的性能。通过分析第 3 章所建立的暗电流模型，可以发现在这个暗电流模型中主要考虑了整个电子传输(包括电子越过有效势垒的热激发和与隧穿相关的电子脱离量子点的传输行为)对暗电流的影响。另一个方面，暗电流也可以看成由带电量子点构成的平面势垒中的小孔流过的电流所形成的[11]，因而可以通过考虑流过小孔的电流的电子传输对暗电流的影响来预测和计算暗电流。该暗电流计算方法和第 3 章提出的暗电流模型本质上强调的都是电子传输对暗电流的影响，而且这两个方法都依赖于探测器的结构参数。因此，基于这两个暗电流方法，在同一个探测器中能通过考虑暗条件下的电流平衡关系来得到量子点内所含的平均电子数，进而得到光电流和探测率的模型。

同前面的基于电子激发的探测器性能模型的假设一样，量子点的高度 h_{QD} 比较小，以至于在这个高度方向上量子点只能提供与该方向相关的两个量化能级，而平面内量子点的底边尺寸 a_{QD} 非常大，以至于该方向上每个量子点中存在大量的边界态，能接受更多的电子，因而量子点内所含的电子数比较多。

根据参考文献[11]，假设每个量子点内所含的电子数一样多，那么光敏区的电势分布函数 $\varphi = \varphi(x, y, z)$ 满足泊松方程，即

$$\left(\frac{\partial^2}{\partial x^2} + \frac{\partial^2}{\partial y^2} + \frac{\partial^2}{\partial z^2} \right) \varphi = \frac{4\pi e}{\varepsilon} \left(\sum_{i,j,k} \langle N \rangle \delta_{11}(x - x_i) \delta_{11}(y - y_i) \delta_\perp(z - z_k) - \rho_D \right) \quad (5\text{-}27)$$

式中，e 为电子电荷；ε 为绝缘常数；$\delta_{11}(x)$、$\delta_{11}(y)$ 和 $\delta_\perp(z - z_i)$ 分别为侧向(量子点平面阵列)和纵向(生长方向)的量子点形状系数；x_i、y_i 为平面内量子点的坐标，$z_k = kL$ 为第 k 层量子点阵列层的坐标，k 的取值在 $1 \sim K$ 范围内(K 是量子点层的总层数)；ρ_D 为探测器灵敏区的施主掺杂密度；a_{QD} 和 l_{QD} 分别为量子点侧向尺寸和纵向尺寸的形成因子。

方程式(5-27)的边界条件为

$$\varphi|_{z=0} = 0, \quad \varphi|_{z=(K+1)L} = V \quad (5\text{-}28)$$

式中，$(K+1)L$ 为探测器光敏区的厚度；V 为探测器的外加偏置电压。

在平衡条件下($V=0$)，拥有中度掺杂光敏区的量子点红外探测器的势垒分布在中心显示出最小值，形成了电子的势垒。这个势垒是由占据量子点的平衡电子形成的空间电荷所导致的。在低电压情况下($V < V_0$，V_0 是最小电势的模的两倍)，量子点内电荷系统仍接近于接触处的平衡状态，因而外加偏置电压对空间电荷的影响很小。当 $V > V_0$ 时，电流受发射极附近的量子点阵列层上的电势"小山"形成的势垒所控制。

第一个量子点阵列层的电势能为

$$\varphi_1 = \langle \varphi_1 \rangle + (\psi - \langle \psi \rangle) \quad (5\text{-}29)$$

第 k 层势能为 $\varphi_k = \varphi(x, y, kL)$，对式(5-27)横向取平均，得到

$$\frac{\mathrm{d}^2\langle\varphi\rangle}{\mathrm{d}z^2} = \frac{4\pi e}{\varepsilon}\left[\Sigma_{\mathrm{QD}}\langle N\rangle\sum_{k=1}^{K}\delta_{\perp}(z-kL)-\rho_{\mathrm{D}}\right] \tag{5-30}$$

对任意的量子点阵列层，式(5-30)的严格解为

$$\langle\varphi_k\rangle = V\frac{k}{(K+1)} + \frac{2\pi eL^2}{\varepsilon}\left(\rho_{\mathrm{D}}-\langle N\rangle\frac{\Sigma_{\mathrm{QD}}}{L}\right)(K+1-k)k \tag{5-31}$$

在量子点红外探测器中，当 $a_{\mathrm{QD}} \ll L_{\mathrm{QD}}\left(L_{\mathrm{QD}}=\sqrt{\Sigma_{\mathrm{QD}}}\right)$ 时，那么点 $(x_i=0, y_i=0, z_1=L)$ 附近小孔的 ψ 为

$$\psi = -\frac{e\langle N\rangle}{\varepsilon}\left\{\frac{1}{\sqrt{(x-L_{\mathrm{QD}}/\sqrt{2})^2+y^2}} + \frac{1}{\sqrt{(x+L_{\mathrm{QD}}/\sqrt{2})^2+y^2}}\right.$$
$$\left. + \frac{1}{\sqrt{x^2+(y-L_{\mathrm{QD}}/\sqrt{2})^2}} + \frac{1}{\sqrt{x^2+(y+L_{\mathrm{QD}}/\sqrt{2})^2}}\right\} \tag{5-32}$$

整理，可得到

$$\psi = -\frac{4\sqrt{2}e\langle N\rangle\sqrt{\Sigma_{\mathrm{QD}}}}{\varepsilon}\left\{1+\frac{1}{2}\Sigma_{\mathrm{QD}}(x^2+y^2)\right\} \tag{5-33}$$

$\langle\psi\rangle$ 能写为

$$\langle\psi\rangle \approx -\frac{1}{L_{\mathrm{QD}}^2}\int_{-L_{\mathrm{QD}}/2}^{L_{\mathrm{QD}}/2}\int_{-L_{\mathrm{QD}}/2}^{L_{\mathrm{QD}}/2}\psi\mathrm{d}x\mathrm{d}y$$
$$= -\frac{4\sqrt{2}e\langle N\rangle\sqrt{\Sigma_{\mathrm{QD}}}}{\varepsilon}(1+\xi) \tag{5-34}$$

式中

$$\xi = \frac{1}{\sqrt{2}}\ln\frac{(1+\sqrt{5})(2+\sqrt{5})}{2}-1\approx 0.361 \tag{5-35}$$

把式(5-31)、式(5-33)、式(5-34)、式(5-35)代入式(5-29)，可得到第一个量子点阵列层的电势，采用类似的方法得到其他量子点阵列层的电势分布函数，它们都是量子点内平均电子数 N_k 的函数。

基于上面的电势分布，通过每个小孔的电流与 $j_{\max}\exp(e\varphi_k/k_{\mathrm{B}}T)$ 成正比，$j_{\max}$ 是最大电子流密度。探测器的暗电流能看成由越过带电量子点平面势垒中的每个小孔的电流形成的，也就是说，暗电流依赖于越过带电量子点形成平面势垒中的小孔的电子传输，那么量子点红外探测器的平均暗电流密度[11,13]可写为

$$\langle j_{\mathrm{dark}}\rangle = j_{\max}\Sigma_{\mathrm{QD}}\int_0^{\infty}\exp\left(\frac{e\varphi(\langle N_k\rangle)}{k_{\mathrm{B}}T}\right)\mathrm{d}r^2 \tag{5-36}$$

式中，Σ_{QD} 为层内量子点密度；N_k 为第 k 层量子点层中量子点所含的平均电子数。实际上，对于任意 k 层，N_k 是相同的，即 $\langle N_k \rangle = \langle N \rangle$；$\varphi(\langle N_k \rangle)$ 为量子点阵列层的电势分布函数，它与量子点内所含平均电子数有关；$j_{\max}$ 为最大电子流密度，能通过 Richardson-Dushman 关系[13,22]来得到

$$j_{\max} = A^* T^2 \tag{5-37}$$

式中，A^* 为 Richardson 常数。

通过对方程式(5-36)积分，得到暗电流密度[13]，为

$$\langle j_{\text{dark}} \rangle = j_{\max} \frac{\Theta}{\langle N \rangle} \exp\left(e \frac{V + V_D - (\langle N \rangle / N_{QD}) V_{QD}}{(K+1) k_B T} \right) \tag{5-38}$$

式中，参数 Θ 写为

$$\Theta = \frac{\pi}{4} \left[\text{erf}\left(0.47 L_{QD} \sqrt{\frac{\langle N \rangle \Sigma_{QD}^{3/2}}{\varepsilon_0 \varepsilon_r}} \right) \right]^2 \frac{\varepsilon_0 \varepsilon_r k_B T}{e^2 \sqrt{\Sigma_{QD}}} \tag{5-39}$$

式中，特征电压 V_{QD} 和 V_D 分别为

$$V_{QD} = \frac{e}{2\varepsilon_0 \varepsilon_r} K(K+1) \Sigma_{QD} L (1-\vartheta) N_{QD} \tag{5-40}$$

$$V_D = \frac{e}{2\varepsilon_0 \varepsilon_r} K(K+1) \Sigma_D L \tag{5-41}$$

式中，参数 ϑ 能写为

$$\vartheta = \frac{0.72\sqrt{2}}{\pi K L \sqrt{\Sigma_{QD}}} \tag{5-42}$$

式中，K 为探测器量子点层的层数；L 为量子点层间的距离；Σ_D 为层内施主掺杂的密度；N_{QD} 为量子点所包含的最大电子数；L_{QD} 为量子点间的横向距离；V 为探测器的外加偏置电压；ε_r 为构成量子点的材料的相对介电常数。

让式(5-38)等于式(5-3)，得到暗条件下的电流平衡关系[23]，即

$$2e v_d \left(\frac{m_b k_B T}{2\pi \hbar^2} \right)^{3/2} \exp\left(-\frac{E_{a,\text{micro}} + E_{a,\text{nano}}}{k_B T} \right) = j_{\max} \frac{\Theta}{\langle N \rangle} \exp\left(e \frac{V + V_D - (\langle N \rangle / N_{QD}) V_{QD}}{(K+1) k_B T} \right) \tag{5-43}$$

通过求解方程式(5-43)，我们能得到量子点内所包含的平均电子数 $\langle N \rangle$，从而进一步得到光电流、探测率模型。

如前所述，光电流定义为入射光照射下探测器所产生的电流。基于量子效率与量子点内平均电子数之间的关系，$\eta = \delta \langle N \rangle K \Sigma_{QD}$，光电流密度为

$$\langle j_{\text{photo}} \rangle = \delta e g \langle N \rangle \Sigma_{\text{QD}} \Phi_{\text{s}} K \tag{5-44}$$

式中，Φ_{s} 为探测器的入射光通量密度；g 为光电导增益；δ 为俘获截面系数，在我们的模拟中通过调节它的数值来完成对探测器特性的实验验证，入射光的光辐射通量密度 Φ_{s} 的取值为 8×10^{17} 光子/(cm^2s)[13]。

在量子点红外探测器中，探测率表示的是入射到探测器光敏区上的单位辐射功率所获得的信噪比，与响应率、暗电流、增益密切相关。基于前面给出的探测率表达式 (5-22)，将式 (5-3) 代入式 (5-22) 中，得到了量子点红外探测器的探测率，即

$$D^* = \frac{R_i}{\sqrt{8e^2 g v_{\text{d}} \left(\dfrac{m_{\text{b}} k_{\text{B}} T}{2\pi \hbar^2} \right)^{3/2} \exp\left(-\dfrac{E_{0,\text{micro}} \exp(-E/E_0) + E_{0,\text{nano}} - \beta E}{k_{\text{B}} T} \right)}} \tag{5-45}$$

式中，R_i 为电流响应率，定义为光电流与入射光功率的比值，即

$$R_i = \frac{\delta e g \langle N \rangle \Sigma_{\text{QD}} K}{h v_0} \tag{5-46}$$

式中，v_0 为入射光的频率。

将式 (5-46) 代入式 (5-45) 中，得到了探测器的探测率，即

$$D^* = \frac{\delta g \langle N \rangle \Sigma_{\text{QD}} K}{h v_0 \sqrt{8 g v_{\text{d}} \left(\dfrac{m_{\text{b}} k_{\text{B}} T}{2\pi \hbar^2} \right)^{3/2} \exp\left(-\dfrac{E_{0,\text{micro}} \exp(-E/E_0) + E_{0,\text{nano}} - \beta E}{k_{\text{B}} T} \right)}} \tag{5-47}$$

5.3.1.2　结果与讨论

基于前面建立的基于势能分布的探测器性能模型，本节详细地研究了量子点红外探测器的量子点内平均电子数、光电流以及探测率特性，并将仿真结果与文献中公布的数据进行了对比来验证提出模型的正确性。这里特别需要指出的是，为了验证方便，将电压坐标都转换成了电场强度坐标，而且为了更加清楚地显示出探测器特性对温度和电场等的依赖性，在计算中，把取值在 $1 \times 10^5 \sim 1.8 \times 10^6 \text{m/s}$[24]范围内的电子漂移速度分别假定为 $1 \times 10^5 \text{m/s}$ 和 $8 \times 10^5 \text{m/s}$，而取值在 $0.021 \sim 1.05\, m_{\text{e}}$[25-27]范围内的 InAs 量子点中电子有效质量 m_{b} 分别选择为 $0.023\, m_{\text{e}}$ 和 $0.34\, m_{\text{e}}$，其他参数取值来源于 GaAs 或 InGaAs QDIP 设备[13,23,28,29]，其取值如表 5.3 所示。在具体的模拟计算中，把用于模拟的这些探测器结构参数的取值与用于实验验证的量子点红外探测器的结构参数的取值调整为相同大小。

表 5.3　基于电势分布的性能模型的参数

参数	值
$E_{0,micro}$ /meV	34.6～60
E_0 /(kV/cm)	1.62～3
$E_{0,nano}$ /meV	210～224.7
β /(meVcm/kV)	2～2.79
L/nm	31.5～61.6
K	4～10
Σ_{QD} /cm^{-2}	3×10^{10}～10×10^{10}
Σ_D /cm^{-2}	0.3 Σ_{QD}
N_{QD}	8
ε_r	12

　　基于表 5.3 给出的参数取值，通过考虑暗条件下的电流平衡条件，对量子点内平均电子数、光电流、探测率、响应率等特性进行了仿真和计算。图 5.16 和图 5.17 是基于文献[16]中探测器结构参数的计算结果。从图 5.16 可以看出，量子点内平均电子数随着电场强度的增加而增加。以曲线 100K 为例，当电场强度从 5kV/cm 增加到 10kV/cm 时，量子点内的平均电子数也相应地从 2.16 增加到 2.50。这种量子点内平均电子数随电场强度的增加而增加的趋势与和第 3 章给出的暗电流曲线的变化趋势是类似的。如前所述，量子点内平均电子数呈现出的增加趋势产生的原因如下：当电场非常小的时候，由于高的势垒大量电子被限制在原来的位置上，但是随着电场的增加能带变得更加弯曲，导致了势垒在很大程度上地被降低，这样，越来越多的电子能越过降低的势垒被量子点所俘获，最终导致量子点内所含的平均电子数的增

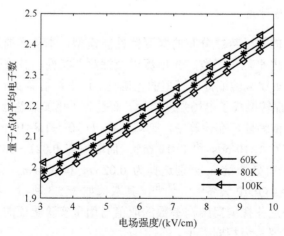

图 5.16　量子点内平均电子数与电场间的关系 1

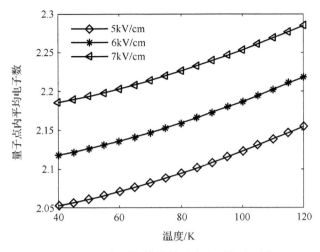

图 5.17　呈上升趋势的量子点内平均电子数

加。此外，我们也可以发现，图 5.16 不仅给出了量子点内平均电子数随电场强度的变化而变化的特性，而且也显示出了量子点内平均电子数对温度的依赖性。例如，在电场强度为 5kV/cm 的情况下，温度为 60K 时对应的量子点内平均电子数为 2.08，而温度为 100K 时对应的量子点内平均电子数为 2.13。这种量子点内平均电子数随温度的增加而增加的趋势，也能通过图 5.17 中相同电场强度下温度在 40～120K 范围内的量子点内平均电子数的理论值呈现。当然，曲线 6kV/cm、7kV/cm 上的量子点内平均电子数随着温度的变化也显示出类似的增加趋势。

　　图 5.18 和图 5.19 给出了基于文献[28]中探测器结构参数值的计算结果，与图 5.16 和图 5.17 一样，不仅揭示了量子点内平均电子数与电场强度之间的关系，而且也给出了量子点内平均电子数与温度之间的关系。在图 5.18 中，在相同的温度下，电场强度越大，量子点内平均电子数就越多，这和图 5.16 显示的量子点内平均电子数的增加趋势是类似的。此外，也能发现在电场强度为 5kV/cm 的情况下，温度分别为 60K、80K、100K 时对应的量子点内平均电子数分别为 2.83、2.76、2.69。这充分说明了量子点内平均电子数随着温度的增加而降低。关于量子点内平均电子数随着温度的增加而降低的趋势能通过图 5.19 和文献[13]更加清楚地显现出来。量子点内平均电子数随着温度的增加而降低的趋势的产生原因如下：由于温度的增加必然导致热激发的增强，这样脱离量子点的电子数必然增加，从而导致量子点内平均电子数的降低。当然，从图 5.19 中也能看到在相同温度下，电场强度越大，量子点内平均电子数也就越大。这个量子点内平均电子数随电场强度的增加而增加的趋势与图 5.18 显示的趋势是一致的。总之，通过图 5.18 和图 5.19 可以清楚地看到温度和电场对量子点内平均电子数的影响。

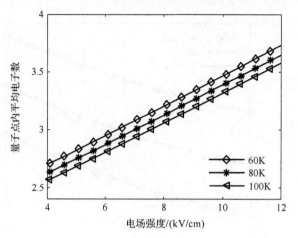

图 5.18　量子点内平均电子数与电场间的关系 2

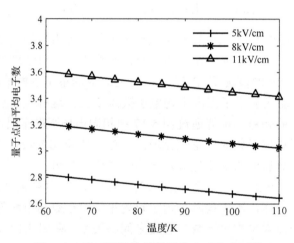

图 5.19　呈下降趋势的量子点内平均电子数

　　把图 5.16～图 5.19 进行比较,可以发现它们给出的量子点内平均电子数对电场强度的依赖性是一样的,即量子点内平均电子数随着电场强度的增加而增加,但是它们揭示的量子点内平均电子数随温度的变化而变化的趋势却是相反的。图 5.16 和图 5.17 呈现出量子点内平均电子数随着温度的增加而增加的变化趋势,而图 5.18 和图 5.19 显示出量子点内平均电子数随着电场强度的增加而呈现降低趋势,那么随着温度的增加量子点内平均电子数究竟是增加还是降低呢?为了弄清楚这个问题,我们进行了多次仿真实验,发现当探测器参数的取值不同时,量子点内平均电子数随着温度的增加会呈现出从增加到降低的不同趋势。从增加趋势变化到降低趋势的具体转变拐点取决于量子点红外探测器的结构和材料参数。这种量子点内平均电子数随温度的变化而呈现的不同变化趋势(从增加到降低)产生的原因目前还不清楚,可能是由于在不同探测器结构下电子的激发(包含热激发和隧穿激发)速度与电子俘获速度间的不平衡性导致的。随着温度的增加，当电子的激发速度远远大于量子点对电子的俘获速度时，电子的激发占主导地位，量子点内平均电子数会呈现出降低趋势；而当电子的激发速度远远小于电子的俘获速度时，电子的俘获占主导地位，那么量子点内所含电子的平均数会增加趋势。量子点内所含平均电子数随温度的增加而呈现出的不同的变化趋势，影响到后续计算的光电流、探测率值的变化趋势。具体的关于变化趋势的论述在文献[12]、[13]和[23]中进行了详细地探讨。

　　图 5.20 给出了 5～12kV/cm 电场强度范围内的光电流值。鉴于式(5-44)所显示的光电流与量子点内平均电子数之间的相互依赖性，图 5.20 给出的光电流随电场强度的增加而增加的变化情况与图 5.18 中量子点内平均电子数随电场强度的增加而增加的变化情况相类似。同理，图 5.21 中曲线的变化趋势与图 5.19 中曲线的变化趋势也很类似，即量子点内平均电子数与光电流一样，都随着温度的增加而降低。从物理机理的角度来看，电场强度的增加带来了势垒的降低，因而更多的电子能越过降低的势垒脱离出量子点，最终导致光电流的增加。而光电流随着温度的增加而降低的现象的产生原因如下：量子点内所含平均电子数随着温度的增加而降低，必然导致当红外光入射到探测器的光敏区时，量子点内更少的电子能从量子点中激发出来形成光电流，最终导致光电流的降低。此外，从图 5.20 中可以很明显看出，温度为 100K 时的光电流实验值[28]与光电流的理论计算值之间具有很好的一致性，证实了本节提出的光电流模型的正确性。这里值得注意的是，提供实测数据的探测器结构为 0.5μmGaAs 顶端连接层/10 个周期的量子点复合层(30nm GaAs/3ML InAs QDs/30nm GaAs)/1μm GaAs 底端连接层。总之，从上面的这些分析可以看到，图 5.18～图 5.21 中的这些曲线不仅显示了量子点内平均电子数和光电流这些特性参数对电场强度和温度的依赖性，而且揭示了这些参数之间的相互关系。

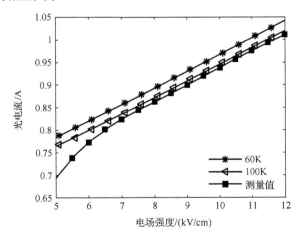

图 5.20　光电流对电场强度的依赖性

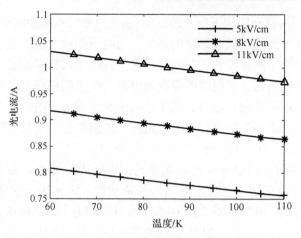

图 5.21　光电流对温度的依赖性

图 5.22 和图 5.23 给出了探测器电子传输参数和结构参数对量子点红外探测器光电流的影响。在图 5.22 中，以曲线 100K 为参考曲线，其对应的电子传输参数的取值为 $E_{0,\text{micro}} = 34.6\text{meV}$、$E_0 = 1.62\text{kV/cm}$、$E_{0,\text{nano}} = 224.7\text{meV}$、$\beta = 2.79\text{meVcm/kV}$。在其他参数取值不变的情况下，当这些电子传输参数的取值分别变为 $E_{0,\text{micro}} = 60\text{meV}$、$E_0 = 3.00\text{kV/cm}$、$E_{0,\text{nano}} = 210\text{meV}$、$\beta = 2.00\text{meVcm/kV}$ 时，探测器的光电流也相应地发生了变化，分别构成曲线 $E_{0,\text{micro}}$、E_0、$E_{0,\text{nano}}$、β。通过分别分析曲线 $E_{0,\text{micro}}$、E_0、$E_{0,\text{nano}}$、β 与曲线 100K 之间的差异性，能得到传输参数 $E_{0,\text{micro}}$、E_0、$E_{0,\text{nano}}$、β 对光电流的影响。将曲线 $E_{0,\text{nano}}$ 和曲线 100K 进行比较，能发现曲线 $E_{0,\text{nano}}$ 对应的光电流值比曲线 100K 对应的光电流值小很多，即 $E_{0,\text{nano}}$ 为 210meV 时对应的光电流值比 $E_{0,\text{nano}}$ 为 224.7meV 时对应的光电流值小，说明光电流随着零偏置下纳米尺度电子传输激发能 $E_{0,\text{nano}}$ 的降低而降低。同理，与 β 为 2.79meVcm/kV 时的光电流值(对应 100K 曲线)相比，β 为 2.00meVcm/kV 时对应的光电流值(对应曲线 β)显示出预期的增加趋势。总的来说，纳米尺度电子传输参数 $E_{0,\text{nano}}$ 和 β 对光电流的影响体现的是纳米尺度电子传输对光电流的影响。与分析纳米尺度电子传输参数对光电流影响的方法类似，微米尺度电子传输对光电流的影响也能通过曲线 $E_{0,\text{micro}}$、曲线 E_0 和曲线 100K 之间的不同来呈现。例如，在电场强度为 2kV/cm 的情况下，微米尺度电子传输激发能随电场强度的变化而变化的速度 E_0 为 1.62kV/cm 时对应的光电流为 0.678A，而激发能变化速度 E_0 为 3.00kV/cm 时对应的光电流为 0.788A。这说明在低的电场强度下，微米尺度激发能随电场强度的变化而变化的速度 E_0 越大，对应的光电流就越大。同样，零偏置电压下微米尺度电子传输激发能 $E_{0,\text{micro}}$ 对光电流的影响也能通过低电场强度下曲线 $E_{0,\text{micro}}$ 和曲线 100K 之间的差异性看出。

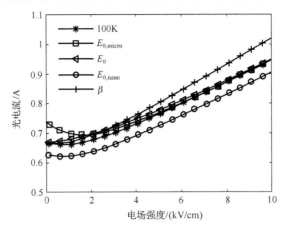

图 5.22 电子传输参数对光电流的影响

图 5.23 给出了探测器结构对光电流特性的影响。与图 5.22 一样,以温度为 100K 时的光电流值构成的曲线为参考曲线, 其对应的探测器结构参数为 $K=10$ 、 $\Sigma_{QD}=4\times10^{10}\,\mathrm{cm}^{-2}$ 、$L=31.5\mathrm{nm}$ 、$N_{QD}=8$ 。当探测器中量子点层的层数 L 从 10 变成 4 时,其对应的探测器光电流值显示出降低的趋势。例如,在电场强度为 5kV/cm 的情况下,具有 4 层量子点层的探测器对应的光电流为 1.00A,而有 10 层量子点层的探测器对应的光电流则为 0.768A。同样,将 Σ_{QD} 为 $4\times10^{10}\,\mathrm{cm}^{-2}$ 的曲线 100K 与 Σ_{QD} 为 $10\times10^{10}\,\mathrm{cm}^{-2}$ 的曲线 Σ_{QD} 进行比较, 可以发现, 在相同的电场强度下, Σ_{QD} 为 $4\times10^{10}\,\mathrm{cm}^{-2}$ 时的光电流值明显比 Σ_{QD} 为 $10\times10^{10}\,\mathrm{cm}^{-2}$ 时的光电流值小得多,这说明光电流随着量子点层内量子点密度的增加而呈现出增加趋势。此外,从图 5.23 中还可以发现量子点层厚度对光电流的影响。例如,在电场强度为 6kV/cm 的情况下,L 为 31.5nm 时对应的光电流值为 0.803A,而 L 为 60.0nm 时对应的光电流值为 0.477A。类似的光电流随量子点层厚度的增加而降低的趋势也能通过曲线 100K 和曲线 L 上的其他光电流值之间的差异性看到。总之, 上面主要分析了光电流对探测器结构参数 K 、 Σ_{QD} 、L 的依赖性,而其他结构参数 l_{QD} 和 Σ_{D} 对探测器光电流的影响也是不可忽略的, 它们分别通过 $l_{QD}=\sqrt{\Sigma_{QD}}$ 和 $\Sigma_{D}\propto\Sigma_{QD}$ 来实现对探测器光电流的限制作用。这里值得注意的是,在我们的模型中假设量子点内所含的电子数足够多且都相同,而在量子点红外探测器中,少量的电子就能很好地满足光的激发、俘获和传输,因此量子点内所含的最大电子数对探测器的光电流基本上没有影响。总之,基于图 5.22 和图 5.23 给出的探测器激发能参数和结构参数对光电流特性的影响,考虑到探测器特性之间的相互关系,探测率同样对这些激发能参数和结构参数存在着很强的依赖性。

图 5.24 和图 5.25 分别给出了电场强度和温度对探测率的影响情况。在图 5.24 中,将温度为 80K 时的量子点红外探测器探测率的实际测量数据[29]与同温度时的探测率理论计算值进行比较,可以很明显地发现,探测率理论值与实验测量值之间显示

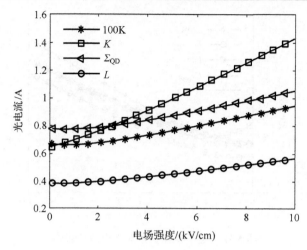

图 5.23　探测器结构参数对光电流的影响

出很好地一致性，证实了本节提出的探测率模型的正确性。这里，实验测量用的量子点红外探测器结构为 500nm GaAs 顶端连接层/10 个周期量子点复合层(30nm GaAs/5nm InGaAs/1.2ML InAs QDs/1nm InGaAs)/1000nm GaAs 底端连接层。从图 5.24 中还可以看到，随着电场强度的增加探测率显示出明显的降低趋势。例如，在温度为 100K 的情况下，当电场强度从 5kV/cm 增加到 10kV/cm 时，探测率也相应地从 3.33×10^8cmHz$^{1/2}$/W 降低到 1.69×10^9cmHz$^{1/2}$/W。这种探测率随电场强度的增加而降低的趋势也能从图 5.25 中看到。在温度为 70K 的情况下，电场强度分别为 5kV/cm、8kV/cm、11kV/cm 时对应的探测率为 8.67×10^{10}cmHz$^{1/2}$/W、4.42×10^{10}cmHz$^{1/2}$/W、2.44×10^{10}cmHz$^{1/2}$/W。图 5.25 不仅能揭示出电场强度对探测率的影响，而且很明确

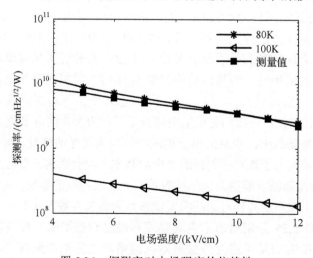

图 5.24　探测率对电场强度的依赖性

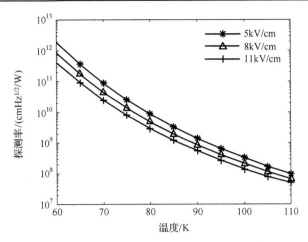

图 5.25　探测率值随温度的变化而变化的情况

地给出了探测率随着温度的增加而降低的趋势。例如，在电场强度为 5kV/cm 的情况下，当温度从 80K 增加到 110K 时，探测率也相应地从 $8.60×10^9 \mathrm{cmHz}^{1/2}/\mathrm{W}$ 降低到 $9.82×10^7 \mathrm{cmHz}^{1/2}/\mathrm{W}$。这种探测率随温度增加而降低的趋势也能从曲线 8kV/cm 和曲线 11kV/cm 上的值看到。在电场强度为 8kV/cm 和 11kV/cm 的情况下，当温度同样从 80K 增加到 110K 时，探测率分别发生了从 $1.94×10^9 \mathrm{cmHz}^{1/2}/\mathrm{W}$ 到 $6.73×10^7 \mathrm{cmHz}^{1/2}/\mathrm{W}$ 以及从 $1.22×10^9 \mathrm{cmHz}^{1/2}/\mathrm{W}$ 到 $4.84×10^7 \mathrm{cmHz}^{1/2}/\mathrm{W}$ 的降低。从本质上来看，暗电流随电场强度和温度的增加而增加的趋势最终导致了探测率的降低趋势。

5.3.1.3　补充讨论

根据前面给出的基于连续势能分布的量子点红外探测器性能模型的结果讨论（见图 5.16～图 5.19），其中，量子点内平均电子数随着温度的变化呈现出不同的变化曲线。基于这个呈不同变化趋势的量子点内平均电子数，我们重新计算了量子点红外探测器的光电流、响应率、探测率。结果发现，探测器光电流、响应率、探测率随着温度的变化都呈现出一种变化趋势，即随着温度的增加而减小的趋势。为了弄清楚这个问题，本节以量子点红外探测器的探测率为例，通过研究量子点内平均电子数的不同变化趋势，更加细致地分析了量子点红外探测器探测率随温度变化而变化的趋势，并给出了导致这种不同变化趋势的原因[30]。

众所周知，电子漂移速度的取值范围为 $1×10^5 \sim 1.8×10^6 \mathrm{m/s}$[24]，在我们的计算过程中假定电子漂移速度分别为 $2×10^5 \mathrm{m/s}$ 和 $1×10^5 \mathrm{m/s}$。根据构成探测器势垒层的材料，其电子等效质量参数 m_b 假定为 $0.067m_e$[26]，而其他参数来源于 GaAs 或者 InGaAs QDIP 器件[13,15,23,29,31]，这些参数的取值基本上都调整成与用于实验验证器件的参数取值相同，具体数值如表 5.4 所示。

表 5.4　基于连续势能分布性能模型的补充说明参数值

参数	值
$E_{0,micro}$/meV	34.6
E_0/(kV/cm)	1.62
$E_{0,nano}$/meV	224.7
β/(meVcm/kV)	2.79
L/nm	36.6～59
K	10
Σ_{QD}/cm^{-2}	3×10^{10}～4×10^{10}
Σ_D/cm^{-2}	$0.3\Sigma_{QD}$
N_{QD}	8
ε_r	12

　　如前所述，量子点内平均电子数对温度的依赖性是非常复杂的，所以本节选择了两组结构数据来研究量子点平均电子数和探测率对温度的影响，这些数据的取值分别来源于文献[29]和[31]。对应第一组数据的计算结果显示在图 5.26 中。图中量子点内平均电子数随着温度的增加而降低，而探测率随着温度的增加也呈现出同样的降低趋势。图 5.27 给出的是基于第二组数据的计算结果。在图 5.27 中，量子点内平均电子数随着温度的增加而呈现增加趋势，而探测率则是随着温度的增加而降低。通过对比分析图 5.26 和图 5.27 中量子点内平均电子数的不同变化趋势，我们研究了温度对量子点红外探测器探测率的影响。具体来说，图 5.26(a) 显示了不同电场强度情况下量子点内平均电子数随温度的变化情况。在电场强度为 7kV/cm 的情况下，量子点内平均电子数在温度为 60K 时为 3.258，当温度变为 110K 时，量子点内平均电子数变为 3.228，比温度为 60K 时的量子点内平均电子数少 0.03。类似的变化趋势也能从曲线 5kV/cm 和曲线 6kV/cm 上看到。例如，当温度从 60K 增加 100K 时，在电场强度为 5kV/cm 的情况下，量子点内平均电子数发生了从 3.003 到 2.978 的变化，在电场强度为 6kV/cm 的情况下，则发生了从 3.129 到 3.101 的变化。图 5.26(a) 给出的量子点内平均电子数随温度增加而降低的趋势的产生原因如下：当温度增加时，电子热激发变强，那么越来越多的电子能够从量子点势阱中逃逸出来，这样便导致量子点内平均电子数的数量变少。基于量子点内平均电子数对温度的依赖性，图 5.26(b) 给出的探测率也显示出降低的趋势。例如，在电场强度为 5kV/cm 的情况下，当温度从 60K 增加到 100K 时，探测率相应地从 1.360×10^{12}cmHz$^{1/2}$/W 变化到 2.483×10^8cmHz$^{1/2}$/W。探测率随着温度的增加而降低的原因如下：当温度增加时，热激发变强，越来越多的电子更加容易从量子点势阱中激发去形成暗电流和噪声，最终导致探测率的降低。图 5.26(b) 还给出了探测率的实验验证，很明显，在温度

为 80K 的情况下, 电场强度为 5kV/cm 和 8kV/cm 时的实验值[29]与包含在曲线 5kV/cm 和曲线 8kV/cm 中的理论计算值很符合, 再一次证明了 5.3.1 节给出的量子点红外探测率性能模型的正确性。

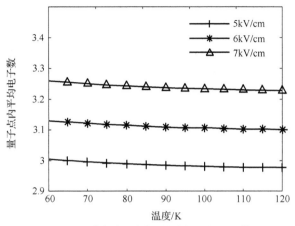

(a) 带有降低趋势的量子点内平均电子数

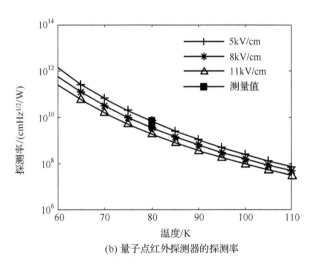

(b) 量子点红外探测器的探测率

图 5.26　量子点内平均电子数和探测率随温度的变化情况 1

图 5.27 (a) 也给出了量子点内平均电子数随温度变化的特征。这些代表量子点内平均电子数取值的曲线显示出相同的变化趋势, 也就是说, 在相同的电场强度下, 它们随着温度的增加而显示出增加的趋势。具体来说, 在电场强度为 5kV/cm、6kV/cm、7kV/cm 的情况下, 当温度从 60K 增加 120K 时, 量子点内平均电子数分别发生了从 2.108 到 2.133、从 2.177 到 2.201、从 2.250 到 2.272 的变化。量子点内平均电子数的这些变化很直观地显示出量子点内平均电子数随着温度的增加而增加

的趋势。类似的增加趋势也能从文献[16]中看到。基于这个量子点内平均电子数随温度变化的趋势，我们也计算了量子点红外探测器的探测率。正如图 5.27(b)所示，探测率随温度的变化呈现出下降趋势。在电场强度为 5kV/cm 的情况下，当温度从 60K 增加到 110K 时，探测率从 2.880×10^{12}cmHz$^{1/2}$/W 变化到 1.644×10^{8}cmHz$^{1/2}$/W。在相同的温度变化范围内，在电场强度为 8kV/cm 和 11kV/cm 的情况下的探测率同样也发生了从 1.243×10^{12}cmHz$^{1/2}$/W 到 1.084×10^{7}cmHz$^{1/2}$/W 和从 5.946×10^{11}cmHz$^{1/2}$/W 到 7.548×10^{7}cmHz$^{1/2}$/W 的降低。探测率随着温度的增加而降低的原因如下：温度越高，从量子点中逃逸出的电子越多，那么用来形成暗电流的电子数也越多，最终表现为大的暗电流直接导致一个小的探测率。因此，探测率显示出随着温度的增加而降低

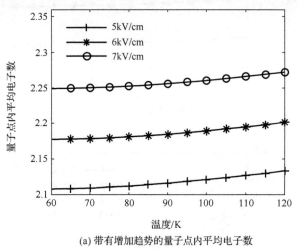

(a) 带有增加趋势的量子点内平均电子数

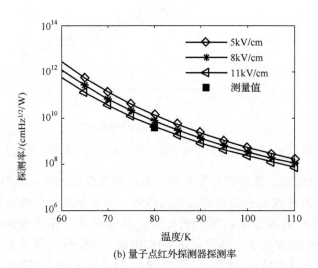

(b) 量子点红外探测器探测率

图 5.27　量子点内平均电子数和探测率随温度的变化情况 2

的趋势。图 5.27(b) 也给出了探测率的实验验证,在温度为 80K、电场强度为 11kV/cm
时的探测率的实验测量值[31]与本节计算的同温度同电场强度时的探测率值相接近,
二者具有很好的一致性,进一步证实了探测率模型的正确性。

　　将图 5.26 和图 5.27 进行比较,可以发现,量子点内平均电子数随温度呈现出不
同的变化趋势,但是探测率随着温度的变化显示出相同的变化趋势。具体来说,
图 5.26(a) 显示出量子点内平均电子数随温度的增加而降低的趋势,而图 5.27(a) 则
显示出量子点内平均电子数随着温度的增加而增加的趋势。这些不同的变化趋势将
带来一个问题:当温度增加时,量子点内平均电子数究竟是增加还是降低呢? 为了
弄清楚这个问题,我们做了大量的实验。结果显示,当选择不同量子点红外探测器
参数来模拟与计算时,量子点内平均电子数会显示出从增加到降低的趋势。量子点
内平均电子数从增加到降低的拐点主要依赖于量子点红外探测器的结构参数和材料
参数。量子点内平均电子数随温度变化而呈现出的不同变化趋势的具体产生原因目
前还不清楚,或许是由于不同的量子点红外探测器中电子的俘获和电子的激发(包含
热激发和场辅助隧穿激发)之间的不平衡导致的。在一个量子点红外探测器中,当电
子的激发速度远远大于电子的俘获速度时,电子的激发将占据主导地位,因而,当
温度增加时,量子点内平均电子数显示出一个明显的降低趋势。相反,当电子热激
发速度小于电子的俘获速度时,电子俘获行为将占主导地位,那么此时,当温度增
加时量子点内平均电子数显示出增加的变化趋势。类似的增加或者降低的结果也能
在文献[13]、[16]和[23]中看到。

　　虽然量子点内平均电子数在图 5.26(a) 和图 5.27(a) 中分别显示出降低和增加的
趋势,但是基于这些计算结果,图 5.26(b) 和图 5.27(b) 中的探测率却显示出相同的
变化趋势,即探测率随着温度的增加而降低。众所周知,探测率的计算是基于
图 5.26(a) 和图 5.27(a) 给出的量子点内平均电子数,而量子点内平均电子数则通过
其与电子的俘获和激发等行为之间的紧密关联作用直接影响探测器的宏观特性——
探测率。具体来说,量子点内平均电子数的变化直接影响电子的俘获和激发,这些
影响能体现在响应率随着温度的增加而变化的趋势(见式(5-46))。因为温度对暗电
流的影响大于温度对响应率的影响,所以在探测率的计算中温度对暗电流的影响占
主导地位。如前所述,暗电流随着温度的增加而增加的变化趋势直接导致探测率的
降低。综上所述,微观上量子点内平均电子数随着温度的增加而变化的趋势,在宏
观上通过暗电流对温度的依赖关系表现为探测率对温度的依赖性。

　　将本节提出的基于电子连续势能分布的量子点红外探测器性能模型与 5.2 节给
出的基于电子激发的量子点红外探测器的性能模型进行比较,可以发现,它们虽然
都是通过计算出中间物理量——量子点内平均电子数来预测探测器的光电流、探测
率等性能,但这两个模型之间仍然存在着较大的差异。

　　(1)从研究机理上看,基于连续势能分布的性能模型是从光敏区电势分布满足泊

松方程这一思想出发，通过结合边界条件利用泊松方程解出电子的势能分布函数，利用电流与势能分布间的关系和电子传输一起建立了探测器的性能模型。而基于电子激发性能模型首先把电子的激发行为分为两类，一类是热激发，另一类是场辅助隧穿激发，结合量子点对电子的俘获，通过考虑这两种激发对载流子的作用，与两种尺度电子传输一起建立了量子点红外探测器的性能模型。

（2）从建模的过程上看，基于电子激发性能模型涉及的量子点能级结构多一些，而基于连续势能分布性能模型涉及的偏置电压、特征电压等多一些。进一步而言，这两种模型涉及的探测器结构参数也存在着差异性。基于连续势能分布的性能模型涉及 h_{QD}、N_{QD} 等结构参数，而基于电子激发的性能模型没有涉及这些参数。同样，基于电子激发性能模型涉及的电子热激发常数和隧穿激发常数等在基于连续势能性能模型中也没有出现。

（3）从仿真结果上来看，这两种模型在零电场附近与实验值均存在较大的差异。基于电子激发性能模型较适合温度较高且电场强度不太低的情况。而基于连续势能性能模型对温度没有要求，适合电场强度较高的情况，而且根据探测器参数的不同，它显示出比电子激发性能模型更加复杂的特性变化趋势。

总之，由于研究机理、建模过程等的不同，它们各有优势，适用于不同情况下的探测器性能预测与估算。实际中，人们可以根据量子点红外探测器的具体情况来选择一种模型进行探测器特性的预测和优化。

5.3.2　基于偏置电压对增益影响的改进模型

5.3.1 节主要通过考虑微米、纳米电子传输以及电子连续势能的影响，提出了基于电子连续势能分布的量子点红外探测器的性能模型（即基础性能模型）。虽然该模型可以很好地估计出探测器的光电流性能，但是其在计算过程中将光电导增益假定为常数，而且对探测器的响应率并没有进一步研究与计算。事实上光电导增益对电压有着极大的依赖性，所以在光电流计算中应该考虑电压对光导增益的影响[32]。根据这一理论，本节通过考虑偏置电压对光电导增益的影响改进了原来的光电流模型，并进一步研究探测器的响应率特性。计算结果与实验数据吻合较好，证明了本节提出的量子点红外探测器的改进性能模型是正确的。

5.3.2.1　理论模型

如前所述，假定量子点红外探测器是由多个周期的量子点复合层、顶端连接层、底端连接层组成，其中每一个量子点复合层由势垒层和量子点层组成，而在每个量子点层内分布着周期性排列的量子点。每个量子点具有足够大的横向尺寸和非常小的纵向尺寸，所以在横向方向上可以提供大量的束缚态去接受更多的电子，而在纵向方向上只能提供单一的能级。基于以上假设，通过考虑偏置电压对光电导增益的影响，改进了基于电子连续势能分布的性能模型，并进一步研究了量子点红外探测器的响应率。

（1）光电流。

众所周知，光电流定义为光照情况下流过探测器的电流。根据量子点红外探测器的光电导机制，量子点红外探测器的光电流能写为

$$I_{\text{photo}} = e\Phi_{\text{s}} \eta g A_{\text{d}} \tag{5-48}$$

式中，e 为电子电荷；Φ_{s} 为入射到量子点红外探测器上的光辐射通量密度；A_{d} 为探测器面积；g 为光电导增益；η 为量子效率，可以通过 $\eta = \delta \langle N \rangle K \sum_{\text{QD}}$ 来得到，而量子点内平均电子数则可以通过式（5-43）来得到。因此量子点红外探测器的光电流为

$$I_{\text{photo}} = e\delta g \langle N \rangle \sum_{\text{QD}} \Phi_{\text{s}} K A_{\text{d}} \tag{5-49}$$

在式（5-49）给出的光电流模型中，光电探测器的光电导增益被假定为常数，但是事实上早有人指出，由于光电导增益对偏置电压具有很大的依赖性，在探测器光电流的计算过程中应该包含偏置电压对光电导增益的影响[10,13,14]。因此，通过考虑偏置电压对光电导增益的影响，我们对 5.3.1 节的光电流模型进行了改进和更新，以达到提高光电流计算精度的目的。

在量子点红外探测器中，假定电子捕获概率很小，同时穿过一个量子复合层的渡越时间比电子从扩展状态回到量子点的再复合时间小很多的情况下，光电导增益可以通过俘获概率和量子点层的数量一起得到[13,14]，其表达式为

$$g = \frac{1}{KP_{\text{k}}} \tag{5-50}$$

式中，K 为量子点红外探测器的量子点复合层的层数；P_{k} 为电子复合概率，可以通过式（5-6）来得到。不过值得注意的是，在计算过程中，式（5-6）中的量子点内平均电子数并不是通过式（5-4）来得到，而是通过基于电子连续势能分布的探测器性能模型来得到的，即通过式（5-43）来得到。也就是说，在量子点红探测器的增益表达式（5-51）中，由于量子点内平均电子数是通过基于电子连续势能分布的性能模型的暗电流平衡关系得到的，因此该增益与式（5-16）给出的增益形式相同意义不同，我们称之为基于电子连续势能分布的探测器增益，即

$$g = \frac{N_{\text{QD}}}{KP_{0\text{k}}(N_{\text{QD}} - \langle N \rangle)\exp\left(-\dfrac{\pi\sqrt{\pi}e^2\langle N \rangle}{2\varepsilon a_{\text{QD}}k_{\text{B}}T}\right)} \tag{5-51}$$

将式（5-51）代入式（5-49）中，则可得到考虑了电压对光电导增益影响的量子点红外探测器的光电流模型[32]，即

$$I_{\text{photo}} = \frac{\delta e N_{\text{QD}} \langle N \rangle \Sigma_{\text{QD}} \Phi_s A_d}{P_{0k}(N_{\text{QD}} - \langle N \rangle) \exp\left(-\dfrac{\pi\sqrt{\pi}e^2\langle N\rangle}{2\varepsilon a_{\text{QD}}k_B T}\right)} \tag{5-52}$$

（2）响应率。

电流响应率定义为探测器单位输入功率对应的输出光电流的大小，它可以通过光电流与入射光辐射功率的比例来得到，即 $R_i = I_{\text{photo}}/(\Phi_s A_d h\nu_0)$（见式(5-18)）。因此，基于式(5-52)给出的光电流计算方法，将式(5-52)代入到式(5-18)中，就得到量子点红外探测器的响应率模型，即

$$R_i = \frac{\delta e N_{\text{QD}} \langle N \rangle \Sigma_{\text{QD}}}{h\nu_0 P_{0k}(N_{\text{QD}} - \langle N \rangle) \exp\left(-\dfrac{\pi\sqrt{\pi}e^2\langle N\rangle}{2\varepsilon a_{\text{QD}}k_B T}\right)} \tag{5-53}$$

这里需要注意的是，式中的量子点内平均电子数 $\langle N \rangle$ 是通过基于电子连续势能分布的暗电流平衡关系式(5-43)得到的，因此式(5-53)给出的响应率和式(5-52)给出的光电流一样，都是基于电子连续势能分布的改进的模型。

5.3.2.2　结果与数据

根据 5.3.2.1 节给出的理论模型，本节主要对量子点红外探测器的光电流和响应率进行了模拟和计算，并将得到的结果与实验测量值进行比较来验证模型的正确性。为了能够更加清晰地看清实验验证情况，这里将实验测量值的电压坐标转换成电场强度坐标。在本节的计算中，入射光通量密度 Φ_s 的取值为 8×10^{17} 光子/(cm²s)，其他参数的取值都被调整成与用于验证的 GaAs/InGaAs QDIP 器件[13,17,21,23,28]的参数取值是一样的，它们的具体取值如表 5.5 所示。

表 5.5　基于偏置电压对增益影响的改进性能模型参数

参数	值
$E_{0,\text{micro}}/\text{meV}$	34.6
$E_{0,\text{nano}}/\text{meV}$	224.7
$\Sigma_{\text{QD}}/\text{cm}^{-2}$	$1\times10^{10}\sim4\times10^{10}$
$\nu/(\text{m/s})$	2×10^5
a_{QD}/nm	20
$E_0/(\text{kV/cm})$	1.62
$\beta/(\text{meVcm/kV})$	2.79
L/nm	$59\sim61.5$
$A_s/\mu\text{m}^2$	$100\times100\sim300\times300$
m_b/kg	$0.023m_e$

续表

参数	值
K	10
N_{QD}	8
ε_r	12
$\Sigma_D / \text{cm}^{-2}$	$0.3\Sigma_{QD}$
P_{0k}	1

图 5.28 给出了量子点红外探测器光电流变化情况。在图 5.28 中，光电流的实验测量值是通过测量由 0.5μm GaAs 顶端连接层/10 个周期的量子点复合层(30nm GaAs/3ML InAs QDs)/1μm GaAs 底端连接层构成[28]的量子点红外探测器得到的。将该实验测量值与由本节提出的改进模型得到的温度为 100K 时的光电流值、由原来的基于电子势能连续分布的基础性能模型得到的光电流值进行比较，可以发现，由原来基础性能模型得到的光电流值在 6～12kV/cm 电场强度范围内与实验值比较接近，具有良好的一致性。但是在低电场强度(低于 6kV/cm)和高电场强度(高于 12kV/cm)时两者之间的一致性较差。将本节提出的改进模型得到的光电流值与原来基础性能模型得到的光电流值进行比较，能很清楚地看到，在低于 6kV/cm 电场强度的情况下，本节模型得到的光电流值比由原来模型得到的光电流值小，而在高于 12kV/cm 左右电场强度的情况下，由本节提出的改进模型得到的光电流值大于原来基础性能模型得到的光电流值。正是该差异性导致了在与实验数据进行比较时，在整个 4～13kV/cm 电场强度范围内，本节改进模型的光电流值显示出比原来基础性能模型得到的光电流值更好的一致性。该一致性也表明，由本节模型得到的光电流值比原来基础性能模型得到光电流值更加精确。此外，本节模型给出的光电流结果与实验值之间的一致性也证明了本节提出的改进性能模型是正确的和有效的。此外，还可以发现，在图 5.28 中温度为 100K 时的这些光电流曲线随着电场强度的变化而呈现出相同的变化特性，即光电流随着电场强度的增加而增加。以曲线 100K 为例，当电场强度为 6kV/cm 时探测器的光电流为 0.682A，而当电场强度增加到 12kV/cm 时，量子点红外探测器的光电流相应地也增加到 1.21A，比电场强度为 6kV/cm 时的光电流值大 0.528A。光电流的这个变化趋势清楚地说明了电场对光电流的影响。类似的，在曲线 80K 上，当电场强度从 6kV/cm 变化到 12kV/cm 时，光电流相应地从 4.36A 增加到了 8.81A。从物理机制的角度来看，电场的增加使势垒变得更低，这样会使更多的电子越过这个降低的势垒从量子点中逃逸出去，从而导致形成光电流的电子数增加，最终获得一个大的探测器光电流。综上所述，图 5.28 中的曲线不仅显示了光电流对电场强度的依赖性，而且也证明了本节提出的改进模型的正确性。

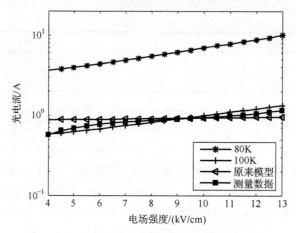

图 5.28　量子点红外探测器光电流变化情况

　　图 5.29 显示了在 2~12kV/cm 电场强度范围内的探测器响应率值。在图 5.29 中，将本节改进模型在温度为 100K 时得到的响应率值，与温度为 100K 时响应率的实验测量值进行比较，可以很明显地看出，由本节提出的改进模型得到的响应率值与实验测量值之间具有良好的一致性，直接证实了本节提出的改进模型的正确性。然而，我们也能注意到，理论计算值和实验测量值之间在低电场强度情况下存在稍微的偏离。这个偏离存在的原因目前还不太清楚，可能是由于在模拟时并没有考虑到一些参数(如参数 ν、β 等)对电场强度的依赖性。这里，实验测量用的量子点红外探测器的结构为顶端连接层/10 个周期的量子点复合层 (4nm $Al_{0.1}Ga_{0.9}As$/4nm $GaAs$/$In_{0.4}Ga_{0.6}As$ QDs/1nm $GaAs$/3nm $Al_{0.3}Ga_{0.7}As$/4nm $In_{0.1}Ga_{0.9}As$/3nm $Al_{0.3}Ga_{0.7}As$/40nm $GaAs$)/底端连接层[21]。此外，正如曲线 80K 显示的那样，电场对响应率有着很大的影响。比如，在温度为 80K 的情况下，当电场强度为 4kV/cm 时，探测器的响应率只有 $3.85×10^{-2}$A/W，而当电场强度增加到 12kV/cm 时，响应率则很快地增加到 $2.58×10^{-1}$A/W，它是电场强度为 4kV/cm 时响应率的 10 倍左右。这种类似的响应率增加趋势也可以在温度为 100K 时的响应率值中看到(对应曲线 100K)。在相同的电场强度范围内(2~12kV/cm)，温度为 100K 时的响应率也相应地发生了从 $4.63×10^{-3}$A/W 到 $2.18×10^{-2}$A/W 的增加。这个增加趋势直接显示出响应率随着电场的增加而增加的变化特征。也就是说，在一定的温度下，电场越高，响应率就越大。响应率随电场增加而增加的原因如下：当电场强度增加时，能带会变得更加弯曲，从而导致势垒高度变得更低，越来越多的电子能更加容易越过降低的势垒从量子点势阱逃逸出去，形成更大的光电流，最后导致较大的量子点红外探测器响应率。

　　综上所述，通过考虑电场强度对光电导增益的影响，本节改进了基于电子连续分布的量子点红外探测器的基础性能模型，实现了光电流计算精度的提高，并进一步给出了量子点红外探测器响应率的计算方法。计算结果与实验结果吻合较好，证实了模型的准确性。

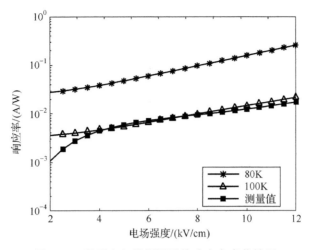

图 5.29　量子点红外探测器的响应率变化情况

5.3.3　基于入射光高斯特性的改进模型

目前，大部分关于量子点红外探测器的研究都集中在探测器的光电性能方面[33-35]，就理论研究而言，2001 年，Ryzhii 通过考虑电子的连续势分布和热激发提出了一个量子点红外探测器的性能模型[11,36]，实现了探测器光电流和响应度的估算。2010 年，Mahmoud 通过考虑电子的场辅助隧穿激发改进了量子点红外探测器的性能模型[14]。2012 年，作者通过考虑微米尺度电子传输和纳米尺度电子传输，重新构建了量子点红外探测器的性能模型[16,23]，该模型就是 5.3.1 节给出的基础性能模型，可以用于计算探测器的光电流、响应率等性能参数。总之，上面这些模型能很好地计算和模拟量子点红外探测器的性能，但在这些模型中，对入射红外光的考虑过于简单，没有充分考虑到入射光的特性，实际上入射光特性对光电探测器的性能有很大的影响[37]。因此，本节假设入射红外光满足高斯光束的分布特性，并在前面给出的基于连续势能分布的性能模型的基础上考虑了入射光的这种特性，构建了基于入射光高斯特性的量子点红外探测器的性能改进模型，提高了量子点红外探测器光电性能的计算精度。

5.3.3.1　理论模型

如 5.3.1 节所述，通过考虑量子点红外探测器中微米、纳米尺度电子传输的作用以及电子连续势能分布情况，确定了暗条件下的电流平衡关系(见式(5-43))，并利用量子效率与量子点内平均电子数之间的关系，构建了量子点红外探测器的基础性能模型。然而该性能模型并没有考虑入射光的特性(如满足何种分布或者规律)，导致其并不是非常符合探测器的实际运行机制。因此，本节在电子连续势能分布的基础性能模型的基础上，通过考虑入射光的高斯特性，构建了新的量子点红外探测器的光电流模型。

与前面的讨论类似，根据探测器的结构特点以及量子点红外探测器的光电导探测机制，量子点红外探测器的光电流为

$$I_{\text{photo}} = g\eta e P / h v_0 \tag{5-54}$$

式中，e 为电子电荷；η 为量子效率；g 为光电导增益；h 为普朗克常数；v_0 为入射光频率；P 为入射到量子点红外探测器的光功率。这里，假设入射光为高斯光束，入射光的波函数满足高斯分布[38]，即

$$E(\rho, z) = A_0 \frac{\omega_0}{\omega(z)} \exp\left[-\frac{\rho^2}{\omega^2(z)}\right] \exp\left[-jkz - jk\frac{\rho^2}{2R(z)} + j\zeta(z)\right] \tag{5-55}$$

进一步，入射红外光的强度为

$$I(\rho, z) = A_0^2 \left[\frac{\omega_0}{\omega(z)}\right]^2 \exp\left[-\frac{2\rho^2}{\omega^2(z)}\right] \tag{5-56}$$

式中，$\rho^2 = x^2 + y^2$；ω_0 为高斯光束的束腰半径，即

$$\omega_0 = [\lambda z_0 / \pi]^{1/2} \tag{5-57}$$

式中，z_0 为瑞利距离；λ 为入射光的波长；$\omega(z)$ 为该高斯光束的束半径，它可以通过 $\omega(z) = \omega_0[1 + (z/z_0)^2]^{1/2}$ 来得到。

当该入射光照射红外探测器时，如果探测器光敏区的形状假定为半径为 a 的圆，那么单位时间内入射到这个光敏区的功率为

$$\begin{aligned} P &= \int_0^{a/2} I(\rho, z) 2\pi \mathrm{d}\rho \\ &= \int_0^{a/2} A_0^2 \left(\frac{w_0}{w(z)}\right)^2 \exp\left(-\frac{2\rho^2}{w^2(z)}\right) 2\pi\rho \mathrm{d}\rho \\ &= \frac{A_0^2 \lambda z_0}{2} \left[1 - \exp\left(-\frac{a^2 \pi z_0}{2\lambda z_0^2 + 2\lambda z^2}\right)\right] \end{aligned} \tag{5-58}$$

在量子点红外探测器中，光电导增益能够通过电子俘获时间（也就是载流子寿命）与穿过整个探测器的渡越时间的比值来得到，根据参考文献[13]和[39]，光电导增益为

$$g = \frac{(K+1)L\mu E[1 + (\mu E / v_s)^2]^{-1/2}}{K\pi a_{\text{QD}}^2 h_{\text{QD}}^2 \Sigma_{\text{QD}} V_t} \tag{5-59}$$

式中，L 为量子点层之间的间距；K 为量子点红外探测器总的层数；Σ_{QD} 为量子点

层内的量子点密度；a_{QD} 为量子点的横向尺寸；h_{QD} 为量子点高度；V_t 为电子俘获速度；μ 为电子迁移率；v_s 为电子的饱和速度。

在量子点红外探测器中，量子效率可以通过 $\eta = \delta\langle N\rangle K\Sigma_{QD}$ 来计算，其中，量子点内平均电子数则是通过基于电子连续势能分布的基础性能模型来得到，即通过求解式(5-43)来得到。

将入射光功率(即式(5-58))、量子效率，光电导增益(即式(5-59))代入光电流计算式(5-54)，则可得到包含入射光高斯特性的量子点红外探测器光电流模型，即

$$I_{\text{photo}} = \frac{e\delta\langle N\rangle KA_0^2\lambda z_0(K+1)L\mu E}{2hv_0 K\pi a_{QD}^2 h_{QD}^2 V_t}[1+(\mu E/v_s)^2]^{-1/2}\left[1-\exp\left(-\frac{a^2\pi z_0}{2\lambda z_0^2+2\lambda z^2}\right)\right] \quad (5\text{-}60)$$

5.3.3.2　结果分析

本节根据 5.3.3.1 节给出的理论模型计算了量子点红外探测器的光电流特性，相应结果如图 5.30～图 5.32 所示。另外，在模拟计算中所用到的 QDIP 参数的取值[13,16,23]如表 5.6 所示。

表 5.6　基于入射光高斯束特性的改进模型参数

参数	值
$\mu/(\text{cm}^2\text{V}^{-1}\text{s}^{-1})$	2000
$\Sigma_{QD}/\text{cm}^{-2}$	4×10^{10}
$v_s/(\text{cm/s})$	1.6×10^8
$a/\mu\text{m}$	100
A_0	1
z_0/m	5
K	10
V_v/Hz	2.5×10^{13}
δ/cm^2	1.6×10^8
L/nm	31.5
a_{QD}/nm	22
h_{QD}/nm	6

图 5.30 给出了入射高斯红外光的功率。仔细观察波长分别为 5μm 和 7μm 的入射高斯光的功率值曲线，可以发现这两条曲线有相同的特征，也就是说，随着距离 z 的增大入射光功率满足高斯分布。在 $z=0$ 时，入射光的功率具有最大值。如果将这些高斯光照射到量子点红外探测器的光敏区，那么在偏置电压的作用下，探测器将有光电流流过。图 5.31 就给出了量子点红外探测器的光电流值。其中，波长为 5μm 和 7μm 时，探测器的光电流曲线具有相同的变化属性，即随着距离 z 的增加光电流也呈现出类高斯分布。具体来说，当 $z>0$ 时，光电流随着距离 z 的增加而呈现下

降趋势，而当 $z<0$ 时，光电流随着距离 z 的增加而呈现增加趋势。本质上而言，光电流的这种变化趋势是由于入射光满足高斯分布导致的。当然，入射光波长对光电流也有着很大的影响。在距离为 5m 的情况下，波长为 5μm 时的探测器光电流为 $1.017×10^7$A，而当波长变为 7μm 时，光电流迅速地增加到 $1.425×10^7$A，比波长为 5μm 时的光电流值大 $0.408×10^7$A。光电流随着波长增加而增加的类似趋势也能从两条曲线中的其他值中看到。

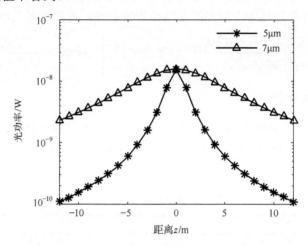

图 5.30　入射高斯光束的功率分布情况

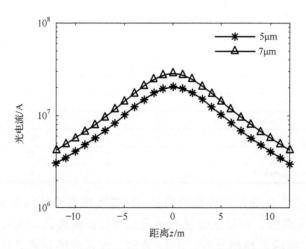

图 5.31　不同距离下的量子点红外探测器的光电流

图 5.32 显示了量子点红外探测器光电流对电场强度的依赖关系。图中，实验测量用量子点红外探测器结构为顶端连接层/10 个周期的量子点复合层(GaAs/3ML InAs QDs/30nm GaAs)/底端连接层[28]。将这些实验测量值与由本节模型计算出的光

电流计算值进行比较，可以发现它们具有很好的一致性，这直接验证了本节提出模型的正确性。另外，还可以看出光电流随着电场强度的增大而增大。以本节模型的计算结果（对应曲线计算值）为例，在波长为 6.36μm 的情况下，当电场强度从 4kV/cm 增加到 10kV/cm 时，光电流值也显示出类似的增加趋势，即从 0.428A 增加到 1.30A。本质上而言，量子点红外探测器光电流随着电场强度的增加而增加的趋势的产生原因如下：当电场强度增加时，电子运动加速，更容易从量子点势阱中逃逸出来，俘获概率变得更低，同时会导致用于形成探测器光电流的电子数大量地增加，从而形成一个大的光电流。

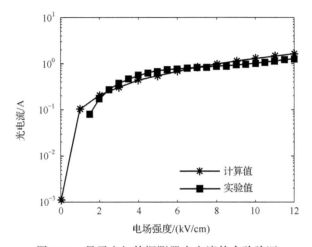

图 5.32　量子点红外探测器光电流的实验验证

综上所述，本节通过考虑入射光的高斯特性构建了一个量子点红外探测器的光电流模型，并给出了相关的实验验证情况，还进一步讨论了入射光波长和电场强度对量子点红外探测器光电流的影响。

5.3.4　基于电子漂移速度的改进模型

与量子阱红外探测器相比，量子点红外探测器显示出更优越的性能，如更低的暗电流、更大的响应率、能吸收垂直入射光[40-43]，是广大工程师和研究人员关注的热点问题。目前，量子点红外探测器的光电性能研究主要集中在电子传输、电子发射和连续势分布的影响上。2012 年，作者通过考虑微米、纳米尺度电子传输和电子连续势能分布的影响重新构建了量子点红外探测器的性能模型来计算探测器的光电性能[16,23]，即 5.3.1 节给出的探测器基础性能模型。虽然该模型的计算结果与实验数据相比较能显示出很好的一致性，但是其并没有考虑电子漂移速度和光电导增益对偏置电压的依赖性，这必将使模型的应用受到限制[34]。基于这个原因，本节通过考虑微米、纳米尺度电子传输、电子连续势能分布、电子漂移速度、光电导增益的影响，构建了量子点红外探测器的性能模型，该模型可以实现探测器光电流、响应率、探测率的准确评估和计算。

5.3.4.1　理论模型

和前面的假设一样，量子点红外探测器是由多个周期的量子点复合层构成，其中每个量子点层内周期性分布着多个量子点，每个量子点横向尺寸大且纵向尺寸小。基于这个假设，在 5.3.1 节给出的基础性能模型（见式(5-43)）的基础上，通过考虑电场强度对电子漂移速度的影响改进了该量子点红外探测器的基础性能模型，实现了探测器光电流、响应率、探测率的准确表征。

在第 3 章给出的兼顾微米、纳米尺度电子传输的量子点红外探测器暗电流计算方法的基础上（见式(3-6)），5.3.1 节认为暗电流也可以通过考虑电子传输对每个流过量子点平面势垒中小孔电流的贡献来得到[11,13,23]。由于这两种计算方法都是通过考虑电子传输对暗电流的贡献来建模的，因此在同一个量子点红外探测器中，可以构建基于电子连续势能分布的量子点红外探测器暗电流平衡关系，也就是 5.3.1 节给出的式(5-43)。为了更加清晰地说明问题，这里再次列出该电流平衡关系，即

$$
\begin{aligned}
& 2ev_d \left(\frac{mk_BT}{2\pi\hbar^2} \right)^{3/2} \exp\left(-\frac{E_{0,\text{micro}}\exp(-E/E_0) + E_{0,\text{nano}} - \beta E}{k_BT} \right) \\
& = j_{\text{dark}} \frac{\Theta}{\langle N \rangle} \exp\left[e\frac{V + V_D - (\langle N \rangle / N_{\text{QD}})V_{\text{QD}}}{(K+1)k_BT} \right]
\end{aligned} \tag{5-61}
$$

仔细观察式(5-61)给出的量子点红外探测器暗电流平衡关系，可以发现在该模型(式 5-61)中电子的漂移速度假定为常数。事实上，已有许多研究者发现电子漂移速度对偏置电压有着很大的依赖性[34,35]。因此，本节通过考虑电子漂移速度对探测器偏置电压的依赖性，改进了原来的基于电子势能连续分布的基础性能模型，提高了计算的精确性。

在量子点红外探测器中，电子的漂移速度与电子的激发和俘获有关，则其表达式为[34,35]

$$
v_d = \mu E \left[1 + \left(\frac{\mu E}{v_s} \right)^2 \right]^{-1/2} \tag{5-62}
$$

式中，v_s 为电子的饱和速度；μ 为电子迁移率。

将式(5-62)代入式(5-61)，则可得到改进后的量子点红外探测器暗电流平衡条件，即

$$2e\mu E\left(1+\left(\frac{\mu E}{v_{\mathrm{s}}}\right)^{2}\right)^{-1/2}\left(\frac{m_{\mathrm{b}}k_{\mathrm{B}}T}{2\pi\hbar^{2}}\right)^{3/2}\exp\left(-\frac{E_{0,\mathrm{micro}}\exp(-E/E_{0})+E_{0,\mathrm{nano}}-\beta E}{k_{\mathrm{B}}T}\right)$$

$$=j_{\mathrm{dark}}\frac{\Theta}{\langle N\rangle}\exp\left[\frac{e(V+V_{\mathrm{D}}-(\langle N\rangle/N_{\mathrm{QD}})V_{\mathrm{QD}})}{(K+1)k_{\mathrm{B}}T}\right] \tag{5-63}$$

通过求解这个改进的暗电流平衡方程可以得到量子点内平均电子数 $\langle N\rangle$，为后续量子点红外探测器光电流、响应度和探测率的计算奠定基础。

同 5.2 节和 5.3.1 节描述的一样，量子点红外探测器光电流密度同样依赖于量子效率和光电导增益，能通过式(5-11)来得到。其中，量子效率的计算主要由量子点内平均数 $\langle N\rangle$ 决定(见式(5-15))，而量子点内平均电子数则是通过本节给出的改进暗电流平衡关系(即式(5-63))来得到。具体来说，基于前面改进的量子点红外探测器暗电流平衡关系(即式(5-63))，可以求解出兼顾微米、纳米尺度电子传输、电子连续势能分布以及偏置电压对电子漂移速度影响的量子点内平均数 $\langle N\rangle$，将这个电子平均数代入式(5-15)，就得到了基于本节提出的量子点红外探测器改进模型的量子效率。

与量子点红外探测器光电流紧密相关的另外一个参数是光电导增益。在基于电子连续势能分布的性能模型中，光电导增益 g 被假定为常数，实际上它对外加偏置电压有很大的依赖性。因此，在本节的光电流模型中，假定俘获概率很小，且电子渡越一个周期量子点复合层所用的时间比电子从扩展态返回量子点的再复合时间少很多，那么光电导增益能通过量子点复合层的层数与电子俘获概率的倒数来得到(即式(5-51))。其中的量子点内平均数是通过本节给出的考虑漂移速度的暗电流平衡条件(即式(5-63))来得到的。这个光电导增益与前面的量子效率类似，都是基于偏置电压对漂移速度的改进模型来得到的。将这个光电导增益和量子效率同时代入式(5-11)，则能得到本节提出基于偏置电压对电子漂移速度的改进的光电流密度模型，该模型可以写为

$$\langle j_{\mathrm{photo}}\rangle=\frac{\delta e\langle N\rangle N_{\mathrm{QD}}\Sigma_{\mathrm{QD}}\Phi_{\mathrm{s}}}{P_{0\mathrm{k}}(N_{\mathrm{QD}}-\langle N\rangle)\exp\left(-\dfrac{\sqrt{\pi}e^{2}\langle N\rangle}{8\varepsilon_{0}\varepsilon_{\mathrm{r}}a_{\mathrm{QD}}k_{\mathrm{B}}T}\right)} \tag{5-64}$$

根据探测器响应率的定义，即探测器光电流与入射光功率的比值(见式(5-18))，将式(5-64)代入式(5-18)中，得到基于电子漂移速度对电场依赖性的量子点红外探测器的响应率模型，即

$$R_{\mathrm{i}}=\frac{\delta e\langle N\rangle\Sigma_{\mathrm{QD}}KN_{\mathrm{QD}}}{hv_{0}KP_{0\mathrm{k}}(N_{\mathrm{QD}}-\langle N\rangle)\exp\left(-\dfrac{\sqrt{\pi}e^{2}\langle N\rangle}{8\varepsilon_{0}\varepsilon_{\mathrm{r}}a_{\mathrm{QD}}k_{\mathrm{B}}T}\right)} \tag{5-65}$$

　　与 5.3.1 节类似，在忽略热噪声的基础上，通过考虑式(5-65)以及第 4 章给出的量子点红外探测器的噪声模型，可以得到基于偏置电压对电子漂移速度影响的量子点红外探测器的探测率模型，可以写为

$$D^* = \frac{\delta\langle N\rangle \Sigma_{QD} K \sqrt{N_{QD}}}{hv_0 \sqrt{8v_d K P_{0k}(N_{QD} - \langle N\rangle)\left(\dfrac{m_b k_B T}{2\pi\hbar^2}\right)^{3/2} \exp\left(-\dfrac{E_{0,micro}\exp(-E/E_0) + E_{0,nano} - \beta E}{k_B T}\right)} \exp\left(-\dfrac{\sqrt{\pi}e^2\langle N\rangle}{8\varepsilon_0\varepsilon_r a_{QD} k_B T}\right)}$$

(5-66)

5.3.4.2　仿真和结果

　　本节根据前面的模型模拟和计算量子点红外探测器的暗电流、光电流、响应度、噪声和探测率等性能参数，并与实验值进行比较验证了模型的正确性。表 5.7 给出的是本节用来计算探测器性能的结构参数的取值，这些取值尽可能地与实验验证的 GaAs/InGaAs 量子点红外探测器结构参数取值相同[8,13,18,21,23,28,44]。此外，为了更清楚地显示了本节模型的正确性，本节中实验验证数据的电压坐标被转换为电场强度坐标，采用的转换手段是偏置电压除以探测器的光敏区厚度[45,46]。

表 5.7　基于电子漂移速度的改进模型的参数值

参数	值
$E_{0,micro}$/meV	34.6
β/(meVcm/kV)	2.79
Σ_{QD} /cm^{-2}	$1\times10^{10} \sim 8\times10^{10}$
m_b/kg	$0.023m_e$
A_s/μm^2	$100\times100 \sim 400\times400$
$E_{0,nano}$/meV	224.7
L/nm	$31.5 \sim 62.3$
a_{QD}/nm	$20 \sim 50$
v_s/(cm/s)	1.8×10^7
μ /(cm^{2}V^{-1}s^{-1})	1000
E_0/(kV/cm)	1.62
N_{QD}	$1 \sim 10$
ε_r	12
Σ_D/cm^{-2}	$0.3\Sigma_{QD}$
P_{0k}	1

　　图 5.33 给出了温度为 130K 时基于微米、纳米尺度电子传输暗电流模型得到的

结果，即通过式 (5-63) 的左边式子得到的量子点红外探测器的暗电流的计算结果。图中，实验测量数据[17]是通过测量结构为顶端连接层/10 个周期量子点复合层 (4.5nm InGaAs/2.2ML InAs QDs/6nm InGaAs/50nm GaAs)/底端连接层的量子点红外探测器来得到的。将该实验测量数据与本节给出的基于微米、纳米尺度电子传输的暗电流模型的计算结果进行对比，可以发现在 0~12kV/cm 电场强度范围内具有很好的一致性，验证了基于微米、纳米尺度电子传输的暗电流模型的正确性。此外，这些暗电流曲线具有类似的变化特性，即暗电流随着电场的增加而增加。产生暗电流的这种增加趋势的原因如下：电场的增加导致能带更加弯曲，从而导致势垒进一步降低。因此越来越多的电子可以越过降低的势垒从量子点中逃逸出来，形成更大的暗电流。

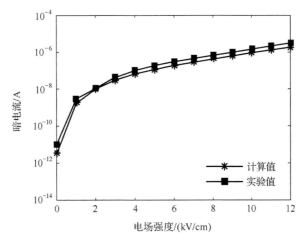

图 5.33　基于微米纳米电子传输作用的暗电流

图 5.34 为温度为 80K 时基于电子连续势能分布的暗电流模型 (即式 (5-63) 右边) 的计算结果。这些暗电流曲线呈现出随着量子点平均电子数的增加而降低的趋势。具体来说，在曲线 5kV/cm 上 (对应着电场强度为 5kV/cm 时的暗电流值)，当量子点内平均电子数从 1 增加到 9 时，探测器暗电流也相应地从 8.09×10^{8}A 降低到 8.99×10^{7}A。本质上而言，暗电流随着量子点内平均电子数的增加而降低的原因如下：量子点内平均电子数的增加意味着量子点俘获的电子数在增多，那么激发的电子数就会相对地减少，从而导致形成探测器暗电流的电子数变少，最终表现为探测器暗电流的减小。此外，从这些曲线中还能注意到电场对暗电流有着较大的影响。例如，在量子点内平均电子数为 5 的情况下，暗电流在电场强度为 5kV/cm 时的计算结果为 1.62×10^{8}A，当电场强度变为 6kV/cm 时，暗电流也相应地增加到 1.80×10^{9}A，比电场强度为 5kV/cm 时的暗电流值大 1 个数量级。关于该暗电流更为详细的讨论可以在文献[11]和[23]中看到。

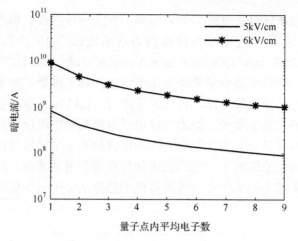

图 5.34　基于连续势能分布的暗电流

　　图 5.35 给出了温度为 80K 时的量子效率和光电导增益。图中,量子效率随着电场强度的增加而变大。当电场强度由 2kV/cm 增加到 12kV/cm 时,探测器的量子效率也相应地从 2.60%增加到 3.10%。光电导增益也呈现出随着电场强度的增加而增加的变化趋势。例如,在电场强度为 2kV/cm 时增益的取值为 10.87,当电场强度变为 12kV/cm 时,增益相应地增加到 27.26,比电场强度为 2kV/cm 时的增益值大 17左右。探测器增益的这种随着电场强度的增加而增加的趋势的产生原因如下:当电场增加时,电子运动会加速,这必将导致电子更容易从量子点逃逸出来,量子点俘获概率的降低直接使电子的寿命增加,最终表现为光电导增益的增大。进一步而言,正是这个增加的光电导增益和前面给出的变大的量子效率,直接导致了探测器光电流随着电场强度的增加也呈现出类似的增加趋势。

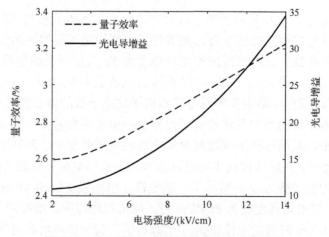

图 5.35　80K 温度下的量子效率和光电导增益

图 5.36 给出了温度为 100K 情况下 1～8kV/cm 电场强度范围内的探测器光电流值[28]。该实验用的量子点红外探测器是由 0.5μm GaAs 顶端连接层/10 个周期量子点复合层(30nm GaAs/3ML InAs QDs)/1μm GaAs 底端连接层组成的。将本节提出模型的计算结果与 5.3.1 节提出的基础模型进行比较，可以发现，本节模型给出的计算结果具有比原来基础模型的计算结果更高的数值。这两个光电流之间的差异性说明，本节模型的计算结果与实验测量结果之间具有更好的一致性，因此本节的光电流模型具有更高的计算精度。此外，从这些光电流数据中也可以看出电场强度对光电流有着很大的影响，电场强度越大，光电流越大。以本节模型的计算结果为例，当电场强度从 1kV/cm 增加到 8kV/cm 时，探测器光电流相应地从 5.43×10^{-1}A 增加到 1.29A。光电流随电场强度的增加而增加的趋势的产生原因如下：当电场强度增加时，越来越多的电子能越过降低的势垒从量子点中逃逸出去，最后导致光电流的增加。从图 5.36 中还可以看到，在低电场(大约 2kV/cm)时本节给出的光电流计算结果与测量数据之间的一致性较弱，造成这种现象的原因目前还不清楚，可能是由于在本节的计算中将一些参数(如 μ、β、E_0)看成常数导致的。

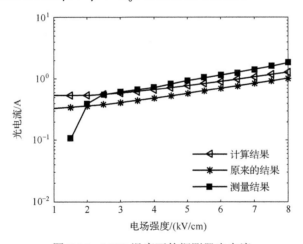

图 5.36 100K 温度下的探测器光电流

基于图 5.35 和图 5.36 的计算结果，图 5.37 给出了温度为 100K 和 80K 情况下的响应率随电场强度变化而变化的情况，可以发现这些响应率曲线随着电场强度的增加而显示出相同的变化趋势，即在一定温度情况下探测器的响应率随着电场强度的增加而增大。以本节模型得到的温度为 80K 时的响应率计算结果(对应曲线 80K 计算)为例，当电场强度为 2kV/cm 时，探测器的响应率为 4.19×10^{-3}A/W，当电场强度增加到 9kV/cm 时，探测器响应率则迅速增加到 8.37×10^{-3}A/W，大概是电场强度为 2kV/cm 时响应率的 2 倍左右。从根本上说，这种响应率随着电场强度的增加而增加的趋势应该归咎于光电流随电场强度的增加而增加的变化趋势。如前所述，电场强度越大，量子点势垒越低，电子更加容易越过降低的势垒进行激发，从而导致大的光电流，进一步产生高的探测器响应率。更重要的是，图 5.37 也显示了温度为 80K 和 100K 时本节模型计算结果和实验测量数据之间的比较情况。其中，温度为 80K 时的响应率实验数据是通过测量结构为顶端连接层/10 个周期的量子点复合层（4nm $Al_{0.1}Ga_{0.9}As$/4nm GaAs/$In_{0.4}Ga_{0.6}As$ QDs/1nm GaAs/3nm $Al_{0.3}Ga_{0.7}As$/4nm $In_{0.1}Ga_{0.9}As$/3nm $Al_{0.3}Ga_{0.7}As$/40nm GaAs）/底端连接层[21]的量子点红外探测器得到的，而温度为 100K 时的探测器响应率的实验测量数据是通过测量结构为顶端连接层/10 个周期的量子点复合层（40nm InP/3nm AlInAs/5ML InAs QDs/1nm GaAs）/底端连接层[8]的量子点红外探测器得到的。将温度为 80K 时的实验测量数据与相同温度下的本节模型得到的计算结果进行比较，可以明显看出本节给出的计算结果与实验数据间的一致性非常好，证实了本节提出的响应率模型是正确的和有效的。同样，将温度为 100K 时本节模型计算出的响应率数据与相同温度时的实验值之间进行比较，也能很清晰地看到在 3～9kV/cm 电场范围内两者显示出很好的一致性，再一次证实了本节提出模型的正确性。

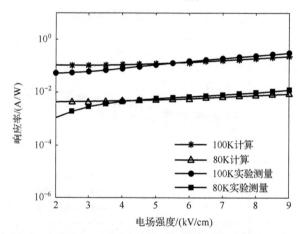

图 5.37　量子点红外探测器的响应率

　　图 5.38 给出了温度为 130K 时的探测器噪声电流随电场的变化情况。图中，温度为 130K 时噪声电流的实验测量值对应的探测器结构为顶端连接层/10 个周期的量子点复合层（1nm InGaAs/2.4ML QDs/30ML InGaAs/50nm GaAs）/底端连接层[44]。将这些实验测量值与本节模型噪声电流的理论计算值进行比较，可以清楚地看到，本节模型的噪声电流计算值与实验测量值之间有着很好的一致性，再一次验证了本节模型的正确性。

　　以图 5.38 给出的噪声结果和前面给出的响应率为基础，我们进一步计算了量子点红外探测器的探测率，计算结果如图 5.39 所示。图 5.39 给出了不同温度时在 2～12kV/cm 电场强度范围内探测率的计算结果。图中，在温度为 77K 和 100K 时的实验测量值是由测量 10 个周期量子点红外探测器得到的[18]，该探测器结构为 $In_{0.53}Ga_{0.47}As$

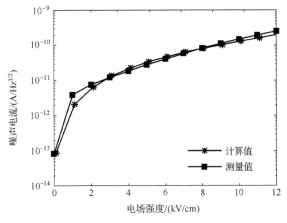

图 5.38　130K 温度下量子点红外探测器的噪声电流

顶端连接层/10 个周期的量子点复合层(40nm InP/1nm GaAs/5ML InAs QDs/1nm In$_{0.53}$Ga$_{0.47}$As)/InP 底端连接层。在温度为 100K 的情况下，将实验测量值与由本节模型得到的探测率的计算值进行比较，很明显本节的计算值与实验测量值之间有着较好的一致性。同时，温度为 77K 的情况下本节的计算值与实测测量值之间也呈现出良好的一致性。总之，这些计算值和实验测量值在不同的温度下的一致性都验证了本节提出模型的有效性和正确性。还可以注意到，和前面的光电流类似，探测率在低电场时的一致性较差，可能是由于本节在建模的时候没有考虑到电场强度对参数(如 μ、β、E 等)的影响。从图 5.39 也可以看出，探测率随着电场强度的增大而呈现出降低趋势。以本节模型计算出的温度为 100K 时探测率的计算值为例，探测率在电场强度为 3kV/cm 时的取值为 3.18×10^8 cmHz$^{1/2}$/W，而当电场强度增加 11kV/cm 时，探测率则相应地变为 5.66×10^7 cmHz$^{1/2}$/W，是电场强度为 3kV/cm 时探测率值的 0.18 倍左右。这种减小的趋势应该是由暗电流随着电场强度的增加而增加的趋势导致的。当电场

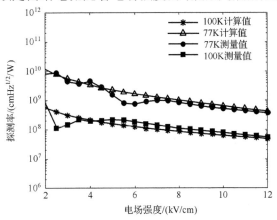

图 5.39　量子点红外探测器的探测率

强度增大时，越来越多的电子可以越过降低的势垒层从量子点中逃逸出来，从而形成大的暗电流，最终导致较小的探测率。

综上所述，本节在考虑微米、纳米尺度电子传输和连续势能分布的基础上，通过考虑外加偏置电压对电子漂移速度和光电导增益的影响提出了量子点红外探测器的性能模型。结果显示，该模型可以用于估算量子点红外探测器的光电流、噪声、响应率、探测率等，而且相应的计算结果与实验数据吻合良好。

5.3.5　基于量子点周围势垒的改进模型

如前所述，2001 年，Ryzhii 通过考虑电子连续势能分布和电子热激发建立了量子点红外探测器的性能模型[11,36]，实现了探测器光电流和响应率的准确估算。2009 年，人们通过考虑场辅助隧穿激发对该模型进行了改进，相应的结果与实验数据之间显示出了很好的一致性[12,13]。2010 年，Lin 指出在量子点红外探测器中存在微米、纳米尺度电子传输[17]。基于该理论，作者在 2012 年重新构建了探测器的性能模型来估算光电流、响应率等性能参数[16,23]，这些模型考虑了微米、纳米尺度电子传输，而且也考虑了电子热激发、场辅助隧穿激发、连续势能分布的影响，也就是 5.2 节和 5.3.1 节给出的性能模型。仔细观察这些探测器性能模型能发现，它们对电子被量子点势阱俘获的处理过于简单。实际上，早在 2008 年，Chien 和 Mitin 等就指出电子的俘获过程是非常复杂的，而且带电量子点周围形成的势垒对电子的俘获影响很大，应该包含在量子点红外探测器的性能分析中[47,48]。因此，基于 5.3.1 节给出的基础性能模型，本节通过考虑带电量子点周围形成的势垒对光电导增益的影响建立了量子点红外探测器的性能模型。该模型不仅能理论预测、估算量子点红外探测器的性能(如光电流、响应率、探测率等)，而且还能为给器件设计者在进行器件优化和性能提升时提供理论支持和实验验证。

5.3.5.1　理论模型

本节通过考虑量子效率和光电导增益的作用构建了量子点红外探测器的光电流模型，并进一步给出了量子点红外探测器的响应率表达式。

众所周知，量子点红外探测器的光敏区主要由势垒层和重复的量子点层、顶端连接层和底端连接层组成[23,35]。当红外光照射到量子点红外探测器的光敏区，电子将从基态跃迁到激发态，此时量子点红外探测器的电导率将发生改变。如果在探测器两端加上偏置电压，那么探测器中就会有光电流流过。如前所述，光电流为 $I_{photo} = e\Phi_s \eta g A_d$。由此可知，量子点红外探测器的光电流主要依赖于探测器的量子效率和光电导增益。在量子点红外探测器中，光电导增益可以通过载流子寿命与电子穿过整个探测器的渡越时间的比值来得到。一般情况下，假设在量子点红外探测器中电子俘获概率很小，且电子越过一个量子点复合层的渡越时间远远小于电子从扩展态返回量子点的再复合时间，那么光电导增益可以通过电子俘获概率和量子点层数的乘积来得到，即 $g = \tau_{cap}/\tau_d = 1/KP_k$。由此可知，光电导增益主要依赖于电子俘获概率，也就是说，它是由量子点势阱对电子的俘获行为来决定的。早在 2008 年就有人指出，电子的俘获对带电量子点周围形成的势垒有着很大的依赖性。因此，本节通过考虑带电量子点周围势垒的影响改进了基于连续势能分布的量子点红外探测器基础性能模型。具体来说，在通过载流子寿命与电子渡越时间的比值来计算探测器的光电导增益时，电子越过整个量子点红外探测器的渡越时间可以通过 $(K+1)L/v_d$ 来得到，其中，$(K+1)L$ 为量子点红外探测器的厚度，v_d 为电子漂移速度。根据不同电场下电子运动的特性，在低电场时采用 Monte Carlo 法计算电子漂移速度，而在高电场时则利用 $v_d = \mu E(1+(\mu E/v_s)^2)^{-1/2}$ 来计算电子漂移速度[45,49]。在量子点红外探测器中，带电量子点周围形成的势垒会影响隧穿以及越过势垒的热激发行为，最终使电子的俘获受到带电量子点的排斥[47,48]。这样的电子俘获过程会导致电子的寿命延长，载流子(在量子点红外探测器中载流子主要是电子)寿命依赖于量子点内电荷建立的势垒高度，表达式为[47,48,50]

$$\frac{1}{\tau_{cap}} = \pi N_{dot} a^3 \tau_\varepsilon^{-1} \exp\left(-\frac{eV_m}{k_B T}\right) \tag{5-67}$$

式中，N_{dot} 为量子点密度；a 为量子点半径；V_m 为量子点周围势垒的高度；τ_ε 为从导态传输到量子点局域状态的电子声子弛豫时间[51]，即

$$\tau_\varepsilon = \frac{1}{W} = \frac{\pi^2 h^4 c_1}{(m_b)^{3/2} \varXi^2 k_B T (2E_k)^{1/2}} \tag{5-68}$$

式中，m_b 为电子的有效质量；E_k 为电子的能量；$\varXi$ 为变形势能常数；c_1 为纵向弹性常数，它可以通过密度 ρ 乘以光子速度 v_s' 来得到。

将式(5-67)、式(5-68)代入光电导增益计算式(式(4-7))中，那么光电导增益为

$$g = \frac{(m_b)^{3/2} \varXi^2 k_B T (2E_k)^{1/2} v_d}{\pi^3 h^4 c_1 N_{dot} a^3 \exp\left(-\dfrac{V_h}{k_B T}\right)(K+1)L} \tag{5-69}$$

如 5.2 节所述，量子点红外探测器的量子效率 η 与吸收系数有关，可以写成 $\eta = \delta\langle N\rangle K \Sigma_{QD}$(式(5-15))[14,35]。其中量子点内平均电子数 $\langle N\rangle$ 可以通过求解 5.3.1 节给出的暗条件下电流平衡关系(式(5-43))来得到。

基于前面的讨论，将光电导增益(式(5-69))和量子效率(式(5-15))代入光电流公式(式(5-54))，就可以得到考虑了带电量子点周围势垒影响的探测器光电流[52]，表达式为

$$I_{photo} = \frac{e\Phi_s A_d \delta\langle N\rangle K \Sigma_{QD}(m_b)^{3/2} \varXi^2 k_B T (2E_k)^{1/2} v_d}{\pi^3 h^5 c_1 N_{dot} a^3 \exp\left(-\dfrac{V_h}{k_B T}\right)(K+1)L} \tag{5-70}$$

与前面的讨论类似，根据响应率与光电流之间的关系，量子点红外探测器的响应率为

$$R_i = \frac{I_{photo}}{\varPhi_s A_d h v_0} = \frac{e\delta\langle N\rangle K \sum_{QD}(m_b)^{3/2} \varXi^2 k_B T (2E_k)^{1/2} v_d}{\pi^3 h^5 v_0 c_1 N_{dot} a^3 \exp\left(-\dfrac{V_h}{k_B T}\right)(K+1)L} \tag{5-71}$$

式中，v_0 为入射光的频率。

5.3.5.2　结果分析

基于前面给出的理论模型，结合表 5.8 给出的量子点红外探测器参数取值[47,48]，本节计算了量子点红外探测器的光电性能(如光电导增益、光电流等)，相应的仿真结果如图 5.40～图 5.43 所示。由于本节给出的光电导增益的优越性可以通过探测器的光电流体现出来，所以我们通过将本节模型计算出的光电流结果与之前的工作[16,23]进行了对比来说明本模型的优越性，其结果如图 5.42 所示。

表 5.8　基于量子点周围势垒的改进模型的参数值

参数	值
$E_0/(kV/cm)$	1.62
$\beta/(meVcm/kV)$	2.79
$\varSigma_{QD}/cm^{-2}$	5×10^{10}
G_{t0}/s^{-1}	5×10^{13}
$\mu/(cm^2V^{-1}s^{-1})$	1000
m_b/kg	$0.222m_e$
$\varXi/eV$	6.5
$\rho/(kg/m^3)$	5.667
N_{QD}	8
G_0/s^{-1}	10^{11}
$v_s/(cm/s)$	1×10^7
$E_{0,nano}/meV$	224.7
$E_{0,micro}/meV$	34.6
ε_r	12.8
L/nm	31.5、59
K	10
$A/\mu m^2$	100×100
a_{QD}/nm	22、30
T/K	80、100
E_k/eV	0.027
$\varSigma_D/cm^{-2}$	$0.3\varSigma_{QD}$
$\varPhi_s/cm^{-2}$	8×10^{17}

续表

参数	值
P_{0k}	1
v'_s /(m/s)	3240

图 5.40 显示了探测器光吸收系数和电子漂移速度对电场强度的依赖关系，可以发现，这两条曲线均随着电场强度的增加而增大。以光吸收系数曲线为例，当电场强度为 1kV/cm 时，探测器的光吸收系数为 $2.08 \times 10^7 \mathrm{m}^{-1}$，而当电场强度增加到 10kV/cm 时，光吸收系数也变得比电场强度为 1kV/cm 时的吸收系数高，其值为 $2.17 \times 10^7 \mathrm{m}^{-1}$。光吸收系数的增加趋势直接显示出光吸收系数对电场强度的依赖性。同样，电场对电子漂移速度也有着很大的影响。当电场强度从 1kV/cm 变为 10kV/cm 时，电子漂移速度也相应地从 $8.46 \times 10^3 \mathrm{m/s}$ 增加到 $7.07 \times 10^4 \mathrm{m/s}$。这直接显示出电子漂移速度具有随着电场强度的增加而增加的变化趋势。此外，还可以注意到，电子漂移速度在 4kV/cm 电场强度时显示出上下浮动的状态，这是由于电子漂移速度计算方法发生了变化，在低于 4kV/cm 电场强度时电子漂移速度采用的是 Monte Carlo 方法，而在高于 4kV/cm 电场强度时采用的是俘获陷阱法。当然，根据图 5.40 给出的电子漂移速度的计算，后续计算的光电导增益、光电流和响应率也显示出类似的浮动。

图 5.41 不仅显示了量子点红外探测器量子效率的计算结果，而且还给出了在 0～12kV/cm 电场范围内探测器光电导增益的变化情况。首先来观察光电导增益曲线，当电场强度为 2kV/cm 时，探测器的光电导增益为 18.76，而当电场强度增加 10kV/cm 时，其迅速增加到 107.58。类似的增益增加趋势也可以在文献[2]和[14]中看到。同时也可以发现，当电场强度从 2kV/cm 变化到 10kV/cm 时，量子效率也相应地从 5.37%提高到 5.57%。量子效率的上升趋势是由电场强度对电子隧穿激发的影响导致的。

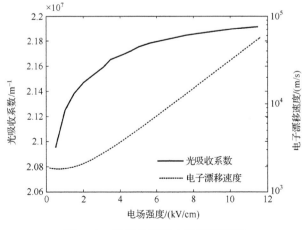

图 5.40　量子效率和电子漂移速度

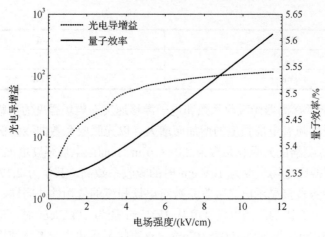

图 5.41　光电导增益和量子效率

图 5.42 给出了 0～12kV/cm 电场强度范围内量子点红外探测器的光电流。图中，将由本节提出的模型得到的温度为 100K 时的量子点红外探测器的光电流值分别与由文献[23](即 5.3.1 节的模型)和文献[16]提出模型(即 5.2 节的模型)的光电流值进行比较，可以发现这些曲线在高电场强度时彼此非常接近，但在低电场强度存在着很大的差异性。具体来说，文献[23]得到的光电流值在低电场强度时比其他曲线的光电流值更大，这是由于它在光电流计算时忽略了光电导增益对电场的依赖性导致的。正是这个原因导致它与实验值之间的差别最大、计算精度最低。将本节模型得到的光电流计算值和文献[16]得到的光电流计算值进行比较，可以发现，在低电场强度(0～2kV/cm)时这两条曲线比较接近，相差很小，而当电场强度增大时，本节模型的光电流值和文献[16]的光电流值同时增加，但本节模型计算的光电流值增加得

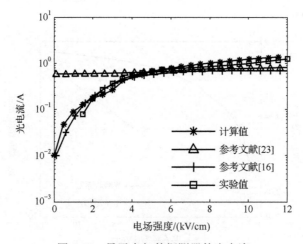

图 5.42　量子点红外探测器的光电流

更快，尤其是在电场强度大于 6kV/cm 时更加明显。将这两条曲线和实验测量值进行比较，可以发现，由于本节模型得到的光电流值增加得更快，所以它与实验测量值间的一致性更好。这不仅显示出本节模型计算精度更高，而且还直接证实了本节模型的正确性和有效性。另外，从图 5.42 可以看出这四条曲线具有相同的特征，即光电流随着电场强度的增大而增大。以曲线计算值为例，当电场强度从 2kV/cm 变为 10kV/cm 时，光电流由 0.14A 变为 1.13A。光电流的这个增加趋势的产生原因如下：当电场强度增加时电子的运动速度加快，因此越来越多的电子能更容易从量子点势阱中逃逸出来形成探测器的光电流，最终获得一个大的光电流。

　　基于前面计算的光电流值，图 5.43 给出了量子点红外探测器响应率的计算结果。将温度为 80K 时由本节模型得到的量子点红外探测器响应率的计算值和在相同温度下响应率的实验测量值[21]进行比较。显然，本节模型得到的响应率的计算值与实验测量值间有很好的一致性，从而证明了本节模型的正确性。此外，还可以注意到，这两条曲线有着相同的变化趋势，即响应率随着电场强度的增加而增加。以本节模型得到的响应率值(对应曲线计算值)为例，当电场强度为 2kV/cm 时，响应率为 1.61×10^{-3}A/W，而当电场强度变为 10kV/cm 时，探测器响应率迅速增加到 1.08×10^{-2}A/W，比电场强度为 2kV/cm 时的响应率大 1 个数量级左右。这种响应率随着电场强度的增加而增加的趋势本质上归因于光电流随着电场强度的增加而增加的趋势。

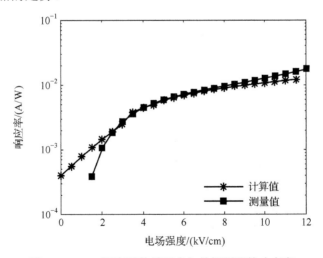

图 5.43　80K 温度下的量子点红外探测器的响应率

　　总之，本节通过考虑量子点周围势垒对光电导增益的影响以及量子效率的影响构建了量子点红外探测器的性能模型，实现了探测器吸收系数、量子效率、光电导增益、光电流、响应率等的估算，并与实测数据相比较，证明了本节提出模型的正确性。

5.4　本章小结

　　基于前面提出的量子点红外探测器暗电流模型，本章分别从电子激发和连续势能分布角度构建了量子点红外探测器的性能模型，提出了探测器光电流、探测率等性能参数的表征、评估方法，计算结果与实验数据间具有良好的一致性，证明了这些模型的正确性和有效性。虽然这两种模型的思考角度不同，但它们都能很好地预测探测器的性能，建立探测器结构参数、材料参数等与探测器性能之间的关系，为人们进行器件优化和性能优化提供了理论支持。

参 考 文 献

[1]　刘红梅. 量子点红外探测器特性表征方法研究. 西安: 西安电子科技大学博士学位论文, 2012.

[2]　Rogalski A. Optical detectors for focal plane arrays. Opto-Electronics Review, 2004, 12(2): 221-245.

[3]　Rogalski A. HgCdTe infrared detector material: history, status and outlook. Reports on Progress in Physics, 2005, 68: 2267-2336.

[4]　Norton P. HgCdTe infrared detectors. Opto-Electronics Review, 2002, 10(3): 159-174.

[5]　Lu X, Meisner M J, Vaillancourt J, et al. Modulation-doped InAs-InGaAs quantum dot longwave infrared photodetector with high quantum efficiency. Electronics Letters, 2007, 43(10): 589-590.

[6]　Zhang W, Lim H, Taguchi M, et al. High-detectivity InAs quantum-dot infrared photodetectors grown on InP by metal-organic chemical-vapor deposition. Applied Physics Letters, 2005, 86: 191103-1-3.

[7]　Lin W, Tseng C, Chao K, et al. Broadband quantum-dot infrared photodetector. IEEE Photonics Technology Letters, 2010, 22(13): 963-966.

[8]　Lim H, Zhang W, Tsao S, et al. Quantum dot infrared photodetectors: comparison of experiment and theory. Physical Review B, 2005, 72: 085332-1-15.

[9]　Razeghi M, Lim H, Tsao S, et al. Transport and photodetection in self-assembled semiconductor quantum dots. Nanotechnology, 2005, 16: 219-229.

[10]　Movaghar B, Tsao S, Abdollahi P S, et al. Gain and recombination dynamics in photodetectors made with quantum nanostructures: the quantum dot in a well and the quantum well. Physical Review B, 2008, 78: 115320-1-10.

[11]　Ryzhii V, Khmyrova I, Pipa V, et al. Device model for quantum dot infrared photodetectors and their dark-current characteristic. Semiconductor Science and Technology, 2001, 16: 331-338.

[12] Stiff-Roberts A D, Su X H, Chakrabarti S, et al. Contribution of field-assisted tunneling emission to dark current in InAs-GaAs quantum dot infrared photodetectors. IEEE Photonics Technology Letters, 2004, 16(3): 867-869.

[13] Martyniuk P, Rogalski A. Insight into performance of quantum dot infrared photodetectors. Bulletin the Polish Academy of Sciences Technical Sciences, 2009, 57: 103-116.

[14] Mahmoud I I, Konber H A, Eltokhy M S. Performance improvement of quantum dot infrared photodetectors through modeling. Optics and Laser Technology, 2010, 42(8): 1240-1249.

[15] Jahromi H D, Sheikhi M H, Yousefi M H. Investigation of the quantum dot infrared photodetectors dark current. Optics and Laser Technology, 2011, 43: 1020-1025.

[16] Liu H M, Zhang J Q. Physical model for the dark current of quantum dot infrared photodetectors. Optics and Laser Technology, 2012, 44: 1536-1542.

[17] Lin L, Zhen H L, Li N, et al. Sequential coupling transport for the dark current of quantum dots-in-well infrared photodetectors. Applied Physics Letters, 2010, 97: 193511-1-3.

[18] Zhang W, Lim H, Taguchi M, et al. High performance InAs quantum dot infrared photodetectors(QDIP) on InP by MOCVD//Proceedings of SPIE-Quantum Sensing and Nano Photonic Device II, Bellingham, 2005.

[19] Ye Z M, Campbell J C, Chen Z H, et al. Noise and photoconductive gain in InAs quantum-dot infrared photodetectors. Applied Physics Letters, 2003, 83(6): 1234-1237.

[20] Lin S Y, Tsai Y J, Lee S C. Transport characteristics of InAs/GaAs quantum-dots infrared photodetectors. Applied Physics Letters, 2003, 83(4): 752-754.

[21] Ariyawansa G, Matsik S G, Perera A G U, et al. Tunneling quantum dot sensors for multi-band infrared and terahertz radiation detection//Proceedings of the IEEE Sensors Conference, Georgia, 2007.

[22] Sze S M. Physics of Semiconductor Devices. New York: John Wiley & Sons Inc, 1982.

[23] Liu H M, Zhang J Q. Performance investigations of quantum dots infrared photodetector. Infrared Physics and Technology, 2012, 55(4): 320-325.

[24] Satyanadh G, Joshi R P, Abedin N, et al. Monte Carlo calculation of electron drift characteristics and avalanche noise in bulk InAs. Japanese Journal of Applied Physics, 2002, 91: 1331-1338.

[25] Dos S C L, Piquini P, Lima E N, et al. Low hole effective mass in thin InAs nanowires. Applied Physics Letters, 2010, 96: 043111-1-3.

[26] Li S S, Xia J B, Yuan Z L, et al. Effective-mass theory for InAs/GaAs strained coupled quantum dots. Physical Review B, 1996, 54(16): 575-581.

[27] Schneider D, Brink C, Irmer G, et al. Effective mass and bandstructure of n-InAs from magnetophonon resonance and Raman scattering at temperatures between T=64 and 360K. Physica B Condensed Matter, 1998, 256: 625-628.

[28] Lin S Y, Tsai Y J, Lee S C. Comparison of InAs/GaAs quantum dot infrared photodetector and GaAs/AlGaAs superlattice infrared photodetector. Japanese Journal of Applied Physics, 2001, 40: 1290-1292.

[29] Liao C C, Tang S F, Chen T C, et al. Electronic characteristics of doped InAs/GaAs quantum dot photodetector: temperature dependent dark current and noise density//Proceedings of the SPIE-Semiconductor Photodetector III, California, 2006.

[30] Liu H M, Yang C H, Zhang J Q, et al. Detectivity dependence of quantum dot infrared photodetectors on temperature. Infrared Physics and Technology, 2013, 60: 365-370.

[31] Su X, Chakrabarti S, Bhattacharya P, et al. A resonant tunneling quantum-dot infrared photodetector. IEEE Journal of Quantum Electronics, 2005, 41: 974-979.

[32] Liu H M, Wang P, Shi Y L. Photocurrent and responsivity of quantum dot infrared photodetectors. Journal of Infrared and Millimeter Waves, 2016, 35 (2): 139-142.

[33] Naser M A, Deen M J, Thompson D A. Theoretical modeling of the dark current in quantum dot infrared photodetectors using nonequilibrium Green's functions. Journal of Applied Physics, 2008, 104: 014511-1-11.

[34] Liu H M, Tong Q H, Liu G Z, et al. Performance characteristics of quantum dot infrared photodetectors under illumination condition. Optical and Quantum Electronics, 2015, 47 (3): 721-733.

[35] Martyniuk P, Rogalski A. Quantum-dot infrared photodetectors: status and outlook. Progress in Quantum Electronics, 2008, 32: 89-120.

[36] Ryzhii V. Physical model and analysis of quantum dot infrared photodetectors with blocking layer. Journal of Applied Physics, 2001, 89: 5117-5224.

[37] Liu H M, Dong L J, Meng T H, et al. Gaussian beam response of infrared photodetector with quantum dot nanostructure. Optoelectronics and Advanced Materials-Rapid Communications, 2017, 11 (3/4): 144-147.

[38] Herwig K. On the propagation of gaussian beams of light through lenslike media including those with a loss or gain variation. Applied Optics, 1995, 4: 1562-1569.

[39] Liu H M, Zhang J Q. Dark current and noise analyses of quantum dot infrared photodetectors. Applied Optics, 2012, 51 (14): 2767-2771.

[40] Ling H S, Wang S Y, Lee C P. Spectral response and device performance tuning of long-wavelength InAs QDIPs. Infrared Physics and Technology, 2011, 54: 233-236.

[41] Eltokhy M S, Mahmoud I I, Konber H A. Comparative study between different quantum infrared photodetectors. Optical and Quantum Electronics, 2009, 41: 933-956.

[42] Tan C H, Vines P, Hobbs M, et al. Implementation of an algorithmic spectrometer using quantum dot infrared photodetectors. Infrared Physics and Technology, 2011, 54: 228-232.

[43] Ryzhii V, Khmyrova I, Mitin V, et al. On the detectivity of quantum-dot infrared photodetectors. Applied Physics Letters, 2001, 78: 3523-3525.

[44] Lu X, Vaillancourt J. Temperature-dependent photoresponsivity and high-temperature (190K) operation of a quantum dot infrared photodetector. Applied Physics Letter, 2007, 91: 051115-1-3.

[45] Carbone A, Introzi R, Liu H C. Photo and dark current noise in self-assembled quantum dot infrared photodetectors. Infrared Physics and Technology, 2009, 52: 260-263.

[46] Zhao Z Y, Yi C, Lantz K R, et al. Effect of donor-complex-defect-induced dipole field on InAs/GaAs quantum dot infrared photodetector activation energy. Applied Physics Letter, 2007, 90: 233511-1-3.

[47] Mitin V, Sergeev A, Vagidov N, et al. Improvement of QDIP performance due to quantum dots with built-in charge. Infrared Physics and Technology, 2013, 50: 84-88.

[48] Sergeev A, Mitin V, Stroscio M. Quantum-dot photodetector operating at room temperature: diffusion-limited capture. Physica B Condensed Matter, 2002, 316: 360-372.

[49] Lim H, Movaghar B, Tsao S, et al. Gain and recombination dynamics of quantum-dot infrared photodetectors. Physical Review B, 2006, 74: 205321-1-8.

[50] Mitin V, Sergeev A, Chien L H, et al. Monte-Carlo modeling of photoelectron kinetics in quantum-dot photodetectors//The IEEE International Workshop on Computational Electronics, 2009: 1-4.

[51] Jacoboni C, Reggiani L. The Monte Carlo method for the solution of charge transport in semiconductors with applications to covalent materials. Reviews of Modern Physics, 1983, 55: 645-647.

[52] Liu H M, Zhang J Q, Gao Z X, et al. Photodetection of infrared photodetector based on surrounding barriers formed by charged quantum dots. IEEE Photonics Journal, 2015, 7(3): 6801708-1-8.

第6章 不同入射模式下的探测器特性

本章针对量子点红外探测器能吸收垂直入射光的特征,从其满足的 Phillips 垂直入射模型入手,研究了垂直入射模式和斜入射模式情况下量子点红外探测器的光电性能,并进一步通过与量子阱红外探测器进行比较,体现了量子点红外探测器的优越特性。

6.1 背景及意义

对低维半导体探测器而言,不同维度的受限导致了它们对红外光入射模式具有不同的选择性。量子阱红外探测器由于跃迁定则的限定,不能吸收垂直入射到光敏区的红外辐射,使其应用受到了很大的限制。而近年来出现的量子点红外探测器由于采用了三维受限的量子点纳米材料,所以能克服上述缺点,不仅能吸收斜入射到探测器光敏区上的红外光,而且能吸收垂直入射到探测器光敏区上的红外光,不需要像量子阱红外探测器那样,利用外加光学耦合器来改变入射光方向,从而降低了器件制作成本,极可能广泛地应用在军用和民用领域中[1]。

自量子点红外探测器问世以来,人们就一直从事着不同入射模式下探测器特性方面的研究工作。1999 年,Phillips 首先指出量子点红外探测器是通过界态到界态或者界态到连续态之间的电子跃迁来实现对入射红外光的探测,而后结合实际的器件分析了探测器的响应率、探测率等特性,最后指出光电导增益能通过量子点对载流子的俘获概率和体积填充因子来得到[2]。2001 年,Stiff 对带有单一势垒层的 InAs/GaAs 量子点红外探测器在红外光垂直入射到光敏区时的暗电流、响应率等特性进行了研究,给出了探测器相对光谱响应率对电压的依赖性,并特别指出在外加偏置电压为 0.2V、温度为 100K 时,探测器的探测率为 $3\times10^9\,cmHz^{1/2}/W$ [3]。2002 年,Ye 等首先制备了 5 个周期的 InAs/AlGaAs 量子点红外探测器,并使用 NicolerMagna-IR 傅里叶变换红外光谱仪和低噪声电流前置放大器对垂直入射模式下探测器的光谱响应率进行了研究[4]。在垂直入射光的照射下,探测器的光响应率峰值位于波长 6.2μm 处。在温度为 77K 和偏置电压为–0.7V 时,探测器响应率和探测率分别为 14mA/W 和 $10^{10}cmHz^{1/2}/W$。2006 年,Chou 研究了 30 个周期的 InAs/GaAs 量子点红外探测器的垂直入射吸收对掺杂浓度的依赖性,给出了 S/P 极化光入射时随着掺杂浓度的增加探测器响应率、光电流的变化关系[5]。同年,Gunapala 等给出了垂直入射模式下量子点红外探测器的响应率、探测率、增益、NEPT 的实验值,并给出其探测器阵列的成像结果[6]。而 Tang 等研制出易于高温操作的垂直入射的 256×256 规格的 InAs/GaAs 量子点红外探测器阵列，并给出了此探测器阵列的光电导增益和探测率的测试结果[7]。2007 年，Lu 等研究了斜入射时长波红外探测器在高温下的特性[8]。2011 年，Shao 等给出了量子点尺寸对垂直入射时探测器暗电流、增益、光电流、探测率等的影响[9]。此外，Ji、Chakrabarti 等也为斜入射模式下探测器的特性表征问题的研究做出了重大贡献[10-13]。

以上主要是从实验的角度探讨了不同入射模式下量子点红外探测器的特性问题。而从理论角度对垂直入射模式下探测器性能的研究，最早是 2002 年 Phillips 提出的垂直入射模式下量子点红外探测器的理论模型[14]。该模型假定量子点对垂直入射光的吸收符合高斯线分布，结合电子的费米分布推导出二维载流子密度，从而在理论上预测了垂直入射时量子点红外探测器的暗电流、探测率等特性。之后，基于垂直入射模式对应着热激发载流子的物理机制，Martyniuk 和 Ryzhii 等从载流子的热激发行为出发，对垂直入射情况下探测器的暗电流和探测率进行了研究[15,16]。关于斜入射（非垂直入射）情况下探测器特性的理论研究，Ryzhii 等从量子点中电子数应满足泊松方程出发，使用 Monte Carlo 法提出了一个简化的非平衡电子传输的准三维模型，研究了量子点红外探测器中的电场分布情况和空间电荷分布情况[17]。Ye 和 Liu 等也对量子点红外探测器的噪声、增益等特性进行了详细地研究和探讨[18,19]。

通过上面的分析可以发现，这些研究或者仅给出垂直入射模式下的探测器特性，或者仅给出斜入射模式下的探测器特性，很少有人同时对这两种入射模式下探测器的特性进行比较和分析，因此本章对这两种不同入射模式下的量子点红外探测器特性进行了分析和比较，并进一步与量子阱红外探测器相对比，显示出量子点红外探测器的优越特性。

6.2 垂直入射模式下的探测器特性分析

本节从量子点红外探测器对垂直入射红外光的吸收、探测机理出发，指出其吸收应满足的规律，并给出了在垂直入射模式下量子点红外探测器性能参数满足的规律。

6.2.1 基本原理

最常见的量子点红外探测器设备是利用在 GaAs 衬底上自组织生长 InAs 量子点构成的，它们通过子带间光激发电子从受限态(基态)变为持续态(激发态)的跃迁实现探测。如图 6.1 所示，生长方向(z 方向)上强的限制性呈现为窄势阱，在非平面量子点阵列方向(即 x 与 y 方向)弱的限制性呈现为宽势阱。由于自组织生长量子点在非平面量子点阵列方向(即 x 与 y 方向)比生长方向(z 方向)宽，从而生长方向上的强限制性导致了量子点的分层，而非平面方向弱的限制性产生了多个量子点能级。如果入射光垂直入射到探测器表面，电子在非平面内受限能级之间发生跃迁。这种跃迁耗尽了大多数非平面振荡能量，因此平面内激发的电子并不能逃逸，不能形成光电流。而在生长方向上，高振荡能量跃迁使电子从唯一的受限态跃迁到持续态，产生了探测器的光电流，这就是量子点红外探测器吸收垂直入射红外光的物理机制[20,21]。

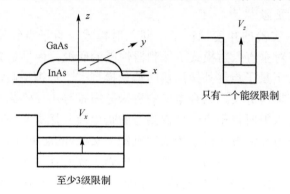

图 6.1　非平面方向(x 和 y 方向)和生长方向上的传输示意图

　　基于上面所述的量子点红外探测器垂直入射物理机制，我们从 Phillips 模型入手，理论上量化了量子点红外探测器对垂直入射红外光的探测、响应等特性。

6.2.2　物理模型

　　量子点红外探测器是利用激发电子从基态跃迁到激发态来实现对红外光的探测。与第 5 章所描述的一样，量子点红外探测器是由多个量子点层和势垒层组成。图 6.2 给出了某一量子点层的结构示意图。如果把层内量子点之间的横向距离标记为 s，那么层内量子点密度就为 $\Sigma_{\mathrm{QD}}=1/s^2$。图 6.3 给出了量子点能带的结构示意图。假设量子点只包含两个受限的能级(E_1 和 E_2)，而且电子跃迁的激发态与势垒导带的最小值是一致的。

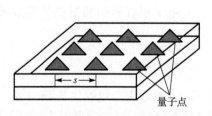

图 6.2　层内量子点分布示意图

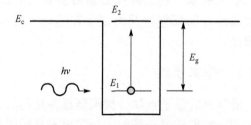
图 6.3　量子点导带结构能级示意图

　　当红外光垂直照射到量子点红外探测器的光敏区时，量子点红外探测器是通过热激发(又称为温度产生载流子)的物理机制来实现探测的[1]。基于前面的假设，可通过 Phillips 理论模型法对量子点红外探测器的垂直入射现象进行系统地研究和讨论。

在量子点红外探测器中，人们通过对材料进行均匀掺杂来提供光电转化的载流子。根据量子统计理论[22]，半导体材料中电子分布遵从费米统计规律，因此对于能量为 E 的一个量子态被一个电子所占据的概率可以用电子的费米分布函数来描述。鉴于上面的分析，量子点红外探测器中自组织量子点全体在基态和激发态的异质扩展均符合高斯分布，所以能级为 n 的电子密度为

$$n_n = \int \frac{g' \sum_{QD}}{\sqrt{\pi} \sigma} \exp\left[-\frac{(E-E_n)^2}{\sigma^2}\right] f(E_n) \mathrm{d}E \qquad (6-1)$$

式中，g' 为能量级别的退化因子；E_n 为平均能量；$f(E_n)$ 为费米分布函数；σ 为高斯线形状能量的标准偏离；量子点密度 $\sum_{QD} = 1/s^2$（s 为量子点间的横向空间距离）。一般情况下，$\sigma < E_g = E_2 - E_1$，因此高斯函数对量子点基态和激发态处的载流子密度影响比较小，那么式(6-1)可简化为

$$n_n = g' \delta f(E_n) \qquad (6-2)$$

考虑到电荷中性条件，且电子激发态能级与势垒材料的导带最小值一致，即 $E_c = E_2$，所以二维载流子密度可写为[14,20]

$$N_d = n_1 + n_2 + n_b = \beta_1 \delta f(E_1) + \beta_2 \delta f(E_2) + \int_0^\infty \beta^{2D}(E) f(E_c) \mathrm{d}E \qquad (6-3)$$

式中，N_d 为掺杂密度，描述的是量子点层密度掺杂水平；β_1 和 β_2 分别为量子点基态和激发态的退化因子；n_1 为基态的载流子密度；n_2 为激发态的载流子密度；n_b 为导带的载流子密度，那么 $n_2 + n_b$ 就是热激发载流子密度。

对于两个状态的量子点而言，量子点基态的退化系数 $\beta_1 = 2$，激发态的退化系数 $\beta_2 = 8$，那么二维载流子密度变为

$$N_d = n_1 + n_2 + n_b = 2 \sum_{QD} f(E_1) + 8 \sum_{QD} f(E_2) + \int_0^\infty g^{2D}(E) f(E_c) \mathrm{d}E \qquad (6-4)$$

如前所述，热激发载流子密度为 $n_2 + n_b$，即

$$n_{th} = n_2 + n_b = N_d - n_1 \qquad (6-5)$$

式(6-5)给出的是二维热激发载流子密度，它能通过除以量子点层的厚度 t 将二维载流子密度转化为三维载流子密度。

基于载流子密度与热激发载流子之间的关系[23]，对应着垂直入射的热激发载流子速度为

$$G_{th} = \frac{n_{th}}{\alpha \tau} \qquad (6-6)$$

式中，τ 为载流子寿命；α 为材料的吸收系数，通常它的取值大于 $10^4\,\mathrm{cm}^{-1}$。

在量子点红外探测器中，由 Stranski-Krastanow 生长的自组织量子点整体的电子吸收光谱存在很大的异质展宽，近似认为其满足高斯分布，因而它的吸收谱可以采用高斯线形状来模型化，其对应的吸收系数为

$$\alpha(E) = \alpha_0 \frac{n_1}{\Sigma_{\mathrm{QD}}} \frac{\sigma_{\mathrm{QD}}}{\sigma_{\mathrm{ens}}} \exp\left(-\frac{(E-E_\mathrm{g})^2}{\sigma_{\mathrm{ens}}^2}\right) \tag{6-7}$$

式中，α_0 为最大吸收系数；Σ_{QD} 为层内量子点密度；E_g 为量子点内基态和激发态之间的跃迁能量，它的大小满足 $E_\mathrm{g} = E_2 - E_1$；σ_{QD} 为单一量子点带间吸收的标准偏差；σ_{ens} 为量子点整体能量分布的标准偏差；$\sigma_{\mathrm{QD}}/\sigma_{\mathrm{ens}}$ 描述的是由于量子点能级的异质扩展带来的最大吸收系数的降低程度，n_1/Σ_{QD} 描述的是由于量子点基态电子的缺乏而导致的吸收系数的降低。

在把二维载流子密度转化为三维载流子密度之后，把式(6-7)代入式(6-6)，得到了垂直入射热激发载流子速率，即

$$G_{\mathrm{th}} = \frac{\sigma \Sigma_{\mathrm{QD}} t}{\alpha_0 n_1 F \tau}(n_2 + n_\mathrm{b}) \tag{6-8}$$

量子点探测器对垂直入射光的吸收对应着热激发机制(又称为温度产生载流子机制)，因而垂直入射暗电流密度由 $G_{\mathrm{th}} e$ 给出，即

$$J_{\mathrm{nd}} = G_{\mathrm{th}} e \tag{6-9}$$

式中，e 为电子电荷。

基于上面所讨论的垂直入射热激发载流子速度，把式(6-8)代入式(6-9)，得到垂直入射暗电流密度，它表示为

$$J_{\mathrm{nd}} = \frac{e \sigma \Sigma_{\mathrm{QD}} t}{\alpha_0 n_1 F \tau}(n_2 + n_\mathrm{b}) \tag{6-10}$$

探测率是描述探测器探测入射光性能好坏的一个重要参数，根据量子点红外探测器的光电导探测机理，红外光垂直入射时的探测率为

$$D_{\mathrm{c}}^* = \frac{\eta}{q h v_0 \sqrt{2 G_{\mathrm{th}}}} \tag{6-11}$$

6.2.3　仿真结果分析

表 6.1 给出了用于仿真垂直入射模式下量子点红外探测器特性的参数的取值，这些参数值来自于已公布的文献[14]和[20]中的数据。在具体的模拟计算中，量子点层的净厚度 t 可以看成最大吸收系数 α_0 的倒数。基于表 6.1 给出的这些参数的取值，

主要对垂直入射模式下量子点红外探测器的暗电流特性和探测率特性进行了模拟和仿真。

表 6.1　不同入射模式下的模拟参数

参数	值
$\alpha_0/\mathrm{cm}^{-1}$	$5\times10^4\sim9\times10^4$
$N_\mathrm{d}/\mathrm{cm}^{-1}$	1×10^{11}
$\Sigma_\mathrm{QD}/\mathrm{cm}^{-2}$	$1\times10^{10}\sim5\times10^{10}$
λ/nm	$4\sim6$
L/nm	58
V/cm^3	$5.3\times10^{-19}\sim11\times10^{-19}$
τ/ns	$1\sim6$
K	10
$a_\mathrm{QD}/\mathrm{nm}$	12
N_QD	6
E_g/eV	$0.112\sim0.124$
$\Phi_\mathrm{B}/\mathrm{meV}$	5
$\eta/\%$	$20\sim40$
$\Sigma_\mathrm{D}/\mathrm{cm}^{-2}$	0.5×10^{10}
G_0/s^{-1}	10^{11}

如图 6.4 所示，在红外光垂直入射到探测器的光敏区时，量子点红外探测器暗电流密度随着温度的增加而增加。具体来说，在材料的吸收系数为 $5\times10^4\mathrm{cm}^{-1}$ 的情况下，当温度从 60K 增加到 90K 时，对应的垂直入射暗电流密度也从 $3.47\times10^{-8}\mathrm{A/cm}^{-2}$ 增加到 $1.02\times10^{-4}\mathrm{A/cm}^{-2}$。这种垂直入射暗电流密度随温度的增加而增加的产生的原因如下：垂直入射载流子产生机制对应着电子热激发机制，那么温度越高，产生载流子就越多，势必导致形成暗电流的载流子数变多，从而导致更大的暗电流密度。此外，从图 6.4 也能看到材料的吸收系数对垂直入射暗电流的影响。例如，在探测器的温度为 80K 的情况下，吸收系数为 $5\times10^4\mathrm{cm}^{-1}$ 时对应的探测器暗电流密度为 $1.38\times10^{-5}\mathrm{A/cm}^{-2}$，而吸收系数为 $7\times10^4\mathrm{cm}^{-1}$ 时对应的暗电流密度为 $7.07\times10^{-6}\mathrm{A/cm}^{-2}$。从暗电流密度曲线整体的变化趋势上看，吸收系数为 $5\times10^4\mathrm{cm}^{-1}$ 时对应的暗电流密度最大，吸收系数为 $7\times10^4\mathrm{cm}^{-1}$ 时对应的暗电流密度居中，而吸收系数为 $9\times10^4\mathrm{cm}^{-1}$ 时对应的暗电流密度最小。这些暗电流密度曲线之间的差异性体现了探测器暗电流密度对材料吸收系数的依赖性，即探测器暗电流密度随着材料吸收系数的增加而降低。从根本上来看，量子点红外探测器暗电流密度的这种变化特征来源于制作探测器材料的吸收系数对电子热激发的影响。

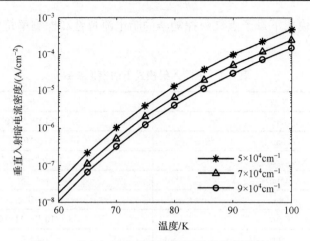

图 6.4　垂直入射暗电流密度随温度的变化情况

　　图 6.5 不仅给出了温度为 90K 时载流子寿命对垂直入射暗电流密度的影响，而且还显示了量子点体积对垂直入射暗电流密度的影响。具体来说，在量子点体积为 $5.3×10^{-19}\,cm^3$ 的情况下，当载流子寿命从 1ns 增加到 5ns 时，垂直入射暗电流密度相应地从 $1.02×10^{-4}A/cm^{-2}$ 降低到 $2.04×10^{-5}A/cm^{-2}$。此外，从图 6.5 中也能发现，量子点的体积越大，垂直入射暗电流密度越小。例如，在载流子寿命为 3ns 的情况下，量子点体积为 $8×10^{-19}\,cm^3$ 时对应的垂直入射暗电流密度为 $2.97×10^{-5}A/cm^{-2}$，而量子点体积为 $11×10^{-19}\,cm^3$ 时对应的垂直入射暗电流密度为 $2.67×10^{-5}A/cm^{-2}$。这种垂直入射暗电流密度对量子点体积的依赖性，主要来源于量子点体积对热激发载流子的影响。

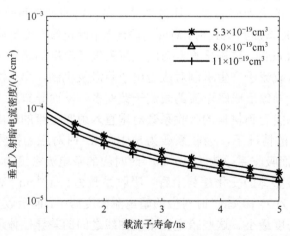

图 6.5　垂直入射暗电流密度随载流子寿命的变化情况

　　通过上面的分析和讨论可以看到，温度、材料的吸收系数、载流子寿命、量子点体积均对垂直入射暗电流密度有着很大的影响。除此之外，层内量子点密度和层掺杂密度对垂直入射暗电流密度也有很大的影响。正如 Phillips 所指出的一样，这两个参数是通过其比值来影响垂直入射暗电流密度的。在 $N_D / \sum_{QD} = 2$ 时，垂直入射暗电流密度的值最小，当 $N_D / \sum_{QD}$ 的值偏离 2 之后，暗电流的值迅速增大，因此在实际的器件制作中，可通过调节 $N_D / \sum_{QD}$ 的取值来获得低的暗电流。

图 6.6 给出了不同温度下的探测率特性变化情况。图中，探测率随着温度的增加而降低。在材料的吸收系数为 $5 \times 10^4 \text{cm}^{-1}$ 的情况下，当探测器的温度为 65K 时，垂直入射探测率为 $6.01 \times 10^8 \text{cmHz}^{1/2}/\text{W}$，而当探测器的温度增加为 85K 时，垂直入射探测率变为 $4.46 \times 10^7 \text{cmHz}^{1/2}/\text{W}$。这种探测率随温度的增加而降低的趋势来源于暗电流随着温度的增加而增加的趋势。此外，从图 6.6 也能看到材料的吸收系数对垂直入射探测率的影响。例如，在温度为 70K 的情况下，吸收系数为 $5 \times 10^4 \text{cm}^{-1}$ 和 $9 \times 10^4 \text{cm}^{-1}$ 时对应的探测率分别为 $2.72 \times 10^8 \text{cmHz}^{1/2}/\text{W}$ 和 $4.91 \times 10^8 \text{cmHz}^{1/2}/\text{W}$。探测率的这种增加趋势来源于吸收系数对光电流的影响，吸收系数越大，形成光电流的载流子数就越多，从而导致了探测率的增大。

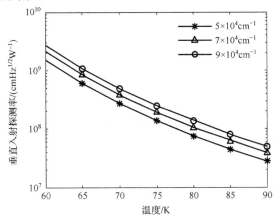

图 6.6　垂直入射探测率随温度的变化情况

图 6.7 给出了温度为 100K 时垂直入射探测率对载流子寿命的依赖性。在量子点体积为 $5.3 \times 10^{-19} \text{cm}^3$ 的情况下，载流子寿命从 1ns 逐渐增加到 6ns 时，探测率也相应地从 $1.25 \times 10^7 \text{cmHz}^{1/2}/\text{W}$ 逐渐增加到 $3.71 \times 10^7 \text{cmHz}^{1/2}/\text{W}$。载流子寿命对探测率的影响来源于其对热激发载流子的影响。从图 6.7 中也可看到量子点体积对垂直入射探测率的影响。在载流子寿命为 3ns 的情况下，量子点体积为 $5.3 \times 10^{-19} \text{cm}^3$ 时对应的探测率值为 $2.17 \times 10^7 \text{cmHz}^{1/2}/\text{W}$，而量子点体积为 $11 \times 10^{-19} \text{cm}^3$ 时对应的探测率值为 $2.45 \times 10^8 \text{cmHz}^{1/2}/\text{W}$。这种探测率随着量子点体积的增加而增加的特性是由暗电流随着量子点体积的增加而降低的特性导致的。此外，和暗电流类似，层内量子点密度和层掺杂密度的比值 N_D / D 对探测率也有很大的影响。当 $N_D / D = 2$ 时，垂直入射暗电流值是最小的，其对应的探测率值则是最大的。

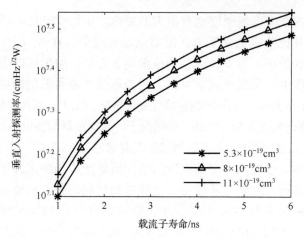

图 6.7　垂直入射探测率随载流子寿命的变化情况

　　图 6.8 给出了温度为 100K 时量子效率和入射光波长对垂直入射探测率的影响。在一定波长情况下探测器的探测率随着量子效率的增加而增加。该增加趋势产生的原因如下：量子效率的增加使形成光电流的载流子数大量地增加，从而进一步导致探测率的增加。此外，从图 6.8 中亦能发现，入射红外光的波长越长，探测器的探测率就越大。例如，在量子效率为 32% 的情况下，红外光入射波长为 4μm、5μm、6μm 时对应的探测率分别为 $8.10×10^6\text{cmHz}^{1/2}/\text{W}$、$1.01×10^7\text{cmHz}^{1/2}/\text{W}$、$1.22×10^8\text{cmHz}^{1/2}/\text{W}$。这种入射波长对探测率的影响主要由波长对入射光功率的影响所导致的。

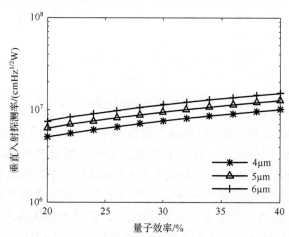

图 6.8　垂直入射探测率随量子效率的变化情况

　　综上所述，通过 Phillips 模型研究了垂直入射模式下量子点红外探测器的特性，给出了暗电流和探测率的模拟结果，并进一步分析了吸收系数、量子点体积、温度、量子效率等参数对暗电流和探测率等特性的影响。实际中，可以通过调节量子点体积、温度、量子效率等参数来实现对垂直入射模式下探测器暗电流和探测率特性的控制。

6.3 不同入射模式下的探测器特性比较

自量子点红外探测器诞生以来，其能吸收垂直入射光的特性就引起了人们的广泛关注[3,4,24]。目前已有一些模型能很好地估算垂直入射模式下量子点红外探测器的一些性能，但它们没有系统地讨论量子点红外探测器在垂直入射模式下和斜入射模式下光响应性能之间的差异[25]。因此，本节通过分析量子点红外探测器在斜入射模式下和垂直入射模式下满足的不同探测机制，比较了量子点红外探测器在不同入射模式下探测器特性的差异性，如暗电流、光电流、响应率等。

6.3.1 暗电流特性

如前所述，垂直入射模式下，量子点红外探测器对入射红外光的吸收机制对应着电子热激发机制，而在斜入射模式下，量子点红外探测器对入射光的吸收机制则对应着热激发和场辅助隧穿激发机制[1]。基于该理论，我们假定斜入射模式下量子点红外探测器暗电流的计算同样满足式(6-9)，那么斜入射的暗电流密度表达式为

$$J_{od} = (G_{th} + G_t)e \tag{6-12}$$

式中，G_{th} 为热激发载流子速度；G_t 为场辅助隧穿载流子速度。将式(5-5)和式(5-8)代入式(6-12)，得到斜入射模式下暗电流密度的估算式，即

$$J_{od} = e\left(G_{t0} \exp\left(-\frac{4}{3}\frac{\sqrt{2em_b}}{\hbar}\frac{\phi_B^{3/2}}{E} \right) \exp\left(-\frac{\Delta\varepsilon}{k_B T} \right) \exp\left(\frac{\pi\hbar^2\langle N\rangle}{m_b k_B T a_{QD}^2} \right) + G_0 \exp\left(-\frac{E_{QD}}{k_B T} \right) \exp\left(\frac{\pi\hbar^2\langle N\rangle}{m_b k_B T a_{QD}^2} \right) \right) \tag{6-13}$$

假定探测器处于 $k_B T \leq qV \leq q(V_{QD} - V_D)$ 的电压范围内，量子点并没有被完全填满，那么量子点内平均电子数为

$$\langle N\rangle = \frac{V + V_D}{V_{QD}} \tag{6-14}$$

式中，特征电压 V_{QD} 和 V_D 分别满足式(5-40)和式(5-41)，V 为探测器的外加偏置电压。

此外，从电子热激发的角度来看，垂直入射模式下的探测机制仅对应着热激发机制，无需考虑电子场辅助隧穿激发的贡献，那么将式(5-5)代入式(6-9)，得到了与垂直入射模式相对应的热激发暗电流密度，即

$$J_{nd} = G_0 \exp\left(-\frac{E_{QD}}{k_B T}\right) \exp\left(\frac{\pi \hbar^2 (V + V_D)}{m_b k_B T a_{QD}^2 V_{QD}}\right) \qquad (6\text{-}15)$$

基于表 6.1 所给出的数据，我们分别估算了量子点红外探测器中热激发载流子速度和场辅助隧穿激发载流子速度。如图 6.9 所示，在 70～150K 温度范围内，热激发载流子速度明显要比隧穿激发载流子速度要大一些，近似大 1 个数量级左右。斜入射模式下的载流子产生速度虽然为热激发载流子速度和场辅助隧穿载流子速度之和，但由于热激发占主导性地位，所以斜入射模式下的载流子产生速度仅仅比垂直入射模式下的载流子产生速度稍大一些。实际中，如果探测器的结构不同，那么红外光入射时探测器的主要激发机制也将不同。例如，人们通过增加双层势垒来抑制探测器的热激发，构成了隧穿量子点红外探测器。此外，从图 6.9 中也能看到，随着温度的增加场辅助隧穿激发载流子速度出现了一个最小值，这是由于场辅助隧穿激发速度随温度的变化而呈现出不同变化趋势所导致的。

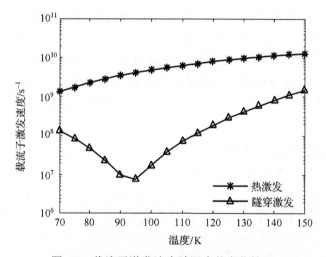

图 6.9　载流子激发速度随温度的变化情况

基于图 6.9 给出的热激发载流子速度和场辅助隧穿激发载流子速度，我们研究了不同入射模式下量子点红外探测器的暗电流密度情况。如图 6.10 所示，将垂直入射模式下探测器的暗电流密度与斜入射模式下探测器的暗电流密度进行比较，可以发现虽然斜入射的暗电流密度整体上与垂直入射模式下的暗电流密度比较接近，但仍存在少许的差异，即斜入射模式下的暗电流密度较大一些。例如，在温度为 130K 时，斜入射模式下探测器的暗电流密度为 $1.62 \times 10^{-13} \text{A/cm}^2$，而垂直入射模式下探测器的暗电流密度为 $1.56 \times 10^{-13} \text{A/cm}^2$，它比斜入射模式下的暗电流密度小 $0.06 \times 10^{-13} \text{A/cm}^2$。两种入射模式下探测器暗电流密度存在差异的原因如下：在斜入射模式下暗电流密度的计算主要考虑了热激发和场辅助隧穿激发的贡献，而在垂直入射模式下暗电流密度的计算仅考虑了热激发的作用。

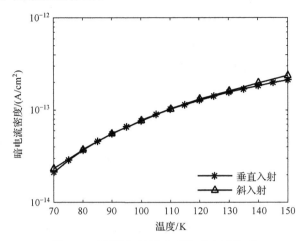

图 6.10　不同入射模式下的暗电流密度

　　总之，不同入射模式下不同的激发机制必然会导致不同入射模式下探测器特性的差异。从激发机制角度来考虑，不仅仅不同入射模式下量子点红外探测器的暗电流存在差异性，而且探测器的其他特性如光电流、响应率等也存在着很大的不同。

6.3.2　光照情况下探测器的特性

　　本节通过考虑不同入射模式下探测器载流子激发机制的差异，研究了在垂直入射模式下和斜入射模式下的量子点红外探测器的光电性能。

6.3.2.1　理论

　　在本节中，根据不同入射模式下(包含斜入射模式、垂直入射模式)载流子激发机制的不同，分析了不同入射模式下量子点红外探测器的光响应情况。

　　(1)垂直入射模式。

　　量子点红外探测器是通过电子从基态到激发态发生跃迁来实现光探测的。由于量子点在生长方向上比较窄，当红外光垂直入射到量子点红外探测器的光敏区上时，电子受该方向高振荡能量驱动发生跃迁，在外加电场的作用下形成量子点红外探测器的光电流。基于此物理机制，在垂直入射模式下探测器的光电流密度为

$$\langle j_{photo} \rangle = e \Phi_s \eta g \qquad (6\text{-}16)$$

式中，e 为电子电荷；Φ_s 为入射到探测器的光辐射通量密度；g 为光电导增益；η 为量子效率，它与量子点所包含的平均电子数有关[26]。将量子效率表达式代入光电流密度表达式，则量子点红外探测器的光电流密度为

$$\langle j_{\text{photo}} \rangle = \delta e g \langle N \rangle \Sigma_{\text{QD}} \varPhi_s K \tag{6-17}$$

式中，δ 为电子俘获截面的系数；Σ_{QD} 为量子点层内量子点的密度；K 为量子点层的总层数；$\langle N \rangle$ 为量子点包含的平均电子数，是由暗电流平衡关系决定的。根据量子点红外探测器对垂直入射红外光的响应本质上对应电子热激发的理论，那么对应垂直入射情况下的暗电流平衡关系[15,27]可以写为

$$\frac{G_{\text{th}} e \Sigma_{\text{QD}}}{P_k} = A^* T^2 \frac{\varTheta}{\langle N \rangle} \exp\left[e \frac{V + V_{\text{D}} - (\langle N \rangle / N_{\text{QD}}) V_{\text{QD}}}{(K+1) k_{\text{B}} T} \right] \tag{6-18}$$

式中，G_{th} 为电子热激发速度；P_k 为电子俘获概率；A^* 为 Richardson 常数；T 为温度；V 为探测器外加偏置电压；N_{QD} 为量子点内所含的最大电子数。

这里，式(6-18)中的参数计算与式(5-5)、式(5-6)、式(5-39)～式(5-42)的方法类似。

将式(6-18)得到的量子点平均电子数代入式(6-17)，得到探测器光电流。以这个光电流为基础，让它与入射光功率相比，得到量子点红外探测器的响应率，其表达式与式(5-46)类似。

(2)斜入射模式。

当红外光以斜入射模式照射到量子点红外探测器的光敏区时，那么探测器将会产生两种电子激发行为，分别是热激发和场辅助隧穿激发。也就是说，量子点红外探测器对斜入射的光响应对应着热激发和场辅助隧穿激发，而量子点红外探测器对垂直入射的光响应仅对应着热激发。因此，与垂直入射模式下探测器性能的计算方法类似(见式(6-17))，斜入射模式下量子点红外探测器光电性能的计算也可以采用同样的方法，唯一的区别在于量子点所包含平均电子数的计算。在垂直入射模式下的探测器光电流计算时暗电流平衡关系仅仅考虑热激发，而斜入射模式下量子点红外探测器光电流的计算应该考虑热激发和场辅助隧穿激发的共同影响[26,28,29]，因此用于计算斜入射模式下量子点内平均电子数的暗电流平衡关系为

$$\frac{(G_{\text{th}} + G_{\text{t}}) e \Sigma_{\text{QD}}}{P_k} = A^* T^2 \frac{\varTheta}{\langle N \rangle_o} \exp\left[e \frac{V + V_{\text{D}} - (\langle N \rangle_o / N_{\text{QD}}) V_{\text{QD}}}{(K+1) k_{\text{B}} T} \right] \tag{6-19}$$

式中，G_{t} 为场辅助隧穿激发速度(见文献[30]和本书第 5 章)。另外，为了区别垂直入射模式下的量子点内平均电子数和斜入射情况下量子点内平均电子数，斜入射模式下探测器的量子点内平均电子数记为 $\langle N \rangle_o$。

通过求解斜入射情况下暗电流平衡关系，能得到斜入射模式下的量子点内平均电子数 $\langle N \rangle_o$。与垂直入射模式下的量子点红外探测器光电流、响应率估算方法类似，将该量子点内平均电子数代入式(6-17)，就能得到量子点红外探测器在斜入射模式下的光电流，可进一步计算斜入射模式下的量子点红外探测器响应率。

6.3.2.2　结果分析与讨论

根据前面的理论,本节给出了垂直入射模式下和斜入射模式下量子点红外探测器光电性能的计算结果和数据。模拟计算时所用的量子点红外探测器结构参数的取值如表 6.2 所示。

表 6.2　光照射情况下探测器参数的取值

参数	值
E_{QD}/meV	120
$\varSigma_D$/cm^{-2}	$0.5\varSigma_{QD}$
$\varSigma_{QD}$/cm^{-2}	5×10^{10}
a_{QD}/nm	22
m_b/kg	$0.023m_e$
μ/(cm^{2}V^{-1}s^{-1})	2000
δ/cm^2	4.9×10^{-11}
ϕ_B/eV	0.005
V_t/Hz	2.5×10^{13}
G_{t0}/S^{-1}	5×10^{13}
v_s/(cm/s)	1.6×10^8
T/K	80
K	10
N_{QD}	8
ε_r	12
G_0/s^{-1}	10^{11}
L/nm	60
h_{QD}/nm	6

图 6.11 显示了热激发速度和场辅助隧穿激发速度的计算结果。图中,可以很明显地看到热激发速度远远小于场辅助隧穿激发速度。例如,在电场强度为 5kV/cm 时,电子热激发速度为 7.36×10^3s^{-1},而场辅助隧穿激发的速度为 5.32×10^6s^{-1}。在其他电场强度情况下,电子的场辅助隧穿激发也显示出比热激发更大的速度。此外,还可以发现,电子的热激发速度是一个与电场强度无关的常数,而电子的场辅助隧穿激发速度则与电场强度关系紧密,对电场强度有着很大的依赖性。当电场强度从 2kV/cm 增加到 8kV/cm 时,电子的场辅助隧穿激发速度相应地从 3.20×10^6s^{-1} 增加到 6.07×10^6s^{-1}。这种电子场辅助隧穿激发速度对电场的依赖性来源于场辅助隧穿激发随着电场的增加而增强的特性。

图 6.12 显示了不同入射模式下量子点红外探测器的光电流。图中,将温度为 80K 时斜入射模式下光电流值与垂直入射模式下光电流值进行比较,可以发现斜入射模式下的光电流值比垂直入射模式下的光电流值大一些。在电场强度为 4kV/cm 时,

垂直入射模式下的光电流为 1.99×10^{-2}A，而斜入射模式下的光电流为 1.89A，比垂直入射模式下的光电流大近 2 个数量级。这种差异归因于不同入射模式下探测器电子的激发机制不同，垂直入射对应着电子的热激发机制，而斜入射情况对应着热激发和场辅助隧穿激发这两种激发机制。

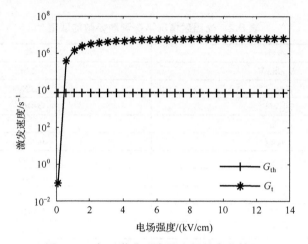

图 6.11　电子激发速度随电场的变化情况

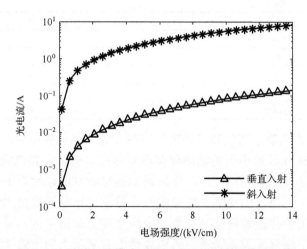

图 6.12　不同入射模式下量子点红外探测器的光电流

图 6.13 显示了温度为 80K 时垂直入射和斜入射模式下的量子点红外探测器的响应率。图中，将斜入射与垂直入射模式下探测器响应率的计算结果进行比较，显然，斜入射模式下的响应率要远远大于垂直入射模式下的响应率。例如，在电场强度为 5kV/cm 时，垂直入射模式下的响应率为 1.14×10^{3}A/W，而斜入射模式下响应率为 1.01×10^{5}A/W，它是垂直入射模式下的响应率的 88 倍左右。这种不

同入射模式下探测器响应率的差异性是由于图 6.12 给出的不同入射模式下光电流的差异性导致的。

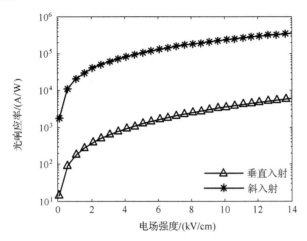

图 6.13 不同入射模式下量子点红外探测器的响应率

综上所述，本节根据不同入射模式下量子点红外探测器具有不同的电子激发机制，分析比较了量子点红外探测器在垂直入射模式下和斜入射模式下的性能。结果显示，斜入射模式下的光响应性能高于垂直入射模式下的光响应性能。

6.4 量子点红外探测器特性优势分析

同样是低维探测器，量子阱红外探测器与量子点红外探测器的差异性，不仅体现在量子点红外探测器能吸收垂直入射的红外辐射，而且在其他方面也存在着很大的不同[1,31]。本节通过与量子阱红外探测器相比较，分析了垂直入射和斜入射模式下两种探测器特性之间的不同，体现出量子点红外探测器独特的特性优势。

6.4.1 垂直入射模式下的特性比较

众所周知，量子阱红外探测器由于吸收选择规则只允许垂直于生长方向(即平行于光敏区方向)的极化跃迁发生，不能吸收垂直入射的红外光，而量子点红外探测器由于量子点特殊的量子效应，允许平行和垂直于光敏区的极化跃迁，能明显地观察到其对垂直入射红外光的吸收[20,32]。因此，为了量化量子点红外探测器与量子阱红外探测器在垂直入射模式下特性的差异性，以文献[32]的数据为基础，我们计算了量子阱红外探测器的温度产生载流子速度，给出了相应的温度产生暗电流密度，把温度产生的暗电流密度看成量子阱红外探测器的垂直入射暗电流密度。比较量子阱红外探测器的温度产生暗电流密度、探测率和量子点红外探测器的垂直入射暗电流密度、探测率之间的差别，从而体现出量子点红外探测器在垂直入射模式下的优越特性。

　　如图 6.14 所示，量子点红外探测器暗电流密度值明显要比量子阱红外探测器暗电流密度值小很多。例如，在温度为 60K 时，量子点红外探测器的垂直入射暗电流密度值为 $7.02\times10^{-9}\mathrm{A/cm^2}$，而量子阱红外探测器的温度产生暗电流密度值为 $3.50\times10^{-4}\mathrm{A/cm^2}$，它比量子点红外探测器的暗电流密度值大 5 个数量级左右。此外，图 6.15 给出了量子点红外探测器和量子阱红外探测器在波长为 8μm、量子效率为 30% 时的垂直入射探测率（或称为温度产生探测率）。可以看出，垂直入射模式下量子点红外探测器的探测率比量子阱红外探测器的探测率要高出大约 2 个数量级。具体来说，在温度为 60K 时，量子点红外探测器的探测率为 $2.04\times10^{13}\mathrm{cmHz^{1/2}/W}$，而量子阱

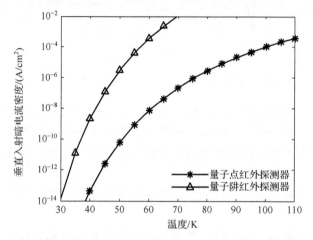

图 6.14　量子点红外探测器和量子阱红外探测器的垂直入射暗电流密度

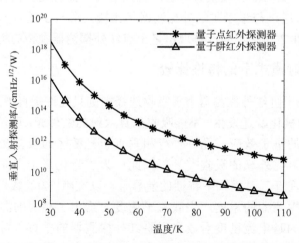

图 6.15　量子点红外探测器和量子阱红外探测器的垂直入射探测率

红外探测器的探测率为 $9.12×10^{10}cmHz^{1/2}/W$。综上所述，与量子阱红外探测器相比，量子点红外探测器不仅能吸收垂直入射红外光，而且其垂直入射暗电流密度比量子阱红外探测器的温度产生暗电流密度小很多，其垂直入射探测率比量子阱红外探测器的温度产生探测率大很多。

6.4.2　低暗电流

暗电流是指在没有光入射到探测器灵敏区时器件内部的电流，它的存在会带来性能的降低和噪声，因此暗电流是衡量探测器性能的一个重要指标。由于量子点红外探测器具有与量子阱红外探测器类似的电子跃迁机制，所以它通过统计势垒中载流子数来估算暗电流[21]。在暗电流的计算过程中，二者的不同之处在于激发能不同。量子点红外探测器的激发能比量子阱红外探测器的激发能大一个量子阱中费米能级的量级，这个差异性直接导致了量子点红外探测器和量子阱红外探测器暗电流的差异性。

具体来说，在量子阱红外探测器中同一能级子带间的电子会产生跃迁，因而量子阱红外探测器的激发能比量子点红外探测器的激发能小量子阱中费米能级 E_f 的数值。当探测器工作在最大探测率时，E_f 的值为 $2k_BT$，而当探测器工作在最高探测温度时，E_f 的值为 k_BT[21,33]。因此，如果将具有相同截止波长和势垒材料的量子点红外探测器与量子阱红外探测器相比较，理想状态下，量子阱红外探测器的暗电流比量子点红外探测器的暗电流大 2~6 倍左右。图 6.16 给出了截止波长为 5μm、温度为77K 时量子点红外探测器暗电流和量子阱红外探测器暗电流的比值。可以看出，量子点红外探测器的暗电流是量子阱红外探测器的暗电流的 0.14~0.37 倍，说明了量子点红外探测器的暗电流比量子阱红外探测器暗电流小很多。此外也能发现，量子点红外探测器激发能与量子阱红外探测器激发能之间的差异值 E_f 越大，二者暗电流的比值就越小，这是由于激发能与暗电流之间的反比关系所导致的。

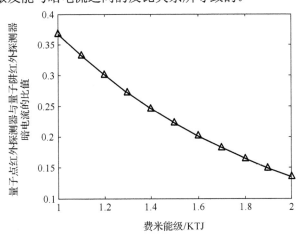

图 6.16　量子点红外探测器与量子阱红外探测器暗电流的比值

6.4.3　长载流子寿命

在量子点红外探测器中，当载流子被激发出来后，如果能级间距大于声子能量时，就会出现"声子瓶颈"效应。此时，不仅电子-空穴散射在很大程度上被抑制，声子散射也应被禁戒，电子-电子的散射成了主要的弛豫过程。由于量子点红外探测器中空穴数量远远小于电子数量，电子是主要载流子，那么电子弛豫过程就变成了主要的载流子弛豫过程。而电子弛豫本质上非常慢，所以与量子阱红外探测器的载流子寿命相比，量子点红外探测器的载流子寿命变得更长[34,35]。从数值上来看，载流子寿命(弛豫时间)应该超过 1ns。此外，如果声子瓶颈能够被完全嵌入量子点红外探测器中，基于载流子寿命与光电导增益之间的关系，那么长的电子寿命直接导致了更高的响应率、更高的工作温度和更高的探测率。

6.4.4　高探测率

基于光电导探测机制，量子点红外探测器探测率能通过 $D^* = e\lambda\eta g\sqrt{A_\mathrm{d}\Delta f}\big/hcI_\mathrm{n}$ 来估算。在探测率的计算过程中，噪声电流 I_n 和光电导增益 g 共同决定着探测率的大小，其中，噪声 $I_\mathrm{n} \propto \sqrt{I_\mathrm{dark}}$，光电导增益 g 能通过 $g = (1 - P_\mathrm{k}/2)/NP_\mathrm{k}F$ [2] 来得到。这里，P_k 为俘获概率函数，N 为量子点层的总数，F 为体积填充因子。一般情况下，俘获概率 $P_\mathrm{k} \ll 1$，其最低取值满足 $P_\mathrm{k} < 0.01$，最高取值满足 $P_\mathrm{k} > 0.1$，总之，俘获概率的具体取值依赖于探测器的外加偏置电压和工作温度。Lu 等特别指出电子俘获概率对温度的依赖性也很大程度地决定了光响应率对温度的依赖性[36]。填充因子 F 的取值通常是小于 1 的，Ye 等指出 F 的平均值为 0.35[18]。量子点红外探测器光电导增益的计算方法与量子阱红外探测器光电导增益的计算方法基本上类似[19,37]，只是比量子阱红外探测器的光电导增益多一个填充因子 F。由于 $F<1$，必然导致量子点红外探测器的光电导增益比量子阱红外探测器的光电导增益大，那么大的光电导增益和低的暗电流必然会导致量子点红外探测器具有比量子阱红外探测器高的探测率。

通过上面的分析能发现，与量子阱红外探测器相比，量子点红外探测器在垂直入射模式和斜入射模式下均显示出更加优越的特性，例如，能吸收垂直入射光、具有长的载流子寿命、低的暗电流、高的光电导增益、高的探测率。当然，量子点红外探测器也存在不足的地方，如量子点整体尺寸线宽变化存在着非均匀性[38]，导致了吸收率的降低。

6.5　本　章　小　结

本节着重讨论了红外光的不同入射模式对量子点红外探测器特性的影响。首先，建立了垂直入射模式下量子点红外探测器的 Phillips 模型，研究了垂直入射模式下的暗电流和探测率特性，并给出了探测器结构参数、材料参数对这些特性的影响；接着，从电子激发方式的角度，根据不同入射模式对应着不同的探测机制，比较了量子点红外探测器在不同入射模式下的特性，如暗电流、光电流、响应率等；最后，通过与量子阱红外探测器相比，从暗电流、弛豫时间、探测率等方面给出了量子点红外探测器在垂直入射模式和斜入射模式下的特性优势。

参 考 文 献

[1]　刘红梅. 量子点红外探测器特性表征方法研究. 西安: 西安电子科技大学博士学位论文, 2012.

[2]　Phillips J, Bhattacharya P, Kennerly S W, et al. Self-assembled InAs-GaAs quantum-dot intersubband detectors. IEEE Journal of Quantum Electron, 1999, 35: 936-943.

[3]　Stiff A D, Krishna S, Bhattacharya P, et al. Normal-incidence, high-temperature, mid-infrared, InAs-GaAs vertical quantum-dot infrared photodetector. IEEE Journal of Quantum Electronics, 2001, 37(11): 1412-1419.

[4]　Ye Z M, Campbell J C, Chen Z H, et al. Normal-incidence InAs self-assembled quantum-dot infrared photodetectors with a high detectivity. IEEE Journal of Quantum Electronics, 2002, 38(9): 1234-1237.

[5]　Chou S T, Wu M C, Lin S Y, et al. Influence of doping density on the normal incident absorption of quantum-dot infrared photodetectors. Applied Physics Letters, 2006, 88: 1-3.

[6]　Gunapala S D, Bandara S V, Liu J K, et al. Long-wavelength infrared(LWIR) quantum dot infrared photodetector(QDIP) focal plane array//Proceedings of the SPIE-Infrared Technology and Application, Florida, 2006.

[7]　Tang S F, Chiang C D, Weng P K, et al. High-temperature operation normal incident 256*256 InAs-GaAs quantum-dot infrared photodetector focal plane array. IEEE Photonics Technology Letters, 2006, 18(8): 986-988.

[8]　Lu X, Vaillancourt J, Meisner M J, et al. Long wave infrared InAs-InGaAs quantum-dot infrared photodetector with high operating temperature over 170K. Journal of Physics D: Applied Physics, 2007, 40(19): 5878.

[9]　Shao J Y, Vandervelde T E, Barve A, et al. Enhanced normal incidence photocurrent in quantum dot infrared photodetectors. Journal of Vacuum Science and Technology B, 2011, 29(3): 1-6.

[10]　Ji Y L, Lu W, Chen G B, et al. InAs/GaAs quantum dot intermixing induced by proton implantation. Journal of Applied Physics, 2003, 93(2): 1208-1211.

[11]　Chakrabarti S, Stiff-Roberts A D, Su X H, et al. High-performance mid-infrared quantum dot infrared photodetectors. Journal of Physics D: Applied Physics, 2005, 83(13): 2135-2141.

[12]　Tan C H, Vines P, Hobbs M, et al. Implementation of an algorithmic spectrometer using quantum dot infrared photodetectors. Infrared Physics & Technology, 2011, 54: 228-232.

[13]　Barve A V, Lee S J, Noh S K, et al. Review of current progress in quantum dot infrared photodetectors. Laser and Photonics Reviews, 2009, 4(6):738-750.

[14]　Phillips J. Evaluation of the fundamental properties of quantum dot infrared detectors. Journal of Applied Physics, 2002, 91(7): 4590-4594.

[15]　Martyniuk P, Krishna S, Rogalski A. Assessment of quantum dot infrared photodetectors for high temperature operation. Journal of Applied Physics, 2008, 104 : 1-6.

[16]　Ryzhii V, Khmyrova I, Mitin V, et al. On the detectivity of quantum-dot infrared photodetectors. Applied Physics Letters, 2001, 78(32): 3523-3525.

[17]　Ryzhii V. The theory of quantum-dot infrared phototransistors. Semiconductor Science and Technology, 1996, 11: 759-765.

[18]　Ye Z M, Campbell J C, Chen Z H, et al. Noise and photoconductive gain in InAs quantum-dot infrared photodetectors. Applied Physics Letters, 2003, 83(6): 1234-1236.

[19]　Liu H C. Noise gain and operating temperature of quantum well infrared photodetectors. Applied Physics Letters, 1992, 61(22): 2703-2705.

[20]　Martyniuk P, Rogalski A. Quantum-dot infrared photodetector: status and outlook. Prorgess in Quantum Electronics, 2008, 32: 89-120.

[21]　Liu H C. Quantum dot infrared photodetector. Opto-Electronics Review, 2003, 1: 1-5.

[22]　刘恩科, 朱秉升, 罗晋生, 等. 半导体物理学. 北京:国防工业出版社, 1994.

[23]　Kinch M A. Fundamental physics of infrared detector materials. Journal of Electronic Materials, 2000, 29(6): 809-817.

[24]　Phillips J, Kamath K, Bhattacharya P. Far-infrared photoconductivity in self-organized InAs quantum dots. Applied Physics Letters, 1998, 72(16): 2020-2022.

[25]　Liu H M, Shi Y L. Optical performance of infrared photodetector with quantum-dot nano-structure under different incidences. Journal of Computational and Theoretical Nanoscience, 2016, 13:1-4.

[26]　Martyniuk P, Rogalski A. Insight into performance of quantum dot infrared photodetectors. Bulletin the Polish Academy of Sciences Technical Sciences, 2009, 57: 103-116.

[27]　Ryzhii V. Physical model and analysis of quantum dot infrared photodetectors with blocking layer. Journal of Applied Physics, 2001, 89: 5117-5224.

[28]　Mahmoud I I, Konber H A, Eltokhy M S. Performance improvement of quantum dot infrared photodetectors through modeling. Optics and Laser Technology, 2010, 42: 1240-1249.

[29]　Jahromi H D, Sheikhi M H, Yousefi M H. Investigation of the quantum dot infrared

photodetectors dark current. Optics and Laser Technology, 2011, 43:1020-1025.

[30] Stiff-Roberts A D, Su X H, Chakrabarti S, et al. Contribution of field-assisted tunneling emission to dark current in InAs-GaAs quantum dot infrared photodetectors. IEEE Photonics Technology Letters, 2004, 16: 867-869.

[31] Liu H M, Zhang F F, Zhang J Q, et al. Performance analysis of quantum dots infrared photodetector//Proceedings of SPIE, Beijing, 2011.

[32] Rogalski A. New material systems for third generation infrared photodetectors. Opto-Electronics Review, 2008, 16: 458-482.

[33] Liu H C. Quantum well infrared photodetector physics and novel devices. Semiconductors and Semimetals, 2000, 62:126-196.

[34] Bockelmann U, Bastard G. Phonon scattering and energy relaxation in two-, one-, and zero-dimensional electron gases. Physical Review B, 1990, 42: 8947-8951.

[35] Urayama J, Norris T B, Singh J, et al. Temperature dependent carrier dynamics in InGaAs self assembled quantum dots. Applied Physics Letters, 2002, 80(12): 2162-2164.

[36] Lu X, Vaillancourt J. Temperature-dependent photoresponsivity and high-temperature(190K) operation of a quantum dot infrared photodetector. Applied Physics Letters, 2007, 91: 1-3.

[37] Beck W A. Photoconductive gain and generation-recombination noise in multiple-quantum-well infrared detectors. Applied Physics Letters, 1993, 63(26): 3589-3591.

[38] Rogalski A. Infrared detectors: an overview. Infrared Detectors and Technology, 2002, 43: 187-210.

第 7 章　量子点红外探测器的仿真与设计

本章主要介绍量子点红外探测器的常用仿真软件，并列举出一些仿真实例及优化方法，以期为量子点红外探测器的设计、制备提供参考和支持。

7.1　常用的仿真软件介绍

根据量子点红外探测器的结构特点，结合其对红外光的吸收机理，人们通常采用仿真软件来对量子点红外探测器进行设计与优化。目前用于光电探测器设计与仿真的软件很多，主要有 Comsol Multiphysics、CST Microwave Studio、FDTD Soulations、Device、Mode Solutions 等。这些软件基本上都是以光的波动学为基础，并结合边界方程通过求解偏微分方程来研究探测器对入射光的探测、吸收情况。本节主要介绍了 Comsol Multiphysics、FDTD Soulations 和 CST Microwave Studio 这三个软件的仿真情况。

7.1.1　基于 Comsol Multiphysics 的仿真与设计

Comsol Multiphysics 是一款大型高级数值仿真软件，能广泛应用于各个领域的科学研究以及工程计算，被当今世界科学家称为"第一款真正的任意多物理场直接耦合分析软件"。它能模拟科学和工程领域的各种物理过程，并使所有的物理现象可以在计算机上完美重现。

Comsol Multiphysics 最早起源于 Matlab 的 Toolbox，最初命名为 Toolbox 1.0，后来改名为 Femlab 1.0。从 2005 年 3.2 版本开始，正式命名为 Comsol Multiphysics。它的优势在于多物理场耦合方面，即以有限元法为基础，通过求解偏微分方程（单场）或偏微分方程组（多场）来实现真实物理现象的仿真，用数学方法求解真实世界的物理现象。该软件力图满足用户仿真模拟的所有需求，用户不仅可以灵活地定义模型，随意设置材料属性、源项、边界条件、任意变量的函数或者代表实测数据的插值函数等，而且还预定义了多种物理场应用模式，范围涵盖热传导、结构力学、电磁分析等多种物理场，主要包括结构力学模块、射频模块、传热模块、电池与燃料电池模块、交流/直流模块、微机电系统模块、等离子体模块、声学模块等。此外，用户还可以自主选择需要的物理场并定义它们之间的相互关系。

Comsol Multiphysics 不仅具有用途广泛、灵活、易用的特性，而且还显示出比其他有限元分析软件更优越的特性，可以利用附加功能模块进行功能扩展。具体来说，它的主要特点如下：①具有交互式建模和图形用户界面-模拟环境，可以预设大量的预置物理应用模式，而且还具有完全开放的架构，用户可在图形界面中根据需求任意定义所需的专业偏微分方程；②具有多种功能强大的求解器，用户只需选择或者自定义不同专业的偏微分方程进行任意组合，便可轻松实现多物理场的直接耦合分析，再现物理量在不同维度、尺度上的耦合效果；③具有完备的前处理功能和专业的计算模型库，内置各种常用的几何模型以供选择、修改、扩展，支持Matlab 和 Simulink 的双向调用，并可导入第三方计算机辅助设计（computer aided design，CAD）格式文件，实现任意独立函数控制的求解、控制；④具有强大而丰富的后处理功能，可根据用户的需要进行各种数据、曲线、图片及动画的输出与分析；⑤具有强大的网格剖分功能，支持多种网格剖分和移动网格功能；⑥具有大规模计算能力，具备 Linux、Unix 和 Windows 系统下 64 位处理能力和并行计算功能；⑦不仅具有多种语言操作界面，而且还提供专业的在线帮助文档，易学易用，方便操作。

　　目前，已有很多人采用 Comsol Multiphysics 进行了光电探测器方面的研究。例如，Arjun 等利用射频模块构建了增强型 GaN 光电探测器[1]。如图 7.1 所示，在常规 GaN 光电探测器上面耦合设计了金属条阵列，形成了金属-半导体-金属结构的增强型探测器。图 7.2 给出了采用金属条阵列的增强型光电探测器与无金属阵列的常规光电探测器的性能对比情况。很显然，在没有光照的情况下，该探测器在有金属阵列和无金属阵列时的暗电流基本上是一样的，而在光照情况下，有金属阵列的光探测器比无金属阵列的光探测器的光电流高出很多，也就是在常规 GaN 光电探测器上增加金属阵列确实能实现光探测的增强。中国科学院上海技术物理研究所的童劲超利用 Comsol Multiphysics 将理论和实验相结合研究了太赫兹探测器[2]。具体来说，在研究太赫兹探测器探测理论的基础上，他利用Comsol Multiphysics 设计了如图 7.3 所示的窄带 HgCdTe 太赫兹探测器件。当该探测器尺寸为 30μm（即 a=30μm）时，让入射光频率分别为 0.3THz、1THz、10THz、50THz的太赫兹波入射到探测器的光敏区上，那么探测器就会产生相应的光吸收，图 7.4 给出了该探测器在这些不同入射光频率下的电场分布图。通过比较图 7.4 的电场分布情况，可以看到只有满足亚波长条件时，在

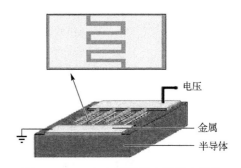

图 7.1　GaN 光电探测器金属耦合结构

HgCdTe 探测器中才能形成均匀分布的电势能势阱（见图 7.4(a) 和图 7.4(b)）。当然，Csete、Sipos、姜祎祎和魏国东等也在光电探测器方面进行了相关研究[3-5]。

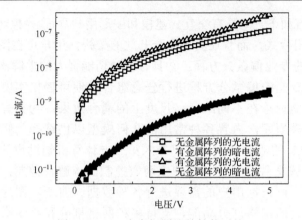

图 7.2　GaN 光电探测器的性能对比

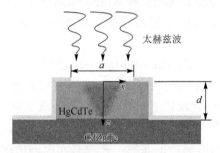

图 7.3　太赫兹探测器结构示意图

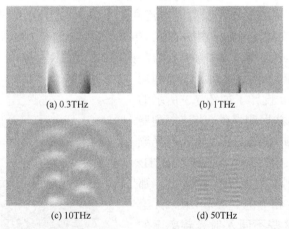

图 7.4　不同频率下 HgCdTe 太赫兹探测器的电场分布图

7.1.2　基于 FDTD Soulations 的仿真与设计

　　FDTD Solutions 是一款基于时域有限差分法的高性能软件，可以分析紫外光、可见光、红外光至太赫兹和微波频率段电磁波与亚波长尺寸复杂结构的相互作用。

它可以使设计师面对各种复杂应用时，能快速构建物理原型，实现从基础光子学研究到工业界领先应用领域(如成像、照明、生物光子学、光伏)以及众多其他应用的高精度仿真。该软件具有高度优化的计算引擎、可并行参数化扫描和优化、具有自主的多系数材料建模能力、拥有 Lumerical 的灵活材料插件、可精确地仿真宽光谱线性材料色散以及非线性、增益、各向异性等物理效应，因此该软件显示出众多高级功能[6]，例如，色散材料的多系数拟合模型、共形网格、远场变换、参数扫描、优化等，具体的主题内容包括：光栅器件、光电池、非线性效应、表面等离子体激元、超材料、石墨烯、光子晶体、各向异性材料、磁光学效应、液晶器件、光子集成线路等。

　　基于前面给出的 FDTD Solutions 优势，已经有很多人采用该软件进行了光电器件方面的研究。具体来说，Nagel 和 Scarpulla 等在 2010 年设计了一种薄膜太阳能电池，该电池通过内嵌入绝缘纳米颗粒的散射作用来获得高的吸收率[7]。图 7.5 给出了利用 FDTD Solutions 来进行太阳能电池仿真的工作流程。通过考虑电池对太阳光的吸收率，并结合太阳能光谱特征，计算出光电子产生速度，并以此为基础实现了光电池器件的电子模拟，计算了光电池的量子效率。在光电探测器方面，2014 年，Chen 等利用金属纳米颗粒的近场效应实现了有机、无机光探测器性能的增强[8]。具体来说，如图 7.6 所示，在 HgTe 量子点/ZnO 异质结光电探测器中融入易调控合成 Au 纳米棒结构。当带有 Au 纳米棒的 HgTe 量子点探测器分别覆盖 7.5nm 和 4.5nm 的 ZnO 时，探测器的平均电流密度比没有金属时探测器的平均电流密度高约 80%和 240%。相关的等离子体增强效应也被详细地讨论。2017 年，Yifat 等给出一种胶体量子点红外探测器，该探测器通过耦合光学纳米天线实现 3～5μm 波段的红外光吸收率的增强效果[9]。图 7.7 给出了胶体量子点结构层上面耦合的条状纳米天线阵列示意图，该纳米天线阵列显示出随纳米天线棒尺寸变化的谐振效应。这种谐振效应使得带有纳米天线阵列的红外探测器显示出比无纳米阵列的探测器高 3 倍的光谱响应。此外，Pesach 等也做了类似的讨论[10]。

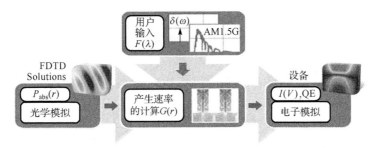

图 7.5　FDTD 中太阳能电池的仿真流程示意图

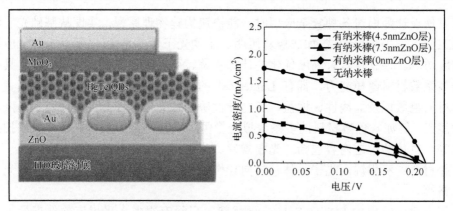

图 7.6　HgTe 量子点光电探测器的结构及电流密度

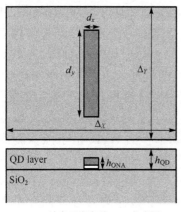

(a) Au纳米天线阵列FDTD仿真图

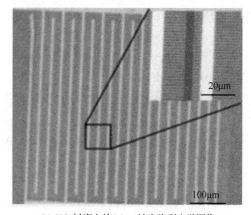

(b) SiO₂衬底上的0.8μm纳米阵列光学图像

图 7.7　纳米天线阵列的设计

7.1.3　基于 CST Microwave Studio 的仿真与设计

CST Microwave Studio 能为设计工程师及其他用户提供最有效的、精确的三维全波电磁场仿真手段以及完整的系统级和部件级的数值仿真分析。软件覆盖整个电磁频段，可以提供完备的时域和频域全波电磁算法和高频算法，实现静场、简谐场、瞬态场的时域频域全波仿真。

CST Microwave Studio 集成有 7 个时域和频域全波算法，主要包括时域有限积分、频域有限积分、频域有限元、模式降阶、矩量法、多层快速多极子、本征模；支持模式降阶法提取；支持各类二维和三维格式的导入；支持六面体网格、四面体网格和表面三角网格；内嵌电磁兼容国际标准，包含美国联邦通信委员会(Federal Communications Commission，FCC)认可的多种计算方法；具有方便的纯 Windows

的操作界面和人性化的各类操作流程；具有强大的实体建模前端、建模内核；结构
输入简便，可构建各种复杂的三维结构；具有较高的对模型数据参数的控制能力和
多种专有技术，能避免实际操作的几何误差。

　　2009 年，Wilson 构建了多波段量子阱红外探测器的电磁模型，通过采用表面等
离子体激元谐振腔复合结构来实现双波段量子阱红外探测器的优化设计[11]。2014 年，
Gu 等在量子点红外探测器上耦合金属孔阵列结构[12]，该结构在金属阵列位置附
近显示出近场激化辐射分布（见图 7.8），并进一步通过考虑不同波长对耦合电场
的影响确定了探测器的最佳峰值响应（见图 7.9）。2015 年，Ding 等提出波导型
耦合结构[13]。2016 年，作者在第二届青年物理学者论坛会议上讨论了量子阱红
外探测器的 CST 电磁仿真问题[14]。2018 年，还出现了石墨烯耦合结构的红外
探测器[15,16]。

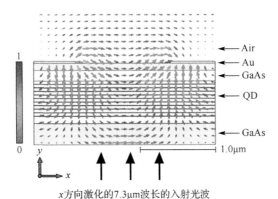

x方向激化的7.3μm波长的入射光波

图 7.8　金属孔阵列诱导的近场分布

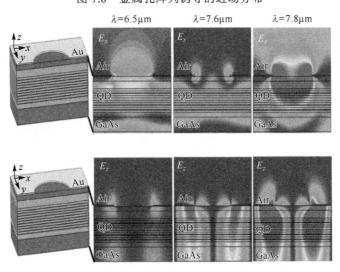

图 7.9　不同变化波长的探测器截面电场分布

7.2　量子点红外探测器的设计实例

本节以 CST Microwave Studio 电场仿真软件为例，描述了量子点红外探测器的仿真设计和优化过程。

7.2.1　量子点红外探测器的设计

近年来，小型半导体设备的需求越来越多，量子点纳米材料及探测器件受到了越来越多的关注[17-19]。基于此，本节将 GaAs 材料与 AlGaAs 材料相结合，设计了量子点红外探测器，并研究了在红外光入射情况下该探测器的光学传输情况，主要包含入射光的反射、透射、吸收情况[20]。这里值得一提的是，量子点红外探测器是由量子点纳米材料光敏区加上电极构成的，在忽略电极影响的基础上，量子点纳米材料光敏区的光学特性就是量子点红外探测器的光学特性，因此本节仅以量子点纳米材料光敏区为例来说明量子点红外探测器的设计问题。

图 7.10 给出了量子点红外纳米材料的层结构，该纳米材料光敏区加上金属电极即可构成量子点红外探测器。该量子点纳米材料是由 6 个周期的量子点复合层构成，而量子点复合层是由 AlGaAs 势垒层和 GaAs 量子点层构成。如图 7.11 所示，每个量子点层内都周期分布着很多 GaAs 量子点。量子点红外材料的面积设置为 1400nm×1400nm，AlGaAs 势垒层厚度为 78nm。量子点的形状假定为圆锥状，其高度设置为 10nm。另外，还考虑了折射率和波矢量对频率的依赖关系(即色散关系)的影响。

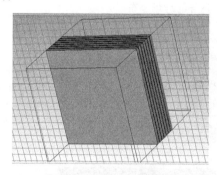
图 7.10　量子点的层结构

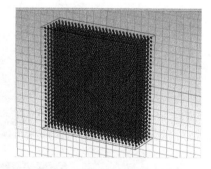
图 7.11　量子点的分布情况

将 100～300THz 频率范围内的红外光照射到前面设计的量子点纳米材料光敏区上，其会对入射红外光产生反射、透射、吸收现象。正是通过分析入射光在量子点材料的传输情况,我们研究了量子点纳米材料的光学特性，从而确定量子点红外探测器的光电转变状态。假定入射红外光从 z 轴入射，图 7.12 给出了 GaAs/AlGaAs

量子点材料对入射光的反射情况。可以看出，在 100～300THz 的频率范围内，量子点材料的反射系数存在两个最小值，在频率为 242.4THz 时，量子点纳米材料的反射系数为–33.57dB，在频率为 156.97THz 时，纳米材料的反射系数为 –14.87dB。将这两个最小值进行比较，能明显看出该量子点纳米材料在频率为 242.4THz 时的反射系数最小。

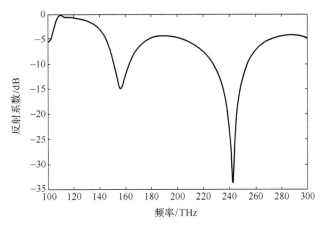

图 7.12　量子点纳米材料的反射系数

如图 7.13 所示，该纳米材料的透射系数显示出一个更为复杂的变化趋势。在频率为 106.91THz 时，透射系数有个最小值为–23.76dB，此时对应的反射系数为 –1.24dB。将它与量子点纳米材料的反射系数进行比较，发现量子点纳米材料透射系数的最小值与反射系数的最小值并不是一一对应。如前所述，量子点材料在频率为 242.4THz 和 156.97THz 时具有最小反射系数，而此时的透射系数并不是最小值，其取值分别为–2.69dB 和–3.23dB。因此，不能通过材料的反射系数最小值或透射系数最小值来直接确定量子点纳米材料的吸收情况，必须要将材料的透射情况和反射情况结合起来确定量子点纳米材料的吸收情况。因此我们将图 7.12 的量子点纳米材料的反射系数与图 7.13 的量子点纳米材料的透射系数结合起来，利用反射、透射、吸收之间的竞争关系，计算了量子点纳米材料的吸收率，相应的计算结果如图 7.14 所示。在量子点纳米材料最小透射系数处，即在频率为 106.91THz 时，量子点纳米材料的吸收率为 0.208。而在量子点纳米材料的最小反射系数处，对应的吸收率分别为 0.492（对应频率为 156.97THz）和 0.461（对应频率为 242.4THz）。总之，这些纳米材料反射系数的最小值和透射系数的最小值对应的吸收率并不一定是最小的。为了弄清楚这种现象，我们计算了其他频率的吸收率值，可以发现，其有一个复杂变化趋势。在频率约为 110THz 时，纳米材料的吸收率有一个最小值，而在频率为 100THz 时，它的吸收率达到最大，为 68%。我们还能清晰地看到量子点纳米材料的其他吸收率峰值分别位于频率 147THz、233THz 处。

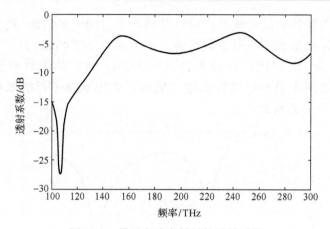

图 7.13　量子点纳米材料的透射系数

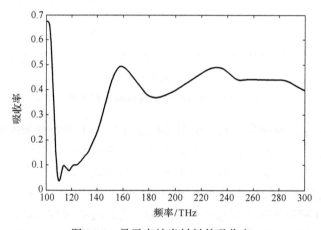

图 7.14　量子点纳米材料的吸收率

　　综上所述，本节给出了量子点红外探测器光敏区——量子点纳米材料的设计，并分析了其对入射红外光的反射、透射、吸收情况。结果显示，该量子点纳米材料在频率为242.4THz 时反射系数最小，在频率为 106.9THz 时透射系数最小，而在频率为 100THz 时吸收率最大，也就是该材料在频率为 100THz 时处于最佳的光电转换状态。由于在忽略金属电极影响的情况下，量子点红外探测器的光学吸收情况和量子点纳米材料光敏区的吸收情况一致，所以量子点红外探测器在频率为 100THz 时的吸收情况最佳，光电转变性能最佳，其吸收率可达到 68%，而且若假定这些吸收的光子都被转化成电子形成电流，那么该量子点红外探测器的光电转化效率也为 68%。

7.2.2　量子点红外探测器的优化

　　随着红外探测器的应用领域越来越广泛（如雷达系统侦察、航空航天侦察、医疗成像、工业设备故障诊断等领域），人们对体积小、性能佳的红外光电探测器的需求日益增加。虽然量子点红外探测器由于采用独特的三维受限量子点纳米结构而显示出更加优越的特性[21,22]，然而，它也不尽完美[23,24]，例如，量子点尺寸变化存在着非均匀性、量子点能带的非优化现象等，这些问题必将使探测器的使用受限。为了解决这个问题，需要对量子点红外探测器的优化问题进行研究。目前，量子点红外探测器的优化方法很多，可以是从探测器材料、结构等对探测器性能的调控作用[25,26]入手提高量子点探测器的光电性能，常用手段有调节势垒层、层状结构[27,28]等，也可以是通过引入新的结构，如光栅、表面等离子体激元结构等[8,29,30]来实现量子点红外探测器的优化。进行比较发现，虽然引入新结构的方法实现起来比较复杂，但优化效果更为明显。基于这个理论，本节以常规结构量子点红外探测器为初始模型，通过在其光敏区顶端加金属孔阵列构成增强型量子点红外探测器，实现了量子点红外探测器的优化设计[31]。当入射红外光照射到该探测器时，探测器会对入射光产生反射、透射、吸收。通过分析入射光在探测器的光学传输情况（包含反射、透射、吸收情况），并结合探测器中电场、磁场分布情况，说明了增加金属阵列对探测器性能的增强效应，实现了量子点红外探测器的优化设计。计算结果显示，带有金属周期性阵列的改进量子点红外探测器比常规量子点红外探测器具有更高的吸收率，当周期性金属孔的半径为 60nm，金属层的厚度为 20nm 时，量子点红外探测器的吸收率为78%。此外，我们还进行了拓展研究，利用量子点层相关参数的调控作用对量子点红外探测器进一步优化，优化后器件的吸收率高达 85%。

7.2.2.1　模型的设计

和 7.2.1 节类似，由于在忽略电极影响的基础上，探测器光敏区的光电转变情况和整个量子点红外探测器的光电转变情况是一样的，所以本节仍然是以量子点红外探测器的光敏区——量子点纳米光敏区为例，来说明量子点红外探测器的优化设计问题。这里不再区分量子点纳米光敏区和量子点红外探测器，统一用量子点红外探测器来描述。本节主要给出了量子点红外探测器的建模过程以及优化设计过程。图 7.15 给出了常规量子点红外探测器的层结构。其由 5 个周期的量子点复合层组成，而量子点复合层是由 AlGaAs 势垒层和 GaAs 量子点层构成。而量子点层内周期分布着很多量子纳米颗粒。如图 7.16 所示，我们把量子点纳米颗粒假定为立方体，长宽都为 40nm，高为 9nm。AlGaAs 势垒层的厚度为 60nm，量子点红外探测器光敏区的面积假定为 1000nm×1000nm，实际应用中可以进行拓展。在本节给出的设计中，也考虑了波矢量和折射率对频率的依赖性。基于常规量子点红外探测器的结构，我们通过在其顶端增加金属周期性阵列结构来获得更好的性能。图 7.17 给出了改进的增强型量子点红外探测器的结构，它是在常规量子点红外探测器的顶端增加了一层金属 Au 材料来得到。金属材料也设计了一定的形状，在其上面挖了很多周期性结构的圆孔，其中，圆孔的半径从 30nm 变化到 95nm。当红外光沿着 z 轴照射到该增强型量子点红外探测器时，这些金属孔与下面的量子点半导体层结构相结合产生等离子体增强效应，实现了探测器性能的增强。综上所述，图 7.17 给出了初步构建的改进的增强型量子点红外探测器的物理模型，它是在常规量子点红外探测器层状结构顶端增加金属孔阵列构成的，其金属层厚度为 20nm，层内金属孔半径为 60nm，金属孔间隔为 80nm。

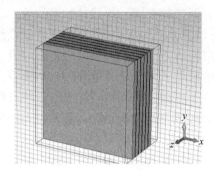

图 7.15　量子点红外探测器层结构

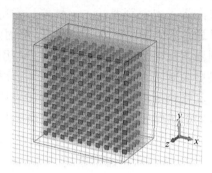

图 7.16　量子点红外探测器的分布情况

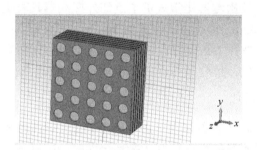

图 7.17　带有金属阵列的量子点红外探测器

7.2.2.2　结果与讨论

基于前面给出的量子点红外探测器的电磁模型，如果将 $100\sim350$THz 频率范围的红外光沿着 z 轴方向照射到该探测器上，那么探测器将会产生反射、透射、吸收现象。正是通过研究探测器的这些光学传输情况，得到了量子点红外探测器的重要性能参数——吸收率的数值，从而确定量子点红外探测器的光电转变状态。假设入射光垂直入射到量子点红外探测器，以图 7.15～图 7.17 给出的量子点红外探测器的物理模型为基础，通过调控量子点红外探测器结构参数来实现量子点红外探测器的优化设计。采用的基础参数设置如下：红外波段为 $200\sim350$THz，量子点红外探测器的面积大小为 1000nm×1000nm；势垒层材料为 $Al_{0.3}Ga_{0.7}As$，厚度均为 80nm；5 个周期的量子点层，该量子点层内包含多个周期排列的量子点，量子点的层内面密度为 $1\times10^{10}/cm^2$，量子点的形状假设为立方体，量子点层的制作材料为 GaAs，厚度为 9nm，量子点底边边长为 40nm，相邻量子点之间的间隔距离为 60nm；金属层的厚度为 20nm，金属孔的孔径大小为 60nm，相邻孔之间的间隔距离为 80nm。

　　基于这些基础数据，首先研究金属材料对量子点红外探测器吸收率的影响。图 7.18 给出了具有不同材料金属（Ag、Al、Cu、Au）层的量子点红外探测器的吸收率。当 200~350THz 频率范围的红外光入射到量子点红外探测器时，具有银（Ag）材料金属阵列的量子点红外探测器的吸收率峰值为 0.6367（285.73THz）；铝（Al）材料金属阵列探测器的吸收率峰值为 0.6672（267.79THz）；铜（Cu）材料金属阵列探测器的吸收率峰值为 0.5766（272.86THz）；金（Au）材料金属阵列探测器的吸收率峰值为 0.7817（285.73THz）。综上所述，在不同频率的红外波段，各种金属材料探测器得到的吸收率都各有差异，但是从总体上看，在大多数波段，Au 金属探测器获得的吸收率要高于其他金属探测器获得的吸收率。因此，在后续的讨论中，改进的增强型量子点红外探测器顶端的金属阵列材料固定为金材料。

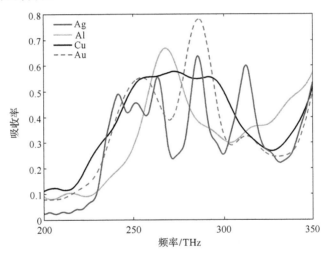

图 7.18　不同金属材料下改进探测器的吸收率

　　在其他参数不变的情况下，我们研究了金属层不同厚度和金属孔不同孔径对量子点红外探测器吸收率的影响。参数设置除了金属材料选为 Au、孔径大小不同以外，均与探测器的基础参数设置一样。如图 7.19 所示，在 180~340THz 的频率范围内量子点红外探测器的吸收率在不同金属孔径结构下显示出不同的变化趋势。仔细观察这些吸收率曲线，在金属孔径为 50nm 时对应的吸收率峰值为 0.744（289THz），而在金属孔径为 55nm 时对应的吸收率峰值为 0.721（291THz），它比金属孔径为 50nm 时的吸收率峰值小 0.023。类似地，当金属孔径从 60nm 增加到 65nm 时，探测器吸收率峰值也相应地从 0.782（286THz）降低到 0.707（288THz）。从这些吸收率

峰值能看到金属孔径为 60nm 时的吸收率峰值最大。具体来说，金属孔径为 60nm
时探测器吸收率峰值比金属孔径为 50nm 时探测器吸收率峰值大 0.068，比金属孔径
为 55nm 时探测器吸收率峰值大 0.061，比金属孔径为 60nm 时探测器吸收率峰值大
0.075。总之，在不同频率的红外波段，不同的金属孔径得到的吸收率不同，但是从
总体上看，在大多数波段金属阵列孔的孔径为 60nm 时得到的吸收率较高且较稳定。
当然，金属层厚度对量子点红外探测器吸收率也有着很大的影响。如图 7.20 所示，
改进的量子点红外探测器的吸收率随着金属层厚度的变化而显示出不同的变化趋
势。当改进的量子点红外探测器的金属孔阵列层厚度从 10nm 增加到 20nm、30nm、
40nm 时，改进的量子点红外探测器吸收率峰值也相应地从 0.667（263THz）变化到

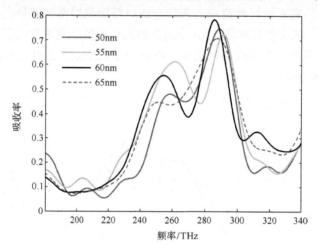

图 7.19　不同金属孔径下改进探测器的吸收率

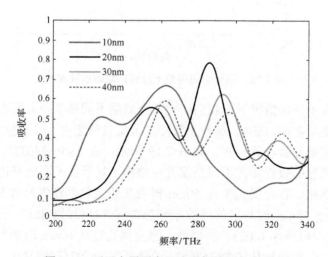

图 7.20　不同金属厚度下改进探测器的吸收率

0.782（286THz）、0.662（293THz）、0.590（262THz）。综上，在 200～270THz 的频率范围内，金属层厚度为 10nm 时的量子点红外探测器呈现出明显的高吸收率，但是当频率大于 270THz 时，其又呈现明显的低吸收率，综合来看，金属层厚度为 10nm 时的量子点红外探测器的吸收率并不稳定；相反的，金属层厚度为 20nm 时的量子点红外探测器在所选取的仿真频率范围内均呈现一个较稳定的高吸收率。综上，在量子点层数（即量子点层的周期）不变的情况下，金属层材料为 Au、金属层厚度为 20nm、孔径为 60nm 时，该改进的增强型量子点红外探测器的吸收率是最高且最稳定的。它与没增加金属的常规量子点红外探测器相比较，在反射，透射、吸收等方面均有所改善。因此，本节进一步详细地分析比对常规量子点红外探测器和增强型量子点红外探测器的光学传输情况，明确了增加金属阵列后探测器的增强效应。

如图 7.21 所示，将常规量子点红外探测器的反射系数曲线与改进的带有金属阵列的量子点红外探测器的反射系数曲线进行比较，能发现除了个别点之外，常规量子点红外探测器的反射系数值基本上都略小于改进的量子点红外探测器的反射系数。具体而言，以频率为 200THz 时的反射系数值为例，常规量子点红外探测器的反射系数为 0.632，它比改进的量子点红外探测器的反射系数（其值为 0.887）小 0.255。这个改进的量子点红外探测器反射系数带来的轻微变化应该归咎于金属材料比半导体材料反射率大的原因。虽然改进的量子点红外探测器的反射系数大一些，但是它却有一个较低的透射系数，两者结合必将导致改进的探测器具有更高的吸收率。图 7.22 给出了量子点红外探测器的透射系数。在 200～340THz 的频率范围内，常规结构量子点红外探测器的透射系数明显高于改进的量子点红外探测器的透射系数。例如，在频率为 300THz 情况下，常规结构量子点红外探测器的透射系数为 0.624，而改进结构量子点红外探测器的透射系数值为 0.295。根据反射、透射、吸收之间的竞争关系，在忽略入射光其他损失的情况下，这个小的透射系数必将导致量子点红外探测器吸收率的增加。

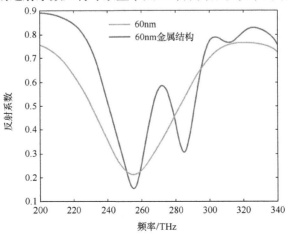

图 7.21　量子点红外探测器的反射系数

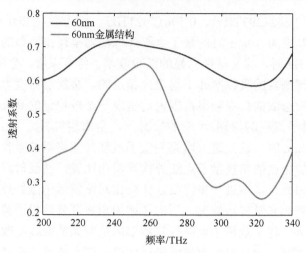

图 7.22　量子点红外探测器的透射系数

　　在忽略其他损耗的情况下,我们根据图 7.22 给出的透射系数和图 7.21 给出的反射系数确定了量子点红外探测器的吸收情况,如图 7.23 所示。可以发现,改进的量子点红外探测器的吸收率远远高于常规量子点红外探测器的吸收率。以这两条曲线的吸收率峰值为例,常规量子点红外探测器吸收率峰值为 0.458,对应频率为 257THz,而改进量子点红外探测器在频率为 286THz 时吸收率最大,且其吸收率峰值为 0.782,这个值比常规探测器吸收率峰值大约 1.71 倍。改进的量子点红外探测器的吸收率产生增加的原因如下:因为在常规量子点红外探测器的顶端上增加了金属周期性阵列结构,在入射光照射的情况下,该金属阵列与下面的半导体量子点材料(即常规量子点红外探测器)结合产生等离子体增强效应。这个增加效应能使更多

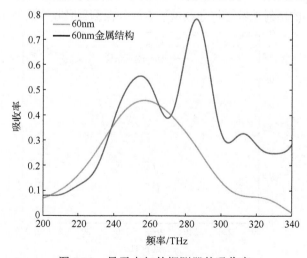

图 7.23　量子点红外探测器的吸收率

的入射光波局限到下面的半导体量子点层界面，从而使更多的入射光进入下面的量子点吸收区，最终使量子点红外探测器获得更高的吸收率。

为了进一步弄清楚带有金属阵列的量子点红外探测器的等离子体增强效应，我们也研究了改进的量子点红外探测器在不同金属孔径下的电场、磁场情况。本质上而言，这个改进量子点红外探测器的高吸收率应该归咎于表面等离子极化的电场、磁场耦合增强效应。该耦合效应能通过图 7.24 给出的改进量子点红外探测器上表面的电磁场分布情况体现出来。图中给出的电场分布是在金属孔径为 60nm 和金属层厚度为 20nm 时求解出来的。图 7.24(a) 给出了在金属孔径为 20nm 时改进量子点红外探测器的磁场分布情况，图 7.24(b) 给出了在金属孔径为 20nm 时改进量子点红外探测器的电场分布情况。如图 7.24(a) 所示，比较强的磁场局域在金属孔的顶端和底端，这个增强的局域效应是由于金属孔径与金属孔径中空气之间的磁耦合导致的。当然，从这个改进的量子点红外探测器的剖面层状图中能看到，当入射光沿着 z 轴入射时，金属孔内半导体材料界面上也有磁场的局域效果，而且在频率为 286THz 时量子点红外探测器具有最强电磁场，其磁场相对值为 $291.4 \times 10^3 \mathrm{A/m}$，这是由半导体材料与金属孔内空气界面相结合形成的等离子体耦合效应导致的。该电磁耦合效应和前面的耦合效应相结合必将导致探测器的高吸收率。当然，基于电磁波的特性，这个增强的耦合效应也能从图 7.24(b) 给出的电场分布情况看到。图 7.24(b) 中量子点红外探测器的相同部位也显示类似的增强效应，电场的相对最大值约为 $244.4 \times 10^6 \mathrm{V/m}$。这里值得注意的是，本节给出的增强效应是利用半导体材料与金属孔内空气界面间，以及金属孔与孔内空气间的光耦合效应来实现的，实际中还可以通过金属材料和半导体材料间界面(即金属孔之外的异质界面)来实现增强的耦合效应，此时金属孔径的尺寸大约在微米级的，更为详细的讨论可以参考文献[32]和[33]。

综上所述，在常规量子点红外探测器的顶端放置上金属孔半径为 60nm 和金属层厚度为 20nm 的金属阵列确实能够实现等离子增强效应，达到量子点红外探测器吸收率性能增加的效果。此外，我们分析了量子点层和势垒层的厚度对整个量子点红外探测器性能的影响。具体来说，在金属层结构不变(金属层厚度为 20nm，孔径为 60nm)的情况下，研究不同量子点层厚度和势垒层厚度对量子点红外探测器吸收率的影响。图 7.25 为具有不同量子点层厚度(5nm、6nm、7nm、8nm、9nm)的量子点红外探测器的吸收率仿真结果，可以发现在 200～340THz 的频率范围内，当量子点层厚度为 5nm 时，探测器吸收率峰值为 0.8437(209.80THz)。当量子点层厚度为 6nm 时，探测器吸收率峰值为 0.8330(290.02THz)。当量子点层厚度为 7nm 时，探测器吸收率峰值为 0.8238(289.24THz)，当量子点层厚度为 8nm 时，探测器吸收率峰值为 0.7978(286.120THz)，当量子点层厚度为 9nm 时对应的吸收率峰值为 0.7817(258.73THz)。由此可知，量子点红外探测器在量子点层厚度为 5nm 时，探测器的吸收率峰值最大。

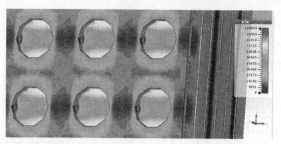

(a) 磁场分布

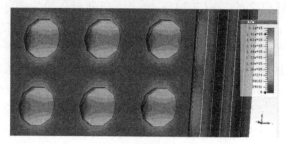

(b) 电场分布

图 7.24　量子点红外探测器的电磁场分布

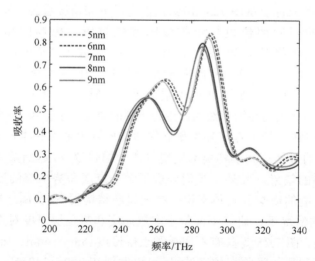

图 7.25　不同量子点厚度下量子点红外探测器的吸收率

在其他结构参数不变的情况下，仅改变量子点红外探测器势垒层的厚度来优化探测器。图 7.26 为具有不同势垒层厚度的量子点红外探测器的吸收率仿真结果示意图，可以发现在 200~340THz 频率范围内，势垒层厚度为 70nm 时对应的探测器吸收率峰值为 0.7581(322.78THz)，势垒层厚度为 75nm 时对应的探测器吸收率峰值为 0.7763(304.84THz)，势垒层厚度为 80nm 时对应的探测器吸收率峰值为 0.8520（292.75THz），势垒层厚度为 85nm 时对应的探测器吸收率峰值为 0.8346（284.17THz）。通过比较可知，当势垒层厚度为 80nm 时探测器的吸收率最大，此时探测器处于一个最佳的转化状态。

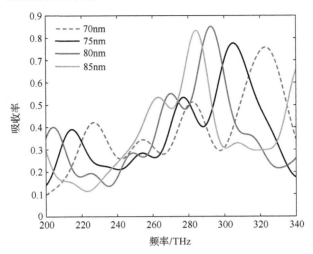

图 7.26 不同势垒层厚度下量子点红外探测器的吸收率

　　综上所述，不仅金属层相关参数对量子点红外探测器的吸收率有影响，而且量子点层和势垒层的厚度对整个量子点红外探测器吸收率也有着很大的影响。从图 7.18～图 7.26 可知，在金属层厚度为 20nm，孔径为 60nm 的情况下，当量子点层厚度为 9nm，势垒层厚度为 80nm 时，整个量子点红外探测器的吸收率峰值为 0.8520。若将这个最佳吸收率的增强型量子点红外探测器与常规量子点红外探测器进行比较，能更清楚地看到器件优化的效果。图 7.27 给出了势垒层厚度为 80nm

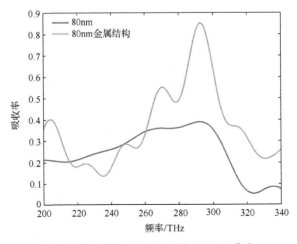

图 7.27 80nm 势垒层厚的探测器吸收率

时常规量子点红外探测器和增强型量子点红外探测器吸收率的对比情况。可以发现，改进的增强型量子点红外探测器吸收率峰值为 0.8520，它在 292.75THz 时比常规结构量子点红外探测器的最大吸收率峰值 0.3888（292.21THz）大得多，大约是常规结构探测器的吸收率峰值的 2.19 倍。当然我们也能注意到这两种探测器的峰值频率是不一样的，产生了频移，这主要是由探测器厚度参数变化导致的。进一步而言，基于这个高的吸收率，可以计算出光电探测器的最高量子效率，在假定探测器将吸收的电子全部转化的基础上，那么最佳结构的增强型量子点红外探测器的量子效率可以达到85%，实现了常规量子点红外探测器的优化设计，能更好地满足应用需求。

总之，本节通过在探测器顶端增加金属孔阵列来改进了常规量子点红外探测器，分析了该改进探测器的反射、透射、吸收情况，研究了探测器金属阵列材料、金属孔孔径、金属层厚度、量子点层厚度等对探测器性能的调控作用，实现了量子点红外探测器的优化。优化结果显示，在金属层厚度为 20nm，孔径为 60nm 的情况下，当量子点层厚度为 9nm，势垒层厚度为 80nm 时，增强型量子点红外探测器的吸收率最高，可以达到 85.2%（292.75THz），而传统量子点红外探测器的吸收率峰值为 38.9%（292.21THz），增强型量子点红外探测器的吸收率峰值是传统量子点红外探测器吸收率峰值的 2.19 倍，性能确实得到了很大程度的提高。

除了上面常见的结构，我们还可以采用其他金属结构阵列来增强探测器的性能，如 Diedenhofen 等提出利用等离子体激元纳米聚焦透镜来优化 PbS 量子点红外探测器的方法[34]，该方法将一个扁平靶心结构等离子体激元平面透镜集成到 SiO₂/Si 基质上，实现了探测器在透射率、吸收率、光电流、响应率等方面的增强，提高了探测器的灵敏度。

7.3　本章小结

本章主要从量子点红外探测器常用的仿真设计软件入手，给出了常规层状结构量子点红外探测器的设计方法，并通过在其顶端增加金属孔阵列设计了金属增强型量子点红外探测器，利用探测器结构参数和电场磁场分布情况，实现了探测器的优化调控作用，完成了量子点红外探测器的优化设计。

参 考 文 献

[1] Shetty-presentation. https://cn.comsol.com/paper/au-nanoparticle-based-plasmonic-enhancement-of-photocurrent-in-gallium-nitride-m-15859.

[2] 童劲超. 新型太赫兹探测物理及器件研究. 上海: 中国科学院上海技术物理研究所博士学位论文, 2015.

[3]　Optimized illumination directions of single-photon detectors integrated with different plasmonic structures. https://cn.comsol.com/paper/optimized-illumination-directions-of-single-photon-detectors-integrated-with-dif-13136.

[4]　姜祎祎. 基于纳米压印的超材料近红外吸收器制备研究. 上海: 中国科学院上海技术物理研究所硕士学位论文, 2016.

[5]　高玉双, 孙金岭. 近红外波长下 COMSOL 软件实现新型耦合器的设计. 红外与激光工程, 2016, 45 (6): 0504003-1-7.

[6]　FDTD Solutions 产品介绍. https: //www. lumerical. com/cn/tcad-products/fdtd/.

[7]　Nagel J R, Scarpulla M A. Enhanced absorption in optically thin solar cells by scattering from embedded dielectric nanoparticles. Optics Express, 2010, 18: 139-146.

[8]　Chen M, Shao L, Kershaw S V, et al. Photocurrent enhancement of HgTe quantum dot photodiodes by plasmonic gold nanorod structures. ACS Nano, 2014, 8 (8): 8208-8216.

[9]　Yifat Y, Ackerman M, Guyot-Sionnest P. Mid-IR colloidal quantum dot detectors enhanced by optical nano-antennas. Applied Physics Letter, 2017, 110: 1-6.

[10]　Pesach A, Sakr S, Giraud E, et al. First demonstration of plasmonic GaN quantum cascade detectors with enhanced efficiency at normal incidence. Optics Express, 2014, 22: 21069-21078.

[11]　Wilson D W. Electromagnetic modeling of multi-wavelength QWIP optical coupling structures. Infrared Physics and Technology, 2009, 52: 224-228.

[12]　Gu G, Mojaverian N, Vaillancourt J, et al. Surface plasmonic resonance induced near-field vectors and their contribution to quantum dot infrared photodetector enhancement. Journal of Physics D: Applied Physics, 2014, 47: 435108-1-7.

[13]　Ding J Y, Chen X S, Li Q, et al. The enhanced optical coupling in a quantum well infrared photodetector based on a resonant mode of an air-dielectric-metal waveguide. Optical and Quantum Electronics, 2015, 47 (7): 2347-2357.

[14]　刘红梅, 吕昊宇, 董丽娟. 一种量子阱红外探测器的优化设计//第二届青年物理学者论坛会议, 大同, 2016.

[15]　武阳, 李平舟, 刘红梅. 一种具有高吸收率的双波段量子阱红外探测器: 2018208477258. 2018.

[16]　刘红梅, 仝庆华, 卢玉和, 等. 一种高吸收中波段量子阱红外探测器: 2018208340024. 2018.

[17]　Klimov V I, Mikhailovsky A A, Xu S, et al. Optical gain and stimulated emission in nanocrystal quantum dots. Science, 2000, 290: 314-317.

[18]　Michalet X, Pinaud F F, Bentolila L A, et al. Quantum dots for live cells in vivo imaging and diagnostics. Science, 2005, 307: 538-544.

[19]　Liu H M, Zhang J Q, Gao Z X, et al. Photodetection of infrared photodetector based on surrounding barriers formed by charged quantum dots. IEEE Photonics Journal, 2015, 7:

6801708-1-8.

[20] Liu H M, Tian C F, Yang C H, et al. Design of quantum dots film materials within infrared frequency band//中国微米纳米技术学会第十九届学术年会暨第八届国际会议, 大连, 2017.

[21] Liu H C. Quantum dot infrared photodetector. Opto-Electronics Review, 2003, 1: 1-5.

[22] Rogalski A. New material systems for third generation infrared photodetectors. Opto-Electronics Review, 2008, 16: 458-482.

[23] Martyniuk P, Rogalski A. Quantum-dot infrared photodetectors: status and outlook. Progress in Quantum Electronics, 2008, 32: 89-120.

[24] Stiff-Roberts A D. Quantum-dot infrared photodetectors: a review. Journal of Nanophotonics, 2009, 3: 1-17.

[25] Liu H M, Yang C H, Zhang J Q, et al. Detectivity dependence of quantum dot infrared photodetectors on temperature. Infrared Physics and Technology, 2013, 60: 365-370.

[26] Liu H M, Tong Q H, Liu G Z, et al. Performance characteristics of quantum dot infrared photodetectors under illumination condition. Optical and Quantum Electronics, 2015, 4: 721-733.

[27] Kim J O, Ku Z, Kazemi A, et al. Effect of barrier on the performance of sub-monolayer quantum dot infrared photodetectors. Optical Materials Express, 2014, 4: 198-205.

[28] Meisner M J, Vaillancourt J, Lu X. Voltage-tunable dual-band InAs quantum-dot infrared photodetectors based on InAs quantum dots with different capping layers. Semiconductor Science and Technology, 2008, 23: 095016.

[29] Gao L, Chen C, Zeng K, et al. Broadband, sensitive and spectrally distinctive SnS_2 nanosheet/PbS colloidal quantum dot hybrid photodetector. Light Science and Applications, 2016, 5: 1-8.

[30] 陈燕坤, 韩伟华, 李小明, 等. 突破衍射极限的表面等离子体激元. 光电技术应用, 2011, 26: 39-44.

[31] 刘红梅, 田翠锋, 杨春花, 等. 红外探测器的量子点有源区结构、其制作方法及红外探测器: 201711463462. 7. 2017.

[32] Lee S C, Krishna S, Brueck S R J. Plasmonic-enhanced photodetectors for focal plane arrays. IEEE Photonics Technology Letters, 2011, 23(14): 935-937.

[33] Soltanmoradi R, Wang Q, Qiu M, et al. Transmission of infrared radiation through metallic photonic crystal structures. IEEE Photonics Technology Letters, 2013, 5(5): 1-9.

[34] Diedenhofen S L, Kufer D, Lasanta T, et al. Integrated colloidal quantum dot photodetectors with color-tunable plasmonic nanofocusing lenses. Light Science and Applications, 2015, 4: 1-7.